书中图片集锦

BUILDING DECORATION MATERIALS AND CONSTRUCTION TECHNOLOGY

第3章 石材装饰材料及施工工艺

北京首都博物馆

帕特农神庙古建筑

运用砂岩制成的幕墙

木纹砂岩

粉红砂岩

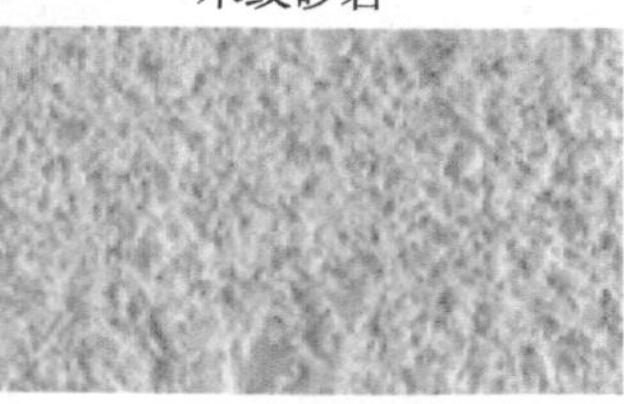

黄砂岩

白砂岩

砂岩

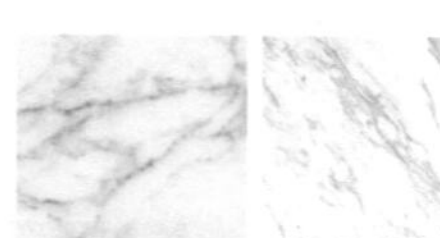
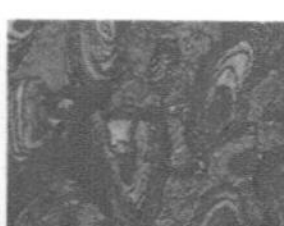

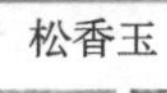

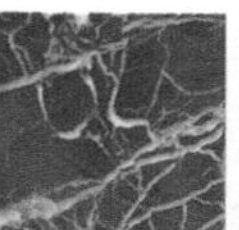
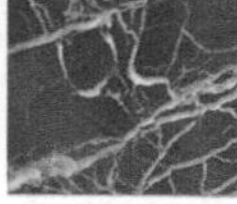
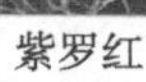

雪花白 爵士白 雅士白 橙皮红 红皖螺 松香玉 米黄洞石 紫罗红 水晶直纹

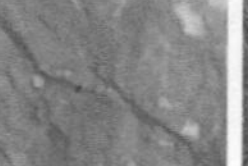

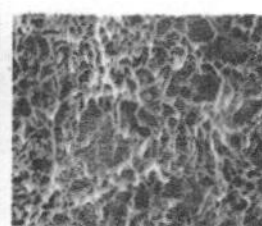

银线米黄 金线米黄 金花米黄 丹东青 大花绿 浅咖网 深咖网 海贝花 黑金花

天然大理石常见品种

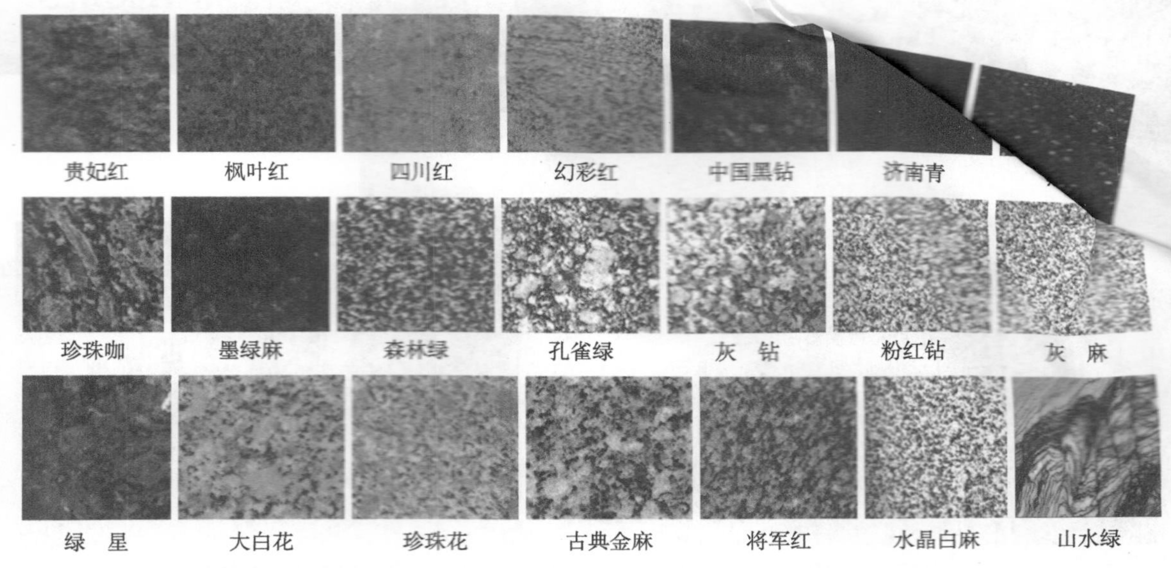

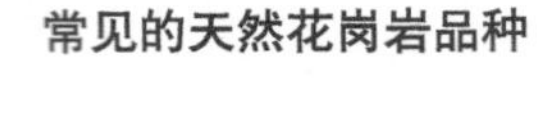

常见的天然花岗岩品种

板岩　　青石板　　马赛克　　蘑菇石

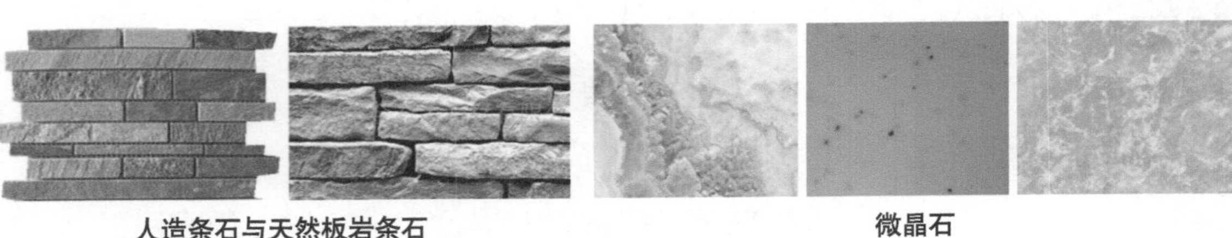

人造条石与天然板岩条石　　微晶石

大理石瓷砖复合板　　大理石铝塑复合板　　石材铝蜂窝复合板　　超薄花岗岩铝塑复合板

书中图片集锦

第4章 木材装饰材料及施工工艺

山西朔州应县木塔

实木结构小屋

仿古木材装饰效果

实木地板在室内装饰的应用

企口条木地板

传统拼花木地板

现代拼花木地板

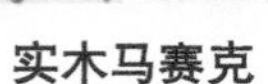

实木马赛克

软木地板

复合木地板在室内装饰的应用

炭化木

木材装饰线条

实木贴皮

木门的装饰效果

胶合板

宝丽板

细木工板

中密度纤维板

刨花板

澳松板

木丝板

书中图片集锦

第5章 陶瓷装饰材料及施工工艺

装饰浴室效果

装饰外墙及地板效果

左边为光泽釉，右边为无光釉

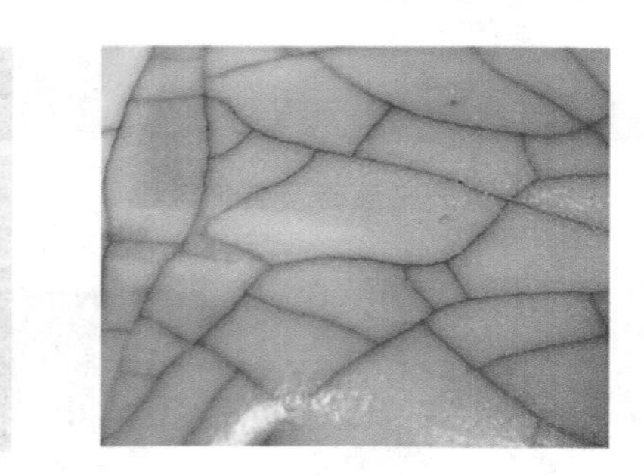

碎裂纹釉面

劈离砖

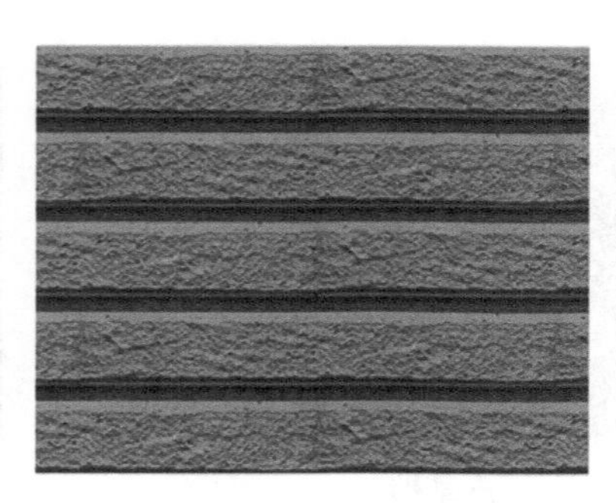

麻面砖

玻化砖的品种

抛光砖的品种

建筑琉璃制品应用效果

陶瓷透水砖及其装饰效果

仿古砖及其装饰效果

琉璃砖、琉璃瓦

金属釉面砖及装饰效果

大颗粒瓷质砖及装饰效果

马赛克的装饰墙体效果

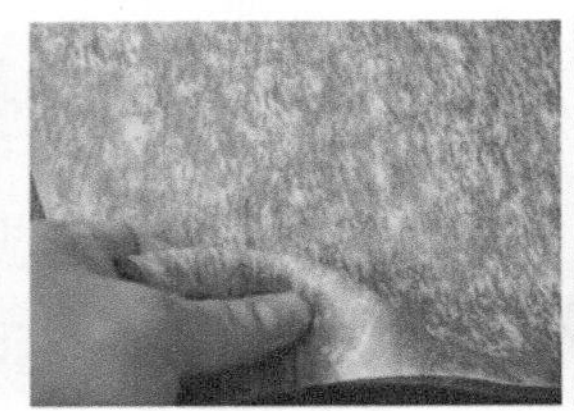

软性陶瓷及其装饰效果

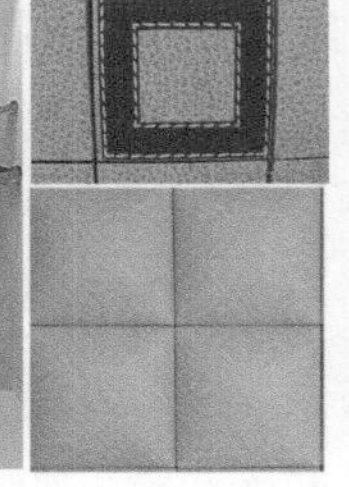

皮革砖

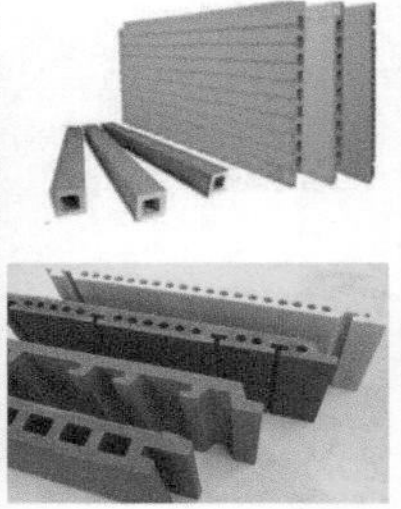

陶土板及其装饰效果

书中图片集锦

第6章 玻璃装饰材料及施工工艺

a 阳光房

b. 高层建筑外墙

c 室内玻璃隔断

玻璃在建筑装饰中的应用

彩绘玻璃

釉面玻璃

压花玻璃

磨砂玻璃装饰效果

喷砂玻璃装饰效果

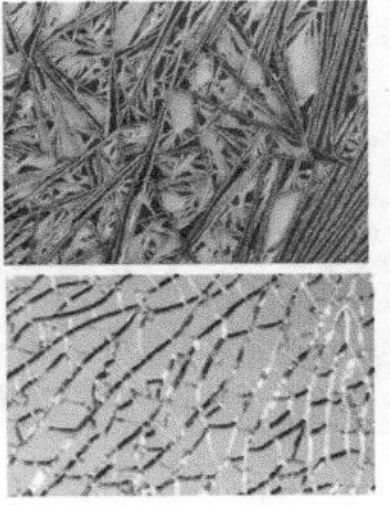
冰花玻璃

镜面玻璃

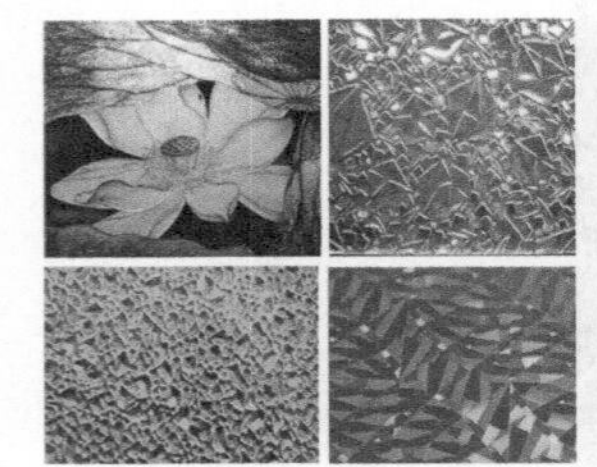
镭射玻璃

热熔玻璃

镀膜玻璃在建筑外墙的应用

烤漆玻璃

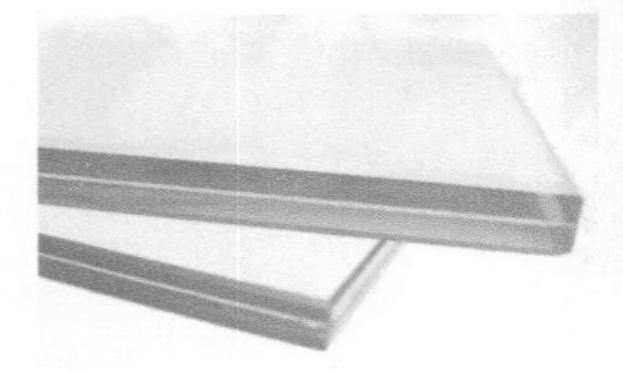
夹胶玻璃

微晶玻璃的应用效果

低辐射镀膜玻璃

烤漆玻璃做的形象墙

烤漆玻璃柜门

明框式玻璃幕墙

半隐式玻璃幕墙

全隐式玻璃幕墙

玻璃幕墙

点支式玻璃幕墙效果

点支式玻璃幕墙“爪”型连接件

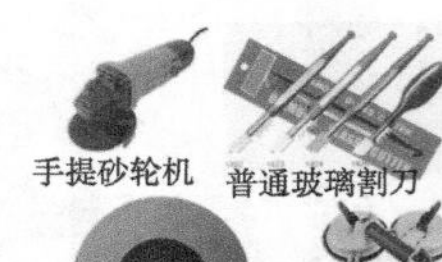

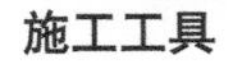

施工工具

书中图片集锦

第7章 金属装饰材料及施工工艺

法国埃菲尔铁塔

首都国际机场T3航站楼

中国国家大剧院

钢结构厂房

彩色压型钢板

彩钢扣板

不锈钢雨篷

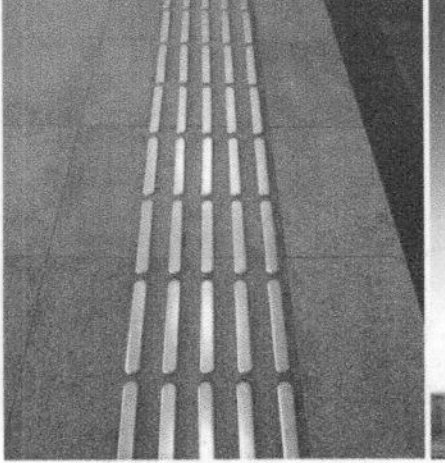
不锈钢盲道钉

不锈钢雕像

不锈钢玻璃门

不锈钢的各种应用

铜制雕塑

铜制雕像

金星铜修复的峨眉金顶

铜浮雕

铜门

大连星海广场铜地景浮雕

铝合金花纹板

铝单板在建筑外墙的应用

铝塑板

铝合金孔板

铝合金扣板

铝合金格栅天花

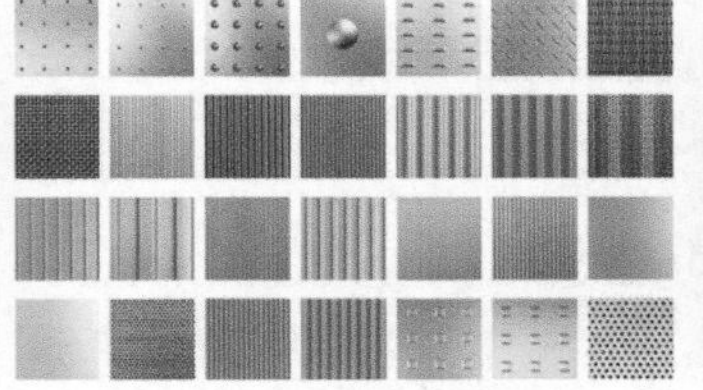
钛锌金属板

钛锌金属板装饰建筑外墙

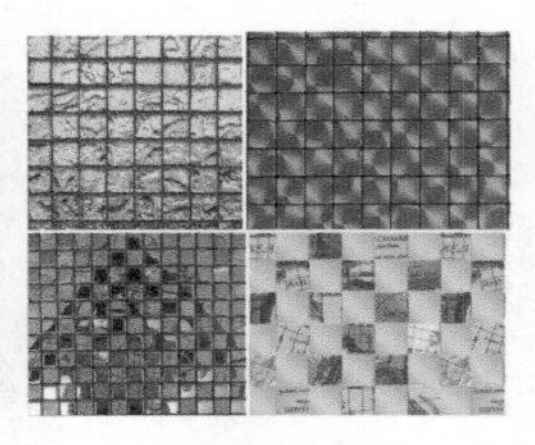
金属马赛克

书中图片集锦

第8章　石膏制品装饰材料及施工工艺

石膏制品在建筑装饰中的应用效果

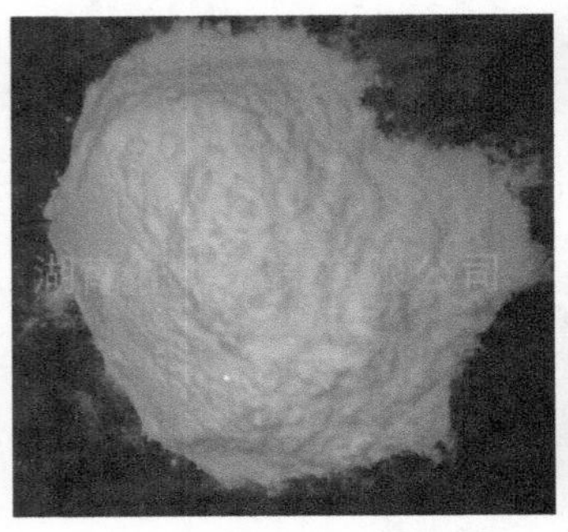

石膏粉

生石膏

纸面石膏板

建筑装饰石膏的应用

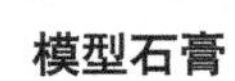

模型石膏

装饰石膏板及其装饰效果

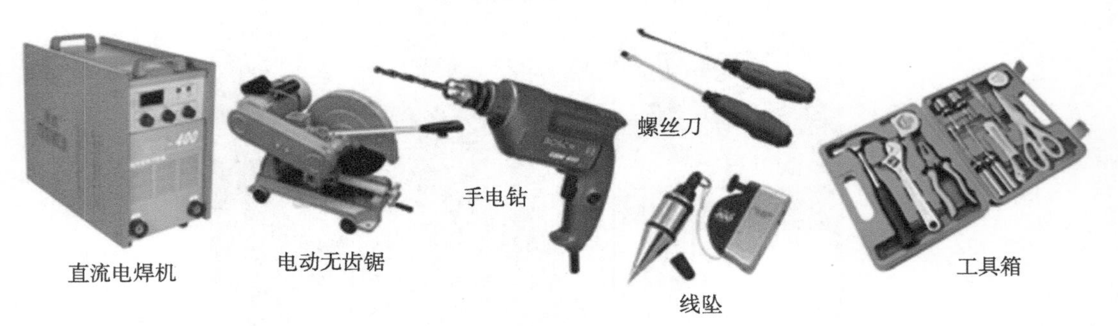

施工机具

书中图片集锦

第9章 油漆装饰材料及施工工艺

墙面漆打造的多彩墙面

家具漆的做旧效果

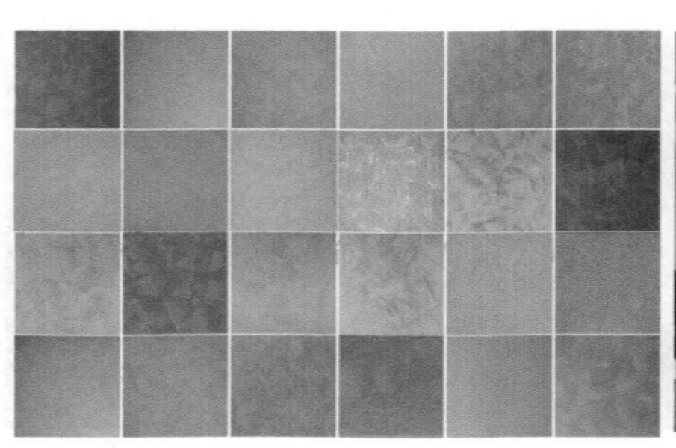

马来漆

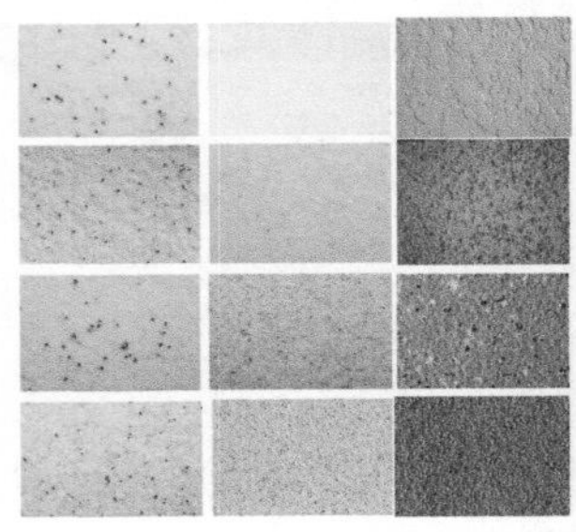

真石漆

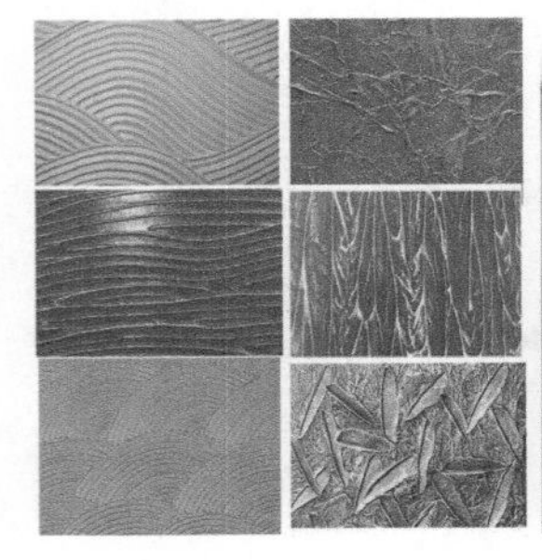

复层肌理漆

金属箔质感漆

液体壁纸应用效果

环氧树脂类漆

聚氨酯地面漆

书中图片集锦

第10章 织物装饰材料及施工工艺

织物装饰的办公及居家效果

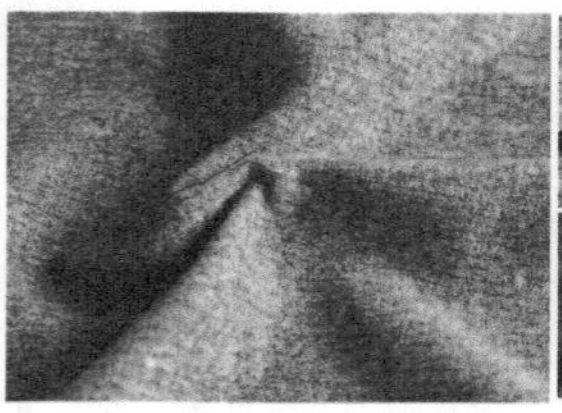
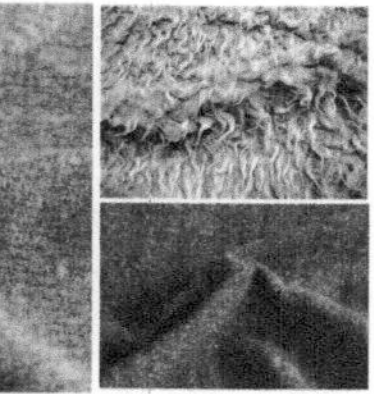

毛织物

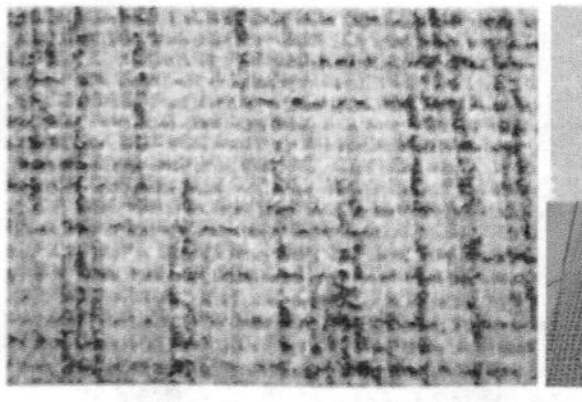

麻织物

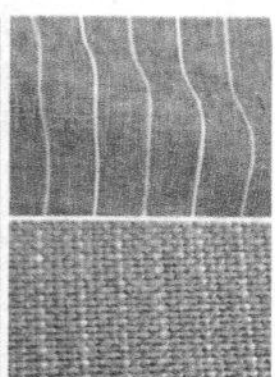

棉织物

丝织物

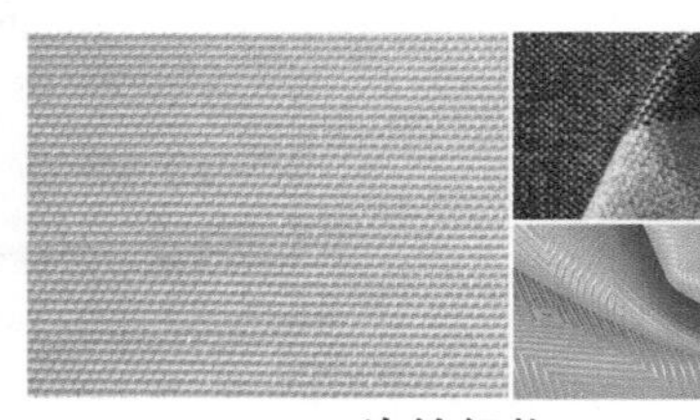

涤纶织物

氨纶

腈纶　　丙纶　　尼龙

纸基织物壁纸　　植物纤维壁纸　　玻璃纤维印花墙布

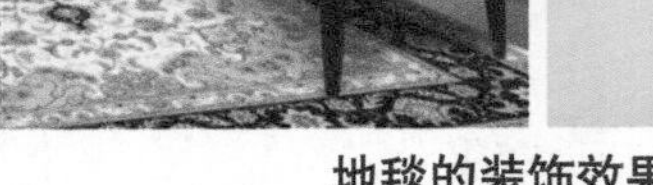

地毯的装饰效果

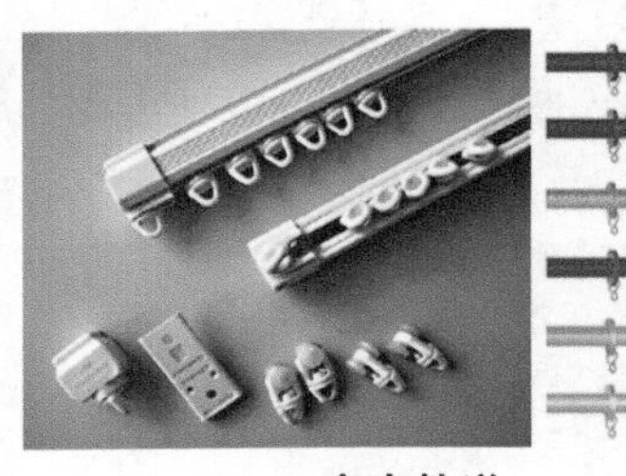

窗帘轨道

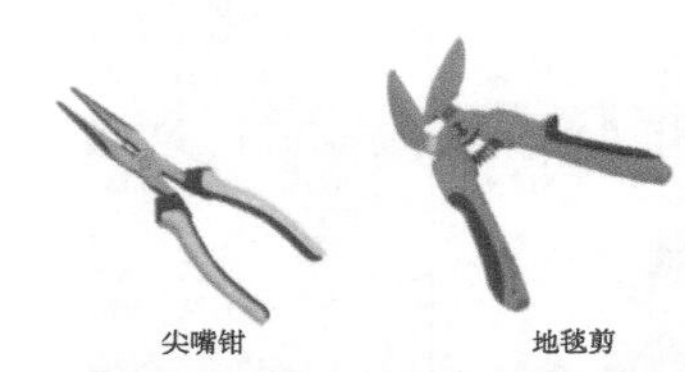

尖嘴钳　　地毯剪

地毯胶垫

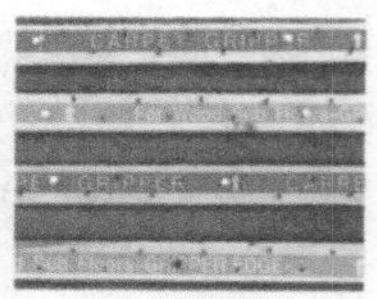

地毯倒刺条

线帘

地毯收口条　　地毯烫斗和小撑子

地毯烫带　　地毯烫带

地毯铺设工具

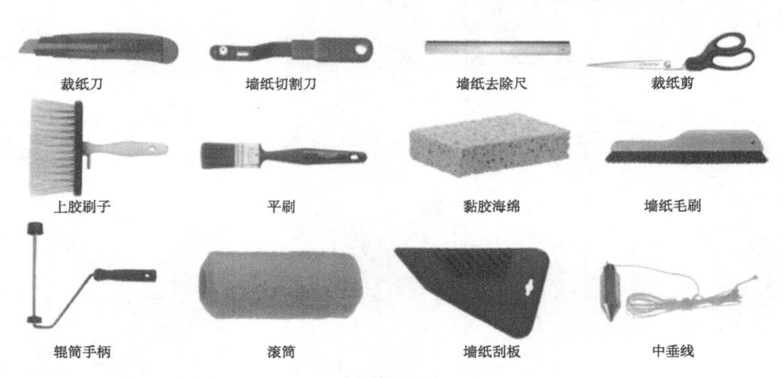

裁纸刀　　墙纸切割刀　　墙纸去除尺　　裁纸剪

上胶刷子　　平刷　　黏胶海绵　　墙纸毛刷

辊筒手柄　　滚筒　　墙纸刮板　　中垂线

裱糊工具

书中图片集锦

环境艺术设计实战教程

建筑装饰材料与施工工艺

BUILDING DECORATION MATERIALS AND CONSTRUCTION TECHNOLOGY

孙晓红　等编著

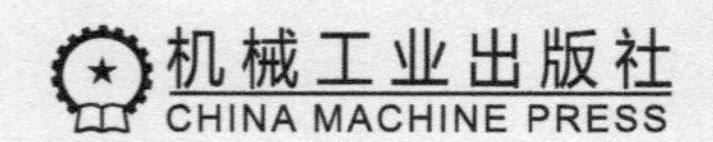

本书共分10章，详细介绍了建筑装饰材料的基础知识，并通过介绍材料的组成讲述该材料的选用及其装饰制品的施工工艺。

本书按照最新的标准和规范编写，并采纳最新的建筑装饰材料。本书适合大中专院校作为工程造价专业和建筑工程管理专业的教材使用，同时也适合没有装饰设计基础的读者自学。

图书在版编目（CIP）数据

建筑装饰材料与施工工艺/孙晓红等编著. —北京：机械工业出版社，2013.6（2025.1重印）

环境艺术设计实战教程

ISBN 978-7-111-42703-2

Ⅰ.①建… Ⅱ.①孙… Ⅲ.①建筑材料—装饰材料—教材②建筑装饰—工程施工—教材 Ⅳ.①TU56②TU767

中国版本图书馆CIP数据核字（2013）第115530号

机械工业出版社（北京市百万庄大街22号 邮政编码100037）

策划编辑：宋晓磊 责任编辑：宋晓磊 吴 靖

责任校对：薛 娜 封面设计：鞠 杨

责任印制：郜 敏

中煤（北京）印务有限公司印刷

2025年1月第1版第21次印刷

184mm×260mm·18.25印张·424千字

标准书号：ISBN 978-7-111-42703-2

定价：56.00元

前　言

近年来，随着经济的不断增长，人们对环境艺术的要求逐渐提高，环境艺术设计在我国得到了飞速的发展，建筑物装饰设计也成为一门复杂的综合学科。其涉及建筑学、社会学、民俗学、心理学、人体工程学、土木工程、建筑物理、建筑材料和建筑施工等学科，也涉及家具陈设、装饰材料的质地和性能、工艺美术、绿化、造园艺术等领域。在手法上是利用平面和空间构成透视、错觉、光影、反射和色彩变化等原理及物质手段创造出预期的格调和环境气氛。此外，因各种材料、设备、结构和施工的相互配合应用，可发挥不同材质的对比效果和结构特性，同时再加上声、光、电和风的协调等，也迫使装饰设计升华到新的境界。

本书从建筑装饰材料的基础讲起，详细介绍了石材、木材、陶瓷、玻璃、金属和石膏制品的特性应用及施工工艺方法，还有油漆的各种施工方法，最后以织物装饰材料及施工工艺收尾。本书大量采用了实物图，力图能够全面、系统地介绍装饰材料从选材到施工的详细内容，紧跟装饰材料的发展趋势及先进的施工工艺，使其适用性较强并易于理解，可作为高等院校艺术设计专业及建筑装饰专业的教学用书，也可作为装饰装修工程设计人员的自学参考书。

本书由孙晓红主要编写，参与编写的有郑东强、杨育苗、杨非、孙德功、陈爱国、李飞怡、黄康、白东坡、张小娟、杨凯进和武鹏程。

本书在编写时，参阅了国内外公开发表的文献资料，选用了网络上众多材料公司所提供的材料图片，在此表示由衷感谢。由于编者水平有限，书中难免存在疏漏及不足之处，望读者不吝赐教。

目录

CONTENTS

建筑装饰材料是装饰工程的基础及表现者，了解并熟悉装饰材料的性质要求是一个空间设计者的能力基础，本章讲述了建筑装饰材料的基础性能及建筑装饰材料施工相关规范要求。

1.1 建筑装饰材料的基础概述

1.1.1 建筑装饰材料的基础

装饰材料是建筑装饰工程的物质基础，是装饰工程的实际效果与装饰材料的色彩、质感和纹理的具体展现。秉承着安全坚固、美观大方和便捷舒适等设计原则，将适合的装饰材料与正确的施工工艺相结合，可以展现更美好的装饰效果，因此，人们对某一场所进行装饰时，必须首先了解各类装饰材料的性能特征，然后才能合理而艺术地使用装饰材料。

随着装饰行业的迅猛发展，人们对装饰材料的研发、生产与应用有了更高的要求及更严格的标准，同时也提出了环保与环境的可持续发展的要求，使装饰材料及其施工工艺发生了一些变化。装饰材料浩如烟海，品种花色非常繁杂，通常有以下3种分类。

1．按化学成分分类

装饰材料按化学成分分类，可分为金属材料、非金属材料和复合材料。

所谓复合材料，是指由两种或两种以上不同性质的材料，组合成为一种具有新性能的材料。复合材料往往具有多种功能，因此，它是现代材料的发展方向。

2．按建筑物装饰部位分类

建筑装饰材料按其在建筑物不同的装饰部位，可分为以下几类：

（1）外墙装饰材料　包括外墙、阳台、台阶、雨篷等建筑物全部外露的外部结构装饰所用的材料。如天然石材、人造石材、建筑陶瓷、玻璃制品、水泥、装饰混凝土、外墙涂料和铝合金等。

- 建筑装饰材料
  - 金属材料
    - 黑色金属材料：如不锈钢等。
    - 有色金属材料：如铝、铜、金、银等。
  - 非金属材料
    - 无机非金属材料：如大理石、玻璃、建筑陶瓷等。
    - 有机非金属材料：如木材、建筑塑料等。
  - 复合材料
    - 非金属与非金属复合：如装饰混凝土、装饰砂浆等。
    - 金属与金属复合：如铝合金、铜合金等。
    - 金属与非金属复合：如涂塑钢板等。
    - 无机与有机复合：如人造花岗石、人造大理石等。
    - 有机与有机复合：如各种涂料。

（2）内墙装饰材料　包括内墙墙面、墙裙、踢脚板、隔断、花架等全部构造装饰所用的材料。如石树、内墙涂料、墙纸、墙布、玻璃制品和木制品等。

（3）地面装饰材料　包括地面、楼面、楼梯等结构的全部装饰材料。如地毯、塑料地板、陶瓷地砖、石材、木地板、地面涂料和抗静电地板等。

（4）顶棚装修材料　主要指室内顶棚的装饰材料。如石膏板、矿棉吸音板、铝合金板、有机玻璃板及各类顶棚龙骨材料等。

（5）室内装饰用品及配套设备　包括卫生洁具、装饰灯具、家具、空调设备及厨房设备等。

（6）其他　街心、庭院小品及雕塑等。

建筑物和建筑材料存在着互相依存的关系，一方面的发展会引导另一方面的革新。因此，现代材料科学技术的进步，必然对现代建筑技术和现代建筑装饰艺术的发展提供新的可能，也就是说现代建筑的概念和形象，是在出现了大量现代建筑材料（包括装饰材料）的基础上形成的。

3．装饰材料的作用性能

（1）装饰性能　装饰材料的最大作用就是装饰环境，通过材料的质感、色彩以及线条等元素构成空间的主要形态。材料装饰性通过色彩与质感的运用可以展现空间的某种意境，弥补空间的不足，满足人们对环境的需求。

（2）保护性能　装饰材料的使用，使装饰面层的外部形成一层保护膜，对装饰界面起到保护作用，使之不受外界阳光、水分、氧气与酸性环境的影响，达到防潮、保温和隔热的效果。

（3）调节环境　装饰材料具有很好的调节环境的功能。例如，对于室内空间来说，装饰材料中的木材可以调节室内湿度，装饰材料中的石膏制品具有吸附声音的作用。

（4）使用性能　室内外空间中众多界面的面层装饰，使空间有了具体的使用功能；对墙面、地面和顶棚的装饰，使人们在空间中可以生活、学习、工作和娱乐。这些都是材料

使用性能的最好体现。

（5）美学性能　对各种装饰材料的应用、色彩美学的运用和材料特性的掌握，可以充分发挥装饰材料的美学性能，使之在众多具有特征的场合起到装饰空间和美化空间的作用。

1.1.2　建筑装饰材料的特性

装饰材料的特性主要是指物理性质，即装饰材料物理特征的性质，包括材料的密度、体积密度、堆积密度、表观密度、孔隙率、开口孔隙率、闭口孔隙率和空隙率，这些特定的物理性质决定了装饰材料的各种性能。

1．表示材料物理状态特征的性质

（1）密度　密度是指材料在绝对密实状态下单位体积的质量。

（2）体积密度　体积密度是指材料在自然状态下单位体积的质量。

（3）堆积密度　堆积密度是指散粒材料在规定装填条件下单位体积的质量。

（4）表观密度　表观密度是指材料的质量与表观体积之比。表观体积等于材料实体体积加闭口孔隙体积，此体积即材料排开水的体积。

（5）孔隙率　孔隙率是指材料中孔隙体积与材料在自然状态下的体积之比。

（6）开口孔隙率　开口孔隙率是指材料中能被水饱和（即被水所充满）的孔隙体积与材料在自然状态下的体积之比。

（7）闭口孔隙率　闭口孔隙率是指材料中闭口孔隙的体积与材料在自然状态下的体积之比，且闭口孔隙率等于孔隙率减去开口孔隙率。

（8）空隙率　空隙率是指散粒材料在自然堆积状态下，空隙体积与散粒材料的体积之比的百分率。

2．与各种物理过程有关的材料性质

装饰材料的抗渗水性和耐清洗性是装饰材料十分重要的性能要求。因此，需要对材料的亲水性、憎水性、吸水性和含水率进行了解。

（1）材料的亲水性　当材料与水接触时，材料分子与水分子之间的作用力（吸附力）大于水分子之间的作用力（内聚力），材料表面吸附水分，即被水润湿，表现出亲水性。这种材料称为亲水材料。

（2）材料的憎水性　当材料与水接触时，材料分子与水分子之间的作用力（吸附力）小于水分子之间的作用力（内聚力），材料表面不吸附水分，即不被水润湿，表现出憎水性。这种材料称为憎水材料。

（3）材料的吸水性　材料吸收水分的能力称为吸水性，用吸水率表示。吸水率有两种表示方法：质量吸水率和体积吸水率。质量吸水率是材料在浸水饱和状态下所吸收的水分的质量与材料在绝对干燥状态下的质量之比。体积吸水率是材料在浸水饱和状态下所吸收的水分的体积与材料在自然状态下的体积之比。

（4）含水率　材料在自然状态下所含水的质量与材料的质量之比。

1.1.3 建筑装饰材料的选择

建筑装饰的目的是使人所处的环境在空间上的分布能够在整体上达到很好的统一，即和谐。这种和谐在很大程度上取决于所用的装饰材料。优秀的装饰设计技术人员应在熟悉各种装饰材料的内在构造和有关的美学理论的基础上，充分考虑到各种装饰材料的适用范围，将装饰材料合理地配置和运用，而不只是将许多高档材料进行简单地堆砌。因此，设计人员还需注意材料的可塑性，即同一品种的装饰材料在不同的装饰场所表现出的效果有可能不同。一般来讲，装饰材料的选择可以从以下几方面来考虑。

1．材料的外观

装饰材料的外观主要是指形体、质感、色彩和纹理等。块状材料有稳定感，而板状材料则有轻盈的视觉效果；不同的材料质感给人的尺度和冷暖感是不同的，毛面材料给人粗犷豪迈的感觉，而镜面材料则有细腻的效果；色彩对人的心理作用就更为明显了，红色有刺激兴奋作用，绿色能消除紧张和视觉疲劳等。合理而艺术地利用装饰材料的外观效果能将建筑物的室内外环境装饰得层次分明、趣味盎然。如西藏的布达拉宫在修缮的过程中，大量地使用金箔及琥珀等材料进行装饰，使这座建筑显得高贵华丽、流光溢彩，增强了人们对宗教神秘莫测的视觉和心理感受。

2．材料的功能性

装饰材料所具有的功能要与使用该材料的场所特点相结合。如在人流密集的公共场所地面上应采用耐磨性好、易清洁的地面装饰材料；住宅中厨房的墙、地面和顶棚装饰材料则宜采用耐污性和耐擦洗性较好的材料进行装饰；而影剧院的地面如果采用地毯装饰，显然就不能满足地面应易清洁和耐磨损的要求，而且长时间后，肮脏的毯面有利于细菌的繁殖，对人体的健康产生一定的影响。

上海南京路上有些商店的顶棚在装饰时，采用了浅色系列的穿孔铝合金板。这种做法不仅使原来较为拥挤的室内空间显得宽敞明亮，而且降低了由于人流密集而产生的嘈杂声，增加了顾客在购物时的舒适感，同时也为商家的经营带来了一定的经济效益。

3．材料的经济性

建筑装饰的费用在建设项目总投资中的比例往往高达1/2甚至2/3。其中主要的原因是由于装饰材料的价格较高，在装饰投资时应从长远性和经济性的角度出发，充分利用有限的资金取得最佳的装饰和使用效果，做到既满足目前的要求，又能为以后的装饰变化打下一定的基础。

例如家庭装饰时，管道线路的敷设一定要考虑到今后室内陈设的变化情况，否则在进行内部装饰环境改造时会遇到较多的麻烦。上海浦东及香港地区的许多高层或超高层建筑的外部围护采用了保温隔热性能优越的热反射玻璃幕墙或中空玻璃幕墙。尽管这类玻璃幕墙的一次性投资较大，但由于采用幕墙后能降低室内采暖或制冷的空调费用，在大楼使用后的数年内，能耗降低的费用与使用幕墙的投资增加额相当，因此，从长期运行的经济角

度来看，使用一次性投资较大的此类幕墙是经济合理的。

装饰材料及其配套装饰设备的选择和使用应与总体环境空间相协调，在功能内容与建筑物艺术形式的统一中寻求变化，充分考虑环境气氛、空间的功能划分、材料的外观特性、材料的功能性及装饰费用等问题，从而使所设计的内容能够取得独特的装饰效果。

1.2　现行建筑装饰材料的相关技术规范

1.2.1　石材的相关规范

石材是一种古老的建筑材料，以其外在魅力与内在质朴的特性，由过去的结构材料发展运用到现代主要建筑装饰材料。现行的相关技术规范性标准比较多，就其常用的几个规范介绍如下：

1．**建筑装饰石材应用技术规程**（DB11/T 512—2007）

《建筑装饰工程石材应用技术规程》（下文简称为规程）是我国第一部建筑工程装饰石材应用的工程建设标准，于2008年3月1日开始实施。现对规程的相关内容做简单介绍：

近年来大量国外石材品种进入我国，而石材品种和施工工艺在我国现行规范标准中尚无规定。《规程》在遵循我国有关石材标准和规范的基础上，结合我国国情，参照了欧美和新加坡等国的石材相关标准，提出了天然石材、人造石材、骨架材料、黏结材料、密封材料、锚件和挂件等相关产品的技术要求，对石材的设计、施工、防护、清洗和翻新等的应用技术和工程验收均作了详细阐述和规定。此外，《规程》内容更突出了石材装饰应具备的视觉美观、节能环保及居住者健康安全的新型建材理念。

纵观《规程》整体内容，从术语、材料，到幕墙结构设计、石材饰面设计；从加工制作、建筑石材装饰工程施工、石材防护清洗与翻新到工程验收，均作了详细规定，各项指标均有相应的标准与技术参数。

如针对防滑材料，《规程》规定石材防滑材料应基本保持石材的装饰效果和使用功能。通常情况下，防滑等级应不低于1级。对于室内老人、儿童和残疾人等活动较多的场所，防滑等级应达到2级。对于室内易浸水的地面，防滑等级应达到3级。对于室内有设计坡度的干燥地面，防滑等级应达到2级，有设计坡度的易浸水的地面，防滑等级应达到4级。对于室外有设计坡度的地面，防滑等级应达到4级，其他室外地面的防滑等级应达到3级。

在清洗材料方面，《规程》针对石材理化特性的种类，将清洗剂分为花岗岩清洗剂和大理石清洗剂；针对石材的“病症”将清洗剂分为水斑清洗剂、锈斑清洗剂、植物色清洗剂、油脂类清洗剂、碱性物质清洗剂和有机色精清洗剂等，以保证石材洁净美观。

在幕墙结构设计方面，《规程》要求天然石材幕墙不宜应用于高层及超高层建筑中。

当设计需要采用时，应有石材防碎裂措施。石材幕墙的骨架应综合考虑建筑立面效果、土建结构形式和石材幕墙的安装形式等方面进行设计，既要保证幕墙系统的安全可靠，又要考虑施工工艺的可行性。石材幕墙及其连接件应有足够的承载力、刚度和相对于主体结构的位移能力。非抗震设计的石材幕墙，在风力作用下石材不得破损；抗震设计的石材幕墙，在设防烈度地震作用下经修理后幕墙仍可使用；在罕遇地震作用下幕墙骨架不得脱落。石材幕墙构件设计时，应充分考虑到幕墙系统在重力荷载、风荷载、地震作用、温度作用和主体结构位移影响下所具有的安全性。

《规程》规定清洗施工时，施工人员应戴好橡胶手套和眼镜等保护用具；采用机械施工时，应按机械使用要求进行；大面积施工前，应进行小样试验，以确定施工效果；施工时应建立围挡警戒，并派专人守候；防滑剂接触皮肤或误入口、眼时，应及时用大量清水清洗，必要时去医院治疗。

《规程》对各类石材装饰施工均提出了详细的要求，如石材幕墙工程的质量验收，要求石材幕墙的防雷装置必须与主体结构防雷装置可靠连接；石材幕墙的防火、保温和防潮材料的设置应符合设计要求，填充应密实、均匀、厚度一致；封闭式石材幕墙应无渗漏，开放式石材幕墙的内排水、防水构造应符合设计要求且排水通畅；石材幕墙表面应平整，洁净，无污染、缺损和裂痕，颜色和花纹协调一致，无明显色差，无明显修理痕迹等。

为保证幕墙质量达到设计要求，《规程》附录中设定了石板幕墙现场淋水试验方法，旨在通过现场淋水试验，确认石材幕墙是否达到设计要求。

石板幕墙的检测部位包括竖向缝和水平缝，或其他有可能出现渗漏的部位。被检石板幕墙检测部位的室内部分应便于观察渗漏状况。用压力水依次对选定的测试部位进行喷水，喷水顺序从下方的横缝开始，然后是邻近竖缝，直至检测完待测区域内的所有部位。对有渗水现象出现的部位，应记录其位置。漏水部位修复后，重复上述试验。

2．天然花岗石建筑板材（GB/T 18601—2009）

花岗石是一种天然石材，其应用颇为广泛，现行的GB/T 18601—2009对其的应用、术语等做了统一的规定。

3．天然大理石建筑板材（GB/T 19766—2009）

首次修订的天然大理石建筑板材，与老标准（GB/T 19766—2005）相比其变化在于：

（1）石材命名采用统一编号标准名称或经备案的新名称。

（2）增加了石材规格板推荐尺寸要求。

（3）增加了毛光板产品技术要求。

（4）增加了石材岩矿分析要求和试验方法。

（5）细分了大理石石材种类和相应物理性能指标要求。

4．天然砂岩建筑板材（GB/T 23452—2009）

天然砂岩由于其自身体现出的高贵典雅的形象而受到越来越多人的青睐，在内装、外墙、异型和雕刻的应用上越来越受到设计师的认可，被消费者认同。但是由于目前还没有相应的国家标准及规范，致使天然砂岩的使用过程出现大量的问题。本标准的制订

是为了进一步规范建筑装饰中用到的天然砂岩板材的技术要求、试验方法等方面的要求，以提高天然砂岩板材在使用过程中的安全性能，使天然砂岩板材成为建筑装饰中美观自然、经久耐用的饰面材料。该项目有利于天然砂岩产品质量的进一步提高；有利于天然砂岩产品使用过程中的安全性能指标的监测控制，为设计师及消费者合理选择砂岩品种提供依据。

除此之外，另有一些加工及使用技术参数等标准，此处不再一一列举，如有需要请查阅相关书籍。

1.2.2　木材的相关规范

1．木材防腐术语（GB/T 14019—2009）

该标准规定了木材防腐的常用术语。适用于针、阔叶树圆材（包括原木、电杆、坑木、柱材等）、锯材（包括板材、方材、枕木、木结构用材等）、木基复合材料以及其他木制品在使用前和使用中的木材防腐、木材阻燃的相关领域。竹材、藤材等亦可参照使用。本标准与GB / T 14019—1992相比，其主要变化如下：

（1）调整了标准格式体系，增加了分类，将原来的每个单独分类降为小类并统一合并到“术语和定义”部分。

（2）改进了术语分类方法，分类中新增了木材阻燃。

（3）调整了词汇量。

（4）删除了过时术语。

（5）增补了新术语。

（6）修改完善了部分原有术语的定义。

2．制材工艺术语（GB/T 11917—2009）

该标准定义了制材产品尺寸、形状、生产技术方面的术语。 本标准与GB / T 11917—1989相比，主要变化如下：

（1）修改了原标准中定义不当、含义不清和用语不准确的内容，使术语含意表达得更加清楚。

（2）删除过时陈旧的术语。

除上述基础标准技术之外，另有木材条纹标准、木材干燥标准和木材锯割标准等，此处不再一一赘述。

1.2.3　玻璃的相关规范

1．建筑玻璃应用技术规程（JGJ 113—2009）

建筑装饰玻璃使用率极高，《 建筑玻璃应用技术规程》（JGJ 113—2009）对其安装使用技术进行约束及指导。

（1）对玻璃进行了严格的分类。

（2）对玻璃的安装及使用进行了非常明确的规范指导。

（3）对部分特殊玻璃如安全玻璃的使用有了强制性的使用范围。

（4）对玻璃的安全及防护措施有了明确的规定。

2．建筑玻璃采光顶（JG/T 231—2007）

该标准规定了建筑玻璃采光顶的术语和定义、分类及标记、一般要求、材料、性能、制作与组装要求、试验方法、检验规则及标志、包装、运输和贮存。标准适用于建筑玻璃采光顶，建筑玻璃雨篷亦可参照使用。

建筑装饰工程施工是装饰效果具体推进的过程，是人力、物力、财力协调配合的具体体现。在充分了解装饰工程的具体情况下，根据工程性质与要求，制定合理的施工组织计划，根据工程的进度情况，灵活地调度各项物资及人力，使建筑装饰工程在施工图纸的指导下，完美、细致的展现。

2.1 建筑装饰工程的施工工艺

2.1.1 施工组织设计的内容

组织一个建筑装饰工程的全部施工活动，就像组织一场战役一样，要想取得战斗的胜利，必须在打仗前，在知己知彼的前提下，拟定一个周密的作战计划方案。同样，在建筑装饰工程施工前，必须进行调查了解，收集有关资料，掌握工程性质和施工要求，结合施工条件和自身状况，拟定一个切实可行的工程施工计划方案。这个计划方案就是建筑装饰工程施工组织设计。

1．施工组织设计的概念

建筑装饰工程施工组织设计，是用来指导建筑装饰工程施工全过程各项活动的一个经济、技术和组织等方面的综合性文件。

2．施工组织设计的作用

建筑装饰工程施工组织设计是对装饰施工活动实行科学管理的重要手段，它具有战略部署和战术安排的双重作用。它体现了实现基本建设计划和设计的要求，提供了各阶段的施工准备工作内容，协调施工过程中各施工单位、各施工工种和各项资源之间的相互关系。通过施工组织设计，可以根据具体工程的特定条件拟订施工方案，确定施工顺序、施工方法和技术组织措施；可以保证拟建装饰工程按照预定的工期完成；可以在开工前了解到所需资源的数量及其使用的先后顺序；可以合理安排施工现场的布置。因此，建筑装饰工程施工组织设

计应从施工全局出发，充分反映客观实际，符合国家或合同要求，统筹安排施工活动有关的各个方面。据此，施工就可以有条不紊地进行，达到多、快、好、省的目的。

建筑装饰工程施工组织设计的根本任务，就是根据建筑装饰工程施工图和设计要求，从物力、人力和空间等要素着手，在组织劳动力、专业协调、空间布置、材料供应和时间排列等方面，进行科学、合理地部署，从而在时间上能保证速度快、工期短，在质量上能做到精度高、效果好，在经济上能达到消耗少、成本低和利润高等目的。建筑装饰施工组织设计是建筑装饰工程施工前的必要准备工作之一，是合理组织施工和加强施工管理的一项重要措施。它对保质、保量、按时完成整个建筑装饰工程具有决定性作用。具体而言，建筑装饰工程施工组织设计的作用，主要表现在以下几个方面：

（1）是沟通设计和施工的桥梁，也可用来衡量设计方案的施工可能性和经济合理性。

（2）对拟建装饰工程从施工准备到竣工验收全过程的各项活动起到指导作用。

（3）是施工准备工作的重要组成部分，对及时做好各项施工准备工作起到促进作用。

（4）能协调施工过程中各工种和各资源供应之间的关系。

（5）是对施工活动实行科学管理的重要手段。

（6）是编制工程概、预算的依据之一。

（7）是建筑装饰施工企业整个生产管理工作的重要组成部分。

（8）是编制施工作业计划的主要依据。

3．施工组织设计的内容

不同的建筑装饰工程，有着不同的施工组织设计，应根据工程本身的特点以及各种施工条件等来进行编制。建筑装饰工程施工组织设计的内容，主要包括以下几个方面：

（1）了解工程概况及工程特点　在编制施工组织设计前，首先要弄清设计的意图，即装饰的目的和意义。应对工程进行认真分析、仔细研究，弄清工程的内容及工程在质量、技术和材料等各方面的要求，熟悉施工的环境和条件，掌握在施工过程中应该遵守的各种规范及规程，并根据工程量的大小、施工要求及施工条件确定施工工期。为使工程在规定的工期内保质保量地完成，还必须确定各种材料和施工机具的来源及供应情况。

（2）施工方案　制订合理正确的施工方案，是施工组织设计的关键。施工方案一般包括对所装饰工程的检验和处理方法、主要施工方法和施工机具的选择、施工起点流向、施工程序和顺序的确定等内容。特别是二次改造工程，在进行装饰之前，一定要对基层进行全面检查，将原有的基层必须铲除干净，对需要拆除的结构和构件的部位数量、拆除物的处理方法等，均应作出明确规定。由于装饰工程的工艺比较复杂，施工难度也比较大，因此在施工前必须明确主要施工项目。例如，墙体、顶棚的装饰施工方法，在确定现场的垂直运输和水平运输方案的同时，应确定所需的施工机具，此外还应该绘制出安装图、排料图及定位图等。

（3）施工方法　施工方法必须严格遵守各种施工规范和操作规程。施工方法的选择必须是建立在保证工程质量及安全施工的前提下，根据各分部（分项）工程的特点，确定具体的施工方法，特别是墙柱面、顶棚、楼地面工程的施工方法。

对于外墙装饰工程，应在结构工程完成后，自上而下地进行；对于室内装饰，如顶棚、墙面、楼地面等，首先应做出样板间进行实样交底。

（4）施工进度计划 施工进度计划应根据工程量的大小、工程技术的特点和工期的要求，结合确定的施工方案和施工方法，预计可能投入的劳动力及施工机械数量、材料、成品或半成品的供应情况，以及协作单位配合施工的能力等诸多因素，进行综合安排。编制施工进度计划的具体步骤如下：

1）确定施工顺序。按照建筑装饰工程的特点和施工条件等，处理好各分项工程间的施工顺序。

2）划分施工过程。施工过程应根据工艺流程、所选择的施工方法以及劳动力来进行划分。对于工程量大、相对工期长、用工多等主要工序均不可漏项；其余次要工序可并入主要工序。对于影响下道工序施工和穿插配合施工较复杂的项目，一定要细分、不漏项。所划分的项目，应与建筑装饰工程的预算项目相一致，以便以后概算（决算）。

3）划分施工段。施工段要根据工程的结构特点、工程量，以及所能投入的劳动力、机械和材料等情况来划分，以确保各专业工作队能沿着一定顺序，在各施工段上依次并连续地完成各自的任务，使施工有节奏地进行，从而达到均衡施工、缩短工期、合理利用各种资源的目的。

4）计算工程量。工程量是组织建筑装饰工程施工，确定各种资源的数量供应，以及编制施工进度计划、进行工程核算的主要依据之一。工程量的计算，应根据图纸设计要求以及有关计算规定来进行。

5）机械台班及劳动力。机械台班的数量和劳动力资源的多少，应根据所选择的施工方案、施工方法、工程量大小及工期等要求来确定。要求既能在规定的工期内完成任务，又不产生窝工现象。

6）确定各分项工程或工序的作业时间。要根据各分项工程的工艺要求、工程量大小、劳动力设备资源，总工期等要求，确定各分项工程或工序的作业时间。

（5）施工准备工作 它是指开工前及施工过程中的准备工作，主要包括技术准备、现场准备以及劳动力、施工机具和材料物资的准备。其中，技术准备主要包括熟悉与会审图纸，编审施工组织设计，编审施工图预算以及准备其他有关资料等；现场准备主要包括结构状况，基底状况的检查和处理，有关生产和生活临时设施的搭设以及水、电管网线的布置等。

（6）施工平面图 它主要表示的是单位工程所需各种材料、构件、机具的堆放，以及临时生产、生活设施和供水、供电设施等合理布置的位置。对于局部装修项目或改建项目，由于能够利用的场地很小，各种设施都无法布置在现场，所以一定要安排好材料供应运输计划及堆放位置、道路走向等。

（7）主要技术组织措施 主要技术组织措施，主要包括工程质量、安全指标以及降低成本、节约材料等措施。

（8）主要技术经济指标 它是对确定的施工方案及施工部署的技术经济效益进行全面的评价，用以衡量组织施工的水平。一般用施工工期、劳动生产率、质量、成本、安全和节约材料等指标表示。

2.1.2 装饰施工组织设计

每一个装饰施工工程都可以被看做一个完整的施工主体，即单位装饰工程。

1．施工组织设计的编制依据与编制程序

单位装饰工程施工组织设计是规划和指导拟建装饰工程从施工准备到竣工验收全过程的技术经济文件。它是装饰施工前的一项重要准备工作，也是施工企业实现科学管理的重要手段，它既要体现拟建装饰工程的设计和使用要求，又要符合建筑装饰施工的客观规律，且对装饰施工的全过程起到总的安排和部署的作用。

单位建筑装饰工程施工组织设计一般由该工程主管工程师组织有关人员进行编制，并根据工程项目的大小，分别报主管部门审批。

（1）建筑装饰工程施工组织设计的编制依据有以下几个方面：

1）主管部门的有关批文及要求。主要是指上级主管部门对该工程的批示，工程质量、工期等的要求以及施工合同的有关规定等。

2）经过会审的施工图。主要是指该工程经过会审以后的全部施工图纸、设计单位变更或补充设计的通知以及有关标准图集等。

3）施工时间计划。主要是指工程的开、竣工日期的规定以及其他穿插项目施工的要求等。

4）施工组织总设计。如果单位建筑装饰工程是整个建筑装饰工程中的一个项目，那么应将建筑装饰工程施工组织总设计中的总体施工部署以及与本工程施工有关的规定和要求作为编制的依据。

5）工程预算文件及有关定额。工程预算文件及有关定额，主要指详细的分部、分项工程量以及预算定额和施工定额等。

6）现场施工条件。主要是指水、电的供应，临时设施的来源，劳动力、材料、机具等资源的来源及供应情况等。

7）有关规范及操作规程。如施工验收规范、质量验评标准以及技术、安全操作规程等。

（2）建筑装饰工程施工组织设计的编制程序　主要是指单位建筑装饰工程施工组织设计的各个组成部分形成的先后顺序以及它们相互间的制约关系。其编制程序，如图2-1所示。

2．单位装饰施工组织设计的主要内容

装饰施工组织设计需要考虑施工的详细组织计划，其内容包括：

（1）工程概况　在工程概况中应简要说明装饰工程的性质、规模、装饰地点、装饰面积、施工期限以及气候条件等情况。

（2）施工方案　施工方案的选择是依据工程概况，结合人力、材料和机械设备等条件，全面安排施工任务和施工顺序，确定主要工种的施工方法，并对拟建工程可能采用的几种方案进行定性、定量的分析，选择最佳方案。

（3）施工进度计划　施工进度计划反映了最佳方案在时间上的全面安排，采用优化的方法，使工期、成本和资源等方面达到既定目标的要求。

（4）施工准备工作及各项资源需用量计划　施工准备工作是完成单位工程施工任务的重要环节，也是单位工程施工组织设计中的一项重要内容。施工准备工作是贯穿整个施工过程的，施工准备工作的计划包括技术准备、现场准备及劳动力、材料、机具和加工半成品的准备等。各项资源需用量计划包括材料、设备需用量计划、劳动力需用量计划、构件和加工成品、半成品需用量计划、施工机具设备需用量计划及运输计划。每项计划必须有

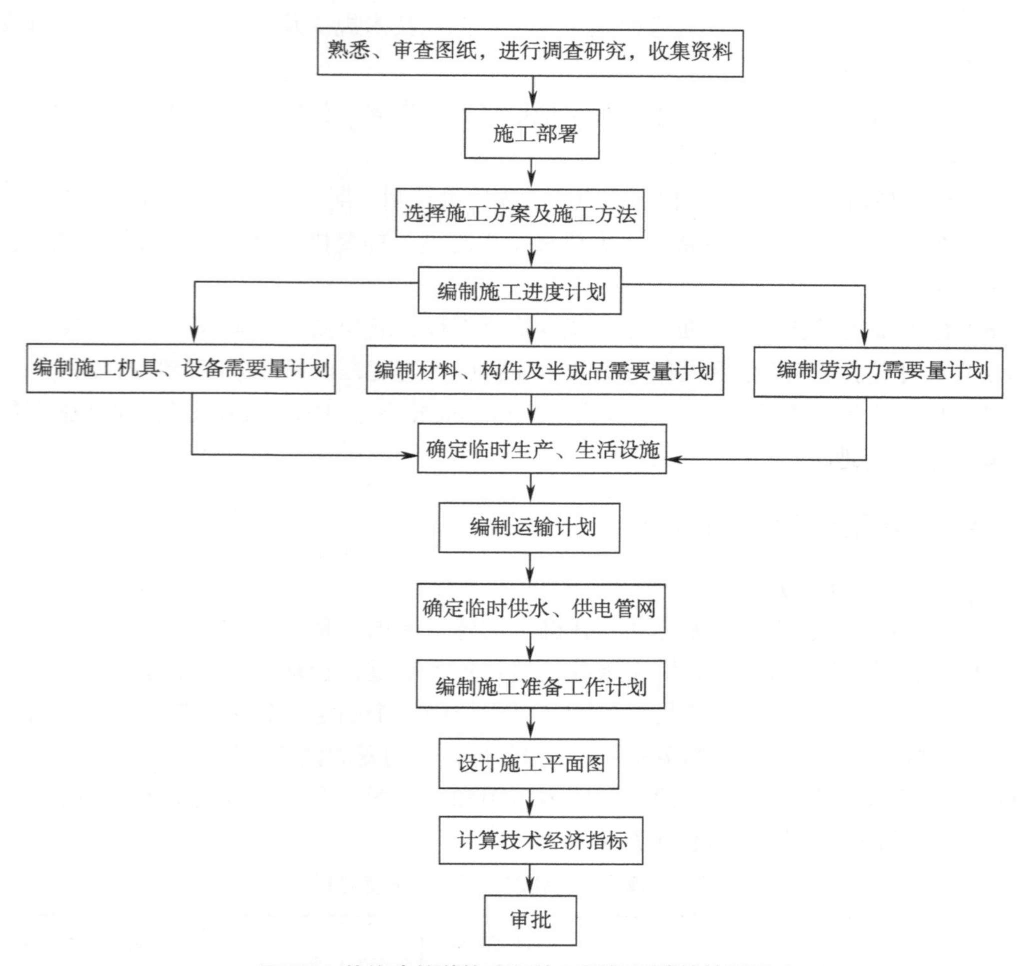

图2-1　单位建筑装饰工程施工组织设计的编制程序

数量及供应时间。

（5）施工平面图　施工平面图是施工方案及进度在空间上的全面安排。它是将投入的各项资源和生产、生活场地合理地布置在施工现场，使整个现场有组织、有计划的文明施工。

（6）主要技术组织措施　技术组织措施是指在技术和组织方面对保证工程质量、安全、节约和文明施工所采用的方法。制订这些措施是施工组织设计编制者的创造性工作。主要技术组织措施包括保证质量措施、保证安全措施、成品保护措施、保证进度措施、消防措施、保卫措施、环保措施和冬雨季施工措施等。

（7）主要技术经济指标　主要技术经济指标是对确定施工方案及施工部署的技术经济效益进行全面的评价，用以衡量组织施工的水平。

3．施工组织设计的编制原则

一个好的施工组织设计，体现在对单位工程的特点的把握，对物、料的合理规划以及在出现非人为原因时能够合理调度，在编制施工组织设计时要考虑到以下几个原则：

（1）认真贯彻党和国家对工程建设的各项方针和政策，严格执行建设程序。

（2）在充分调研的基础上，遵循施工工艺规律、技术规律及安全生产规律，合理安排施工程序及施工顺序。

（3）采用国内外先进施工技术，科学地确定施工方案。积极采用新材料、新设备、新工艺和新技术，努力提高产品质量水平。

（4）全面规划，统筹安排，保证重点，优先安排控制工期的关键工程，确保合同工期。

（5）充分利用现有机械设备，扩大机械施工范围，提高机械化程度，改善劳动条件，提高劳动生产率。

（6）合理布置现场施工平面，尽量减少临时工程，减少施工用地，降低工程成本。

（7）采用流水施工方法和网络计划技术安排施工进度，以保证进度控制的便利。

（8）坚持质量和安全第一的基本原则，科学安排冬、雨季项目施工，保证施工能连续、均衡、有节奏地进行。

2.1.3 装饰施工进度计划设计

施工进度计划的概述

单位建筑装饰工程施工进度计划是在确定的建筑装饰工程施工方案和施工方法的基础上，根据规定工期和技术物资的供应条件，遵守各施工过程合理的工艺顺序，统筹安排各项施工活动进行编制。它的任务是为各施工过程指明一个确定的施工日期，即时间计划，并以此为依据确定施工作业所必需的劳动力和各种技术物资的供应计划。

施工进度计划的图表形式有两种，即横道图和网络图，在此仅以横道图为例来介绍施工进度计划。其表格形式，如表2-1所示。

表2-1　单位建筑装饰工程施工进度计划

序号	分部分项工程名称	工程量		劳动量		机械需要量		每天工作班次	每天工人数	工作天数	施工进度（月）			
		单位	数量	工种	数量（工日）	名称	台班数				日	日	日	日
1														
2														
…														

上面表格由左右两部分组成，左边部分反映拟装饰工程所划分的施工项目、工程量、劳动量或机械台班量、工作班数、施工人数以及各施工过程的持续时间等计算内容；右边部分则用水平线段反映各施工过程的施工进度和搭接关系，其中的每一格根据需要可以代表一天或若干天。

（1）建筑装饰工程施工进度计划的作用：

1）控制工程施工进程和工程竣工期限等各项装饰工程施工活动的依据。

2）确定建筑装饰工程各个工序的施工顺序及需要的施工持续时间。

3）组织协调各个工序之间的衔接、穿插、平行搭接和协作配合等关系。

4）指导现场施工安排，控制施工进度和确保施工任务的按期完成。

5）为制订各项资源需用量计划和编制施工准备工作计划提供依据。

6）是施工企业计划部门编制月、季、旬计划的基础。

7）反映了安装工程与装饰装修工程的配合关系。

因此，装饰工程施工进度计划的编制，有利于装饰企业领导抓住关键，统筹全局，合理地布置人力、物力，正确地指导施工生产；有利于职工明确工作任务和责任，更好地发挥创造精神：有利于各专业的及时配合、协调组织施工。若装饰工程为新建工程，其施工进度计划应在建筑工程施工进度计划规定的工期控制范围内编制；若为改造项目时，应在合同规定的工期内进行编制，以确保在施工进度计划范围内组织施工。

（2）施工进度计划的编制依据　单位工程施工进度计划的编制依据主要包括：设计图样、施工组织总体设计对工程的要求及施工总进度计划、工程开工和竣工时间的要求、施工方案与施工方法、劳动定额及机械台班定额等有关施工定额以及施工条件（如劳动力、机械和材料等）。

（3）施工进度计划的编制程序　单位建筑装饰工程施工进度计划的编制程序，如图2-2所示。

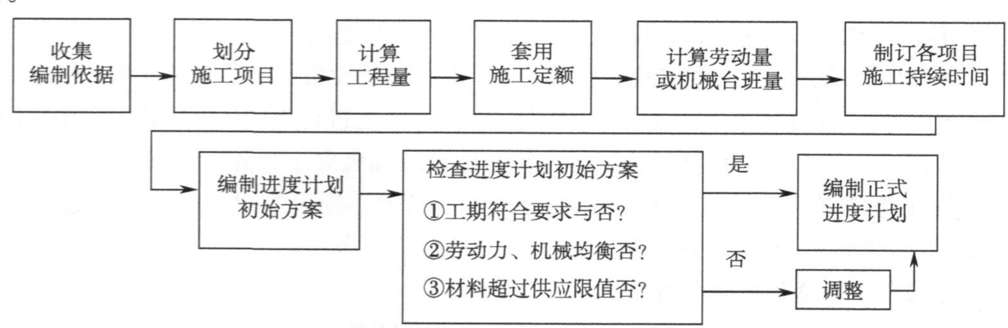

图2-2　单位建筑装饰工程施工进度计划的编制程序

2.1.4　材料、人工设备施工准备计划

1．技术资料的准备

施工准备是完成单位工程施工任务的重要环节，也是单位工程施工组织设计中的一项重要内容。施工人员必须在工程开工之前，根据施工任务、开工日期和施工进度的需要，结合各地区的规定和要求，做好各方面的准备工作。施工准备工作不仅在单位工程正式开工前需要，而且在开工后，随着工程施工的进展，在各阶段施工之前仍要为各阶段的施工做好准备。因此，施工准备工作是贯穿整个工程施工的始终的。施工准备工作计划的主要内容如下：

（1）调查研究与收集资料　当建筑装饰工程施工企业在一个新的区域进行施工时，需要对施工区域的环境特点（如可施工时间、给排水、供电、交通运输、材料供应和生活条件）等情况进行详细的调查和研究，以此作为项目准备工作的依据。

（2）技术资料的准备　技术资料的准备工作是施工准备工作的核心。任何技术工作的失误和差错都可能引起工程质量事故或造成生产、财产的巨大损失，因此，必须做好技术准备工作。其主要内容有：

1）熟悉和会审图样。施工图样是施工的依据，在施工前必须熟悉图样中的各项要求。

对于建筑装饰工程施工，不仅要熟悉本专业的施工图，而且要熟悉与之有关的建筑结构、水、电、暖、风和消防等专业的设计图样。在熟悉图样的基础上，由建设、施工、设计三家单位共同对施工图样进行会审。会审时，先由设计单位进行图样交底，然后各方提出问题，对某些不合理的地方或施工单位依照目前的施工条件还达不到要求的，要提出并进行协商，将统一意见形成图样会审纪要，做好原始记录。在日后的施工过程中，如遇到某些情况与原设计不符，需征得设计单位和建设单位的同意，方能更改设计，并由设计单位出具设计变更通知，切不可任意更改。

2）编制施工组织设计。施工组织设计对施工的全过程起指导作用，它既要体现设计的要求，又要符合施工活动的客观规律，对施工全过程起到部署和安排的双重作用，因此，编制施工组织设计本身就是一项重要的施工准备工作。

3）编制施工预算。施工预算是施工单位以每一个分部工程为对象，根据施工图样和国家或地方有关部门编制的施工预算定额等资料编制的经济计划文件。它是控制工程消耗和施工中成本支出的重要依据。施工预算的编制，可以确定人工、材料和机械费用的支出，并确定人工数量、材料消耗和机械台班使用量，以便在施工中对用工、用料实行切实有效的控制，从而能够实现工程成本的降低与施工管理水平的提高。

4）各种加工品、成品、半成品的技术准备。对材料、设备、制品等的规格、性能、加工图样等进行说明；对国家控制性的材料（如金、银）还需先进行申报，方可在施工中使用。

5）新技术、新工艺、新材料的试制试验。建筑装饰装修工程随着时间的变化，技术、材料的更新速度非常快，在施工中遇到新材料、新技术、新工艺时，往往是通过制作样板间来总结经验或通过试验来了解材料性能，以满足施工的需要。

2．劳动力、物资及其他准备

建筑装饰工程在开工前除了做好各项经济技术的准备工作外，还必须做好现场的施工准备工作。其主要内容有：做好施工现场的清理工作；拆除障碍物，特别是改造工程；进行装饰工程施工项目的工程测量、定位放线，必要时应设永久性坐标；做好水、电、道路等施工所必需的各项作业条件的准备；对现场办公用房、工人宿舍、仓库等临时设施，不得随意搭建，尽可能利用永久性设施。

（1）劳动力及物资的准备

1）劳动力的准备。根据编制的劳动力需用量计划，进行任务的具体安排。集结施工力量，调整、健全和充实施工组织机构，建立完善的管理制度，建立精干的施工专业队伍，对特殊工种、稀缺工种进行专业技术培训，落实外包施工队伍的组织，及时安排和组织劳动力进场。

2）物资的准备。各种技术物资只有运到现场并进行必要的储备后，才具备开工条件。因此，要根据施工方案确定的施工机械和机具需用量进行准备，按计划进场安装、检修和试运转，同时根据施工组织设计，计算所需的材料、半成品和预制构件的数量、质量、品种和规格等，按计划组织订货和进货，并在指定地点堆放或入库。

（2）冬、雨季施工的准备　建筑装饰工程施工主要分为室外装饰和室内装饰两大部分。而室外装饰工程受季节的影响较大，为了保质、保量地按期完成施工任务，施工单位必须做好冬、雨季的施工准备工作。当室外平均气温低于5℃及最低气温低于-3℃时，即转

入冬季施工阶段，当次年初春连续7个昼夜不出现负温度时，即转入常温施工阶段。北方地区多考虑冬季对施工的影响，而南方则考虑雨季对施工的影响。

1）冬季施工的准备工作：①合理安排冬季施工的项目。冬季施工条件差、技术要求高，还需增加施工费用。因此，对一般不列入冬季施工的项目（如外墙的装饰装修工程），力争在冬季前施工完成，对已完成的部分要注意加以保护；②做好室内施工的保温。冬季来临前，应完成供热系统的调试工作，安装好门窗玻璃，以保证室内的其他施工项目能顺利进行；③做好冬季施工期间材料、机具的储备。在冬季来临之前，储存足够的物资，有利于节约冬季施工费用；④做好冬季施工的检查和安全防范工作。

2）雨季施工的准备工作：①合理安排雨季的施工项目。如雨天做室内装饰装修，晴天做室外装饰装修；②做好施工现场的防水工作。无论是新建工程还是改造工程，都须在雨季来临之前做好主体结构的屋面防水工作；③做好物资的储存工作；④做好机具设备的保护工作。机械设备要注意防止雨雪淋湿，必须装置漏电保安器及安全接地，高度很大的井架要设置避雷装置等；⑤加强雨季施工的管理。对施工人员进行安全教育，避免各种事故的发生。

建筑装饰工程施工准备工作计划如表2-2所示。

表2-2　建筑装饰工程施工准备工作计划表

序号	施工准备项目	简要内容	负责单位	负责人	开始日期	完成日期	备注
1	人员准备						
2	材料准备						
…	…						

3．各项资源需要量计划

单位工程施工进度计划编制完成后，可以着手编制各项资源需要量计划，这是确定施工现场的临时设施、按计划供应材料、配备劳动力和调动施工机械，以保证施工按计划顺利进行的主要依据。

（1）劳动力需要量计划　劳动力需要量计划，主要是作为安排劳动力的平衡、调配和衡量劳动力耗用指标、安排生活和福利设施的依据。其编制方法是将单位工程施工进度计划表内所列的各施工过程每天（或旬、月）所需工人人数按工种汇总而得。如表2-3所示。

表2-3　劳动力需要量计划表

序号	工程名称	工种名称	需要量（工日）	月份						
				1	2	3	4	5	6	…

（2）主要材料需要量计划　主要材料需要量计划，是材料备料、计划供料和确定仓库、堆场面积及组织运输的依据。其编制方法是根据施工预算的工料分析表、施工进度计划表、材料的储备量和消耗定额，将施工中所需材料按品种、规格、数量和使用时间计算汇总而得，如表2-4所示。

表2-4 主要材料需要量计划表

序号	材料名称	规格	需要量		供应时间	备注
			单位	数量		

对于某分部分项工程是由多种材料组成时，应对各种不同材料分类计算。如混凝土工程应变换成水泥、砂、石、外加剂和水的数量分别列入表格。

（3）构件和半成品需要量计划 编制构件、配件和其他计划半成品的需要量计划，主要用于落实加工订货单位，并按照所需规格、数量和时间，做好组织加工、运输和确定仓库或堆场等工作，可根据施工图和施工进度计划编制，如表2-5所示。

表2-5 构件和半成品需要量计划表

序号	品名	规格	图号	需要量		使用部位	加工单位	供应日期	备注
				单位	数量				

（4）施工机械需要量计划 编制施工机械需要量计划，主要用于确定施工机械的类型、数量和进场时间，并可据此落实施工机具的来源，以便及时组织进场。其编制方法是将单位工程施工进度计划表中的每一个施工过程，每天施工所需的机械类型、数量和施工时间进行汇总，以便得到施工机械需要量计划，如表2-6所示。

表2-6 施工机械需要量计划表

序号	机械名称	型号	需要量		货源	使用起止时间	备注
			单位	数量			

2.1.5 施工平面图设计

建筑装饰单位工程施工平面图是建筑装饰工程施工组织设计的重要内容，是根据拟建装饰工程的规模、施工方案、施工进度及施工生产中的需要，结合现场的具体情况和条件，对施工现场做出的规划和布置。将此规划和布置绘制成图，即建筑装饰工程的施工平面图。

施工平面图应标明单位工程施工所需机械、加工场地，材料、成品、半成品堆场，临时道路，临时供水、供电、供热管网和其他临时设施的合理布置场地位置。绘制施工平面图一般用1：500～1：200的比例。

对于工程量大、工期较长或场地狭小的工程，往往按基础、结构和装修分不同施工阶段绘制施工平面图。建筑装饰施工要根据施工的具体情况灵活运用，可以单独绘制，也可与结构施工阶段的施工平面图结合，利用结构施工阶段的已有设施。建筑装饰施工阶段一般属于工程施工的最后阶段。有些在基础、结构阶段需要考虑的内容已经在这两个阶段中予以考虑。因此，建筑装饰施工平面图中规定的内容要因时、因需要，结合实际情况来决定。

1. 在设计施工平面图时应该遵行以下原则：

（1）在满足施工条件下，尽可能减少施工用地。减少施工用地，可以使施工现场布置紧凑，便于管理，减少施工用管线。

（2）对于局部改造工程，尽可能减少对其他部位的影响，这样可以为业主带来较好的经济效益。

（3）在保证施工顺利的情况下，尽可能减少临时设施的费用，尽量利用施工现场原有的设施。

（4）最大限度地减少场内运输，注意对材料和机具的保护。各种材料尽可能按计划分期、分批进场，充分利用场地，尽量靠近施工场地，避免二次搬运，保证工程的顺利进行，这样既节约了劳动力，也减少了材料在多次转运中的损耗，提高了经济效益。如石材的堆放应考虑便于室外运输、使用时便于查找以及防雨措施；木制品的堆放场所要考虑防雨淋、防潮和防火；贵重物品应放在室内，以防丢失。

（5）临时设施的布置，应便于施工管理及工人的生产和生活，同时要考虑业主的要求，注意成品的保护。

（6）垂直运输设备的位置、高度，要结合建筑物的平面形状、高度和材料、设备的重量和尺寸大小，考虑机械的负荷能力和服务范围，做到便于运输、便于组织分层分段流水施工。

（7）要符合劳动保护、安全技术和防火的要求。如井架、外用电梯和脚手架等较高的施工设施，在雨季应有避雷设施，顶部应装有夜间红灯。

2. 施工平面图设计的步骤

单位工程施工平面图设计的一般步骤，如图2-3所示。

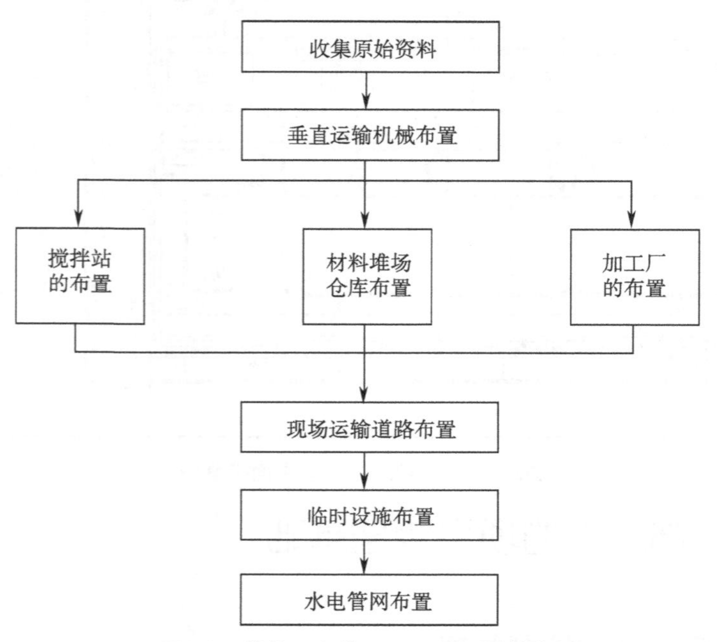

图2-3 单位工程施工平面图设计的步骤

施工平面图是对施工现场科学合理的布局，是保证单位工程工期、质量、安全和降低成本的重要手段。施工平面图不仅要设计好，而且应管理好，忽视任何一方面，都会造成施工现场的混乱，使工期、质量和安全受到严重影响。因此，加强施工现场管理对合理使用场地，保证现场运输道路、给水、排水和电路的通畅，建立连续均衡的施工顺序，都有很重要的意义。要做到严格按施工平面图布置施工道路、水电管网、机具、堆场和临时设施；道路、水电应有专人管理维护；各施工阶段和施工过程中应做到工完料尽、场清；施工平面图必须随着施工的进展及时调整补充以适应变化的情况。

必须指出，建筑施工是一个复杂多变、动态的生产过程，各种施工机械、材料和构件等，随着工程的进展而逐渐进场，又随着工程的进展而不断消耗、变动，因此工地上的实际布置情况会随时改变，如基础施工、主体施工和装饰施工等各阶段在施工平面图上是经常变化的；同时，不同的施工对象，施工平面图布置也不尽相同。但是对整个施工期间使用的一些主要道路、垂直运输机械、临时供水供电线路和临时房屋等，则不要轻易变动以节省费用。例如工程施工如果采用商品混凝土，混凝土的制备可以在场外进行，这样现场的平面布置就显得简单多了；对于大型建筑工程，施工期限较长或建设地点较为狭小的工程，要按不同的施工阶段分别设计几张施工平面图，以便更有效地了解不同施工阶段的平面布置；对于较小的建筑物，一般按主要施工阶段的要求来布置施工平面图即可。设计施工平面图时，还应广泛征求各专业施工单位的意见，充分协商，以达到最佳布置。某工程装饰施工平面布置图，如图2-4所示。

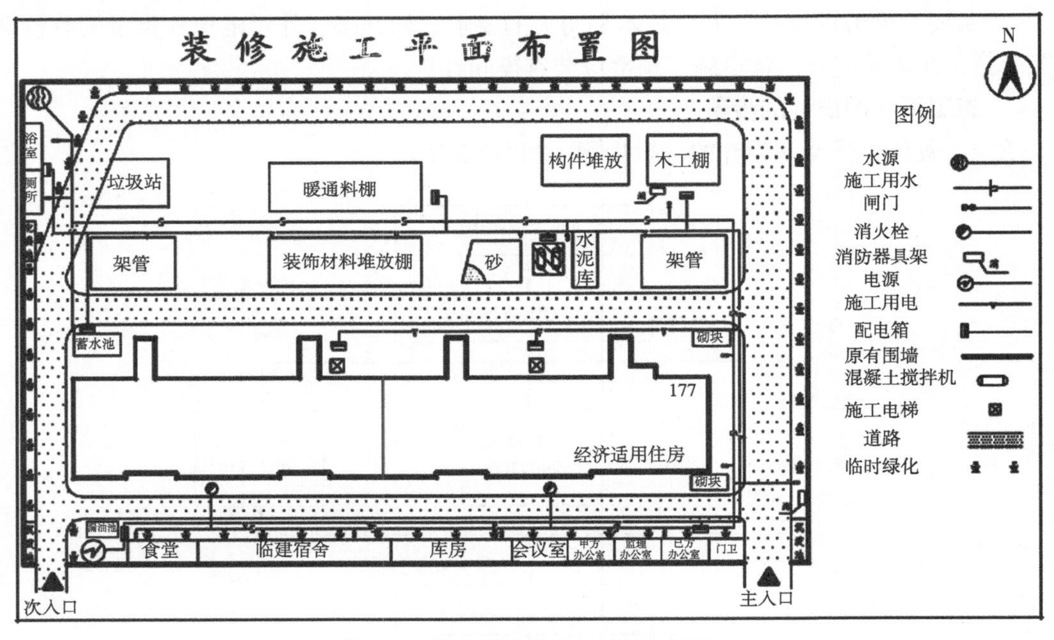

图2-4　某工程装饰施工平面布置图

2.2　建筑装饰工程的项目管理基础

2.2.1　施工项目进度的控制管理

建筑装饰工程施工项目进度控制是项目管理的重要组成部分，是项目施工进度计划实

施、监督、检查、控制和协调的综合过程。

1．施工项目进度控制的方法

建筑装饰工程施工项目进度控制的方法包括系统控制、分工协作控制、信息反馈控制和循环反馈控制等方法。

（1）系统控制方法　建筑装饰工程施工项目进度控制包括项目施工进度规划系统和项目施工进度系统两部分内容。项目施工进度规划系统包括项目总进度计划、项目施工进度计划和施工作业规划等内容。

（2）分工协作控制方法　建筑装饰工程施工项目进度控制是由分工和协作两个系统组成的，它是根据项目施工进度控制机构层次，明确其进度控制职责，并建立纵向和横向两个控制系统。项目施工进度纵向控制系统由公司领导班子和项目经理部构成；项目施工进度横向控制系统则由项目经理部各职能部门构成。

（3）信息反馈控制方法　加强项目施工进度的反馈是装饰工程施工项目进度控制的协调工作之一。当项目施工进度出现偏差时，相关的信息就会反馈到项目进度控制主体，由该主体作出纠正偏差的反应，使项目施工进度朝着规划的目标进行，并达到预期效果，这样就使项目施工进度规划的实施、检查和调整过程成为信息反馈控制的实施过程。

（4）循环反馈控制方法　建筑装饰工程施工项目进度控制包括项目施工进度规划、实施、检查和调整四个过程，实质上是构成了一个循环控制系统。在项目实施过程中，可分别以工程项目和分部（分项）工程为对象，建立不同层次的循环控制系统。

2．施工项目进度控制的内容

（1）施工项目进度计划的类型。

1）项目总进度计划。是指施工项目从开始实施一直到竣工为止各个主要环节，一般多用直线在时间坐标上（横道图）表示。显示项目设计、施工、安装和竣工验收等各个阶段的日历进度，供工程师作为控制、协调总进度以及其他监理工作之用。

2）项目施工进度规划。施工阶段各个环节（工序）的总体安排，必须报监理工程师审批。该计划以各种定额为准，根据每道工序所需耗用的工时以及计划投入的人力、工作班数以及物资、设备供应情况，求出各分部分项工程及单位工程的施工周期，然后按施工顺序及有关要求，编制出总项目施工进度计划。施工进度规划一般可用横道图或网络图表示。

3）作业进度计划。作业进度计划是施工项目总进度计划的具体化，可将分部分项的一个阶段作为控制对象，也可以把一项作业活动作为控制对象，可用横道图或网络图表示，是基层施工班组进行施工的指导性文件。

（2）施工项目进度计划的形式　主要有统计表形式、横道图或横线图、垂直进度计划、网络计划和其他形式。

（3）施工项目进度控制的主要内容：

1）施工进度事前控制内容。施工进度事前控制内容包括：提交各项施工进度计划，由业主或监理单位审查后确定；为确保进度实现而编制大量详细的实施计划，其中包括季、月度工程施工实施计划、材料采购计划、分部与分项工程计划和施工机具调配计划等。

2）施工进度事中控制内容。施工进度事中控制内容有：在施工进度计划中，要求每

项具体任务通过签发施工任务书的方式，使其进一步落实；做好项目施工进度记录，记载计划实施中每项任务开始日期、进度情况和完成日期，及时准确地提供施工活动的各项资料，为施工项目进度检验与分析提供信息；严格进行项目施工检查，将实际进度与计划进度做比较，并找出偏差，修改和调整项目施工进度计划。在项目的整个施工过程中，修正进度计划往往要进行多次，并且每次都是由业主和监理单位核审后确定。

3）施工进度事后控制内容。施工进度事后控制内容包括：及时进行项目施工验收工作；办理工程索赔；整理项目进度资料，并建立相应档案；完善项目竣工验收管理。

3．施工项目进度控制的任务、流程及措施

（1）施工项目进度控制的任务和流程　施工项目进度控制的任务：建筑装饰施工项目进度控制的任务是编制建筑装饰施工项目进度计划并控制其执行；编制季度、月实施作业计划并控制其执行；编制各种物资资源计划供应工作并控制其执行。其控制流程如图2-5所示。

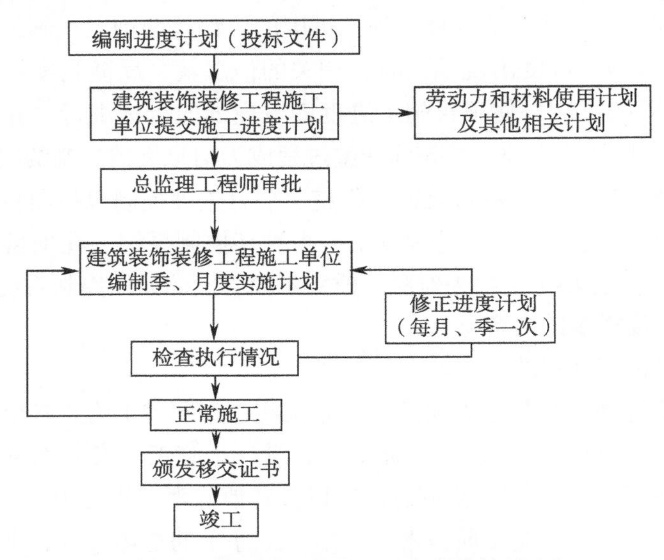

图2-5　建筑装饰工程施工项目进度控制流程

（2）施工项目进度控制的措施　建筑装饰施工项目进度控制采取的主要措施有组织措施、技术措施、经济措施和信息管理措施等。

1）组织措施。组织措施是指落实各个层次的建筑装饰施工项目进度控制人员、具体任务和工作责任；建立进度控制的组织系统；按建筑装饰施工项目的规模大小、装饰档次，确定其进度目标；建立进度控制协调工作制度，如协调会议定期召开时间和参加人员等；对影响建筑装饰施工进度的干扰因素进行分析和预测。

2）技术措施。技术措施是指为了加快建筑装饰施工进度而选用先进的施工技术，它包括两个方面的内容：一是硬件技术，即工艺技术；二是软件技术，即管理技术，要求施工机具配套齐全，性能先进，轻便可靠，生产效率高。

3）经济措施。经济措施是指实现建筑装饰施工进度计划的资金保证，它是控制进度目标的基础，如各种资源的供应、劳动分配和物质激励，都对建筑装饰施工进度控制目标产生作用。

4）信息管理措施。信息管理措施是指不断地收集建筑装饰施工实际进度的有关资料

进行整理统计，并与计划进度比较分析，做出决策，调整进度，使其与预定的工期目标相符。实践证明，建筑装饰施工项目进度控制的过程就是信息收集管理的过程。

2.2.2　施工项目成本的控制管理

在建筑装饰施工项目的施工过程中，必然要发生活劳动和物化劳动的消耗。这些消耗的货币表现形式叫做生产费用。把建筑装饰施工过程中发生的各项生产费用归结到施工项目上，就构成了建筑装饰施工项目的成本。建筑装饰施工项目管理是以降低施工成本和提高效益为目标的一项综合性管理工作，在建筑装饰施工项目管理中占有十分重要的地位。

1．建筑装饰施工项目成本概述

建筑装饰施工项目成本是指在建筑装饰施工中所发生的全部生产费用的总和，即在施工中各种物化劳动和活劳动创造的价值的货币表现形式。它包括支付给生产工人的工资、奖金，消耗的材料、构配件、周转材料的摊销费或租赁费，施工机具台班费或租赁费，项目经理部为组织和管理施工所发生的全部费用支出。

在建筑装饰施工项目成本管理中，既要看到施工生产中的消耗所形成的成本，又要重视成本的补偿，这才是对建筑装饰施工项目成本的完整理解。

（1）建筑装饰施工项目成本的构成　建筑装饰施工项目成本由直接成本和间接成本组成。

1）直接成本。直接成本是指建筑装饰施工过程中直接耗费的构成工程实体或有助于工程形成的各项支出，包括人工费、材料费、机具使用费和其他直接费。所谓其他直接费是指直接费以外建筑装饰施工过程中发生的其他费用。包括建筑装饰施工过程中发生的材料二次搬运费、临时设施摊销费、生产机具使用费、检验试验费、工程定位复测费、工程点交费和场地清理费等。

2）间接成本。间接成本是指建筑装饰施工项目经理部为组织和管理施工生产所发生的全部施工间接费支出，包括现场管理人员的人工费（基本工资、补贴、福利费）、固定资产使用维护费、工程保修费、劳动保护费、保险费、工程排污费和其他间接费等。

应值得注意的是：下列支出不得列入建筑装饰施工项目成本，也不能列入建筑装饰施工企业成本，如为购置和建造固定资产、无形资产和其他资产的支出；对外投资的支出；没收的财物；支付的滞纳金、罚款、违约金、赔偿金；企业赞助、捐赠支出；国家法律、法规规定以外的各种支付费和国家规定不得列入成本费用的其他支出。

（2）建筑装饰施工项目成本控制的特点及意义　建筑装饰工程成本控制是建筑装饰施工企业为降低建筑装饰工程施工成本而进行的各项控制工作的总称。其中包括成本预测、成本计划、成本控制、成本核算、成本分析和成本控制等。建筑装饰施工项目经理部在项目施工过程中，对所发生的各种成本信息，通过有组织、有系统地预测、计划、控制、核算和分析等一系列工作，促使施工项目系统内的各种要素，按照一定的目标运行，使建筑装饰施工项目的实际成本能够控制在预定计划成本范围内。工程成本控制管理是业主和承包人双方共同关心的问题，直接涉及业主和承包人双方的经济利益。

1）建筑装饰施工项目成本控制的特点：①成本控制具有集合性。成本目标不是孤立的，它只有与质量目标、进度目标、效率、工作质量要求和消耗等相结合才有价值；②成本控制

周期要求短。成本控制的周期不能太长，通常按月进行核算、对比和分析，在实施过程中的成本控制以近期成本为主；③成本控制的责任性。项目参加者对成本控制的积极性和主动性是与他对项目承担的责任形式相联系的。例如，订立的工程合同价采用成本加酬金合同方式，承包者对成本控制没有兴趣；而如果订立的是固定总价合同，便会严格控制成本开支。

2）建筑装饰施工项目成本控制的意义：①建筑装饰施工项目成本控制是建筑装饰施工项目工作质量的综合反映。建筑装饰施工项目成本的降低，表明施工过程中物化劳动和活劳动消耗的减少。活劳动的节约，表明劳动生产率提高；物化劳动节约，说明固定资产利用率提高和材料消耗率降低。所以，抓住建筑装饰施工项目成本控制这项关键，可以及时发现建筑装饰施工项目生产和管理中存在的问题，采取措施，充分利用人力物力，降低建筑装饰施工项目成本；②建筑装饰施工项目成本控制是增加企业利润，扩大社会积累最主要的途径。在施工项目价格一定的前提下，成本越低，盈利越高。建筑装饰施工企业是以装饰施工为主业，因此其施工利润是企业经营利润的主要来源，也是企业盈利总额的主体，故降低施工项目成本即成为装饰施工的关键；③建筑装饰施工项目成本控制是推行项目经理项目承包责任制的动力。项目经理项目承包责任制中，规定项目经理必须承包项目质量、工期与成本三大约束性目标。成本目标是经济承包目标的综合体现。项目经理要实现其经济承包责任，就必须充分利用生产要素和市场机制，管好项目，控制投入，降低消耗，提高效率，将质量、工期和成本三大相关目标结合起来综合控制。这样，既实现了成本控制，又带动了项目的全面管理。

2．建筑装饰施工成本控制的内容和方法

成本控制的内容和方法，按照工程成本控制发生的时间顺序，其程序可分为三个阶段：事前控制、事中控制和事后控制。

（1）工程成本的事前控制　工程成本的事前控制主要是指工程项目开工前，对影响成本的有关因素进行预测和进行成本计划。

1）成本预测。建筑装饰施工项目成本预测是指通过成本信息和装饰施工项目的具体情况，并运用一定的专门方法，对未来的成本水平及其可能的发展趋势作出科学的估计，其实质就是对建筑装饰施工项目在施工之前对成本进行核算。

2）成本计划。建筑装饰施工项目成本计划是以货币形式编制施工项目在计划期内的生产费用、成本水平、成本降低率以及为降低成本所采取的主要措施和规划的书面方案。它是建立施工项目成本管理责任制、开展成本控制和核算的基础。一般来说，建筑装饰施工项目成本计划应包括从开工到竣工所需的施工成本，它是建筑装饰施工项目降低成本的指导文件，是确立目标成本的依据。

（2）工程成本的事中控制　在建筑装饰装修工程的施工过程中，项目成本控制必须突出经济原则、全面性原则（包括全员成本控制和全过程成本控制）和责权利相结合的原则。根据施工的实际情况，做好项目的进度统计、用工统计、材料消耗统计、机械台班使用统计以及各项间接费用支出的统计工作，定期编写各种费用报表，对成本的形成和费用偏离成本目标的差值进行分析，查找原因，并进行纠偏和控制。

通过成本控制，最终实现甚至超过预期的成本目标。建筑装饰施工项目事中成本控制

应贯穿于施工项目从招投标阶段开始直至项目竣工验收的全过程，它是建筑装饰施工企业全面成本管理的重要环节。

（3）工程成本的事后控制　建筑装饰工程全部竣工以后，必须对竣工工程进行决算，对工程成本计划的执行情况加以总结，对成本控制情况进行全面的综合分析考核，以便找出改进成本管理的对策。

综上所述，建筑装饰施工项目成本管理系统中每一个环节都是相互联系和相互作用的。成本预测是成本决策的前提，成本计划是成本决策所确定目标的具体化。成本控制则是对成本计划的实施进行监督，保证决策的成本目标实现，而成本核算又是成本计划是否实现的最后检验，它所提供的成本信息又对下一个建筑装饰施工项目成本预测和决策提供基础资料。成本考核是实现成本目标责任制的保证和实现决策目标的重要手段。

2.2.3　施工项目质量的控制管理

1．施工项目质量管理概述

（1）工程质量的概念　工程质量的概念有广义和狭义之分。广义的质量是指工程项目质量，它包括工程实体质量和工作质量两部分。工程实体质量包括分项工程质量、分部工程质量和单位工程质量。工作质量可以概括为社会工作质量和生产过程质量两个方面。狭义的质量是指产品质量，即工程实体质量或工程质量，其定义是：反映实体满足明确和隐含需要能力的特性的总和。

（2）全面质量管理的概念与方法　全面质量管理（简称QC或TQM），是指企业为了保证和提高产品质量，运用一整套的质量管理体系、手段和方法所进行的全面的、系统的管理活动。它是一种科学的现代质量管理方法。与工程质量相比，全面质量管理更加系统、详尽，它的主要特点是：

1）广义的质量概念。全面质量管理中的质量概念是全面的。它认为产品质量是由工序质量决定的，而工序质量是由工作质量决定的，工作质量是由人的素质决定的。因此，要想提高产品质量，必须先提高工序质量、工作质量和人的素质。

2）强调管理的全面性。全面质量管理强调“质量管理、人人有责”，要求企业的各个部门和全体人员，都投入到全面质量管理中来，即要求全企业管理、全过程管理和全员管理。

3）有明确的观点。全面质量管理强调从系统论出发，全面地对各项管理进行分析和对策研究，把提高人的质量意识、问题意识和改进意识作为改进质量的出发点。

4）具有一整套科学的工具体系。全面质量管理综合应用各种科学的方法与计算理论，把系统工程、数理统计和运筹学等运用于管理之中，因而形成了一套行之有效的管理工具体系。

2．全面质量管理的任务与方法

（1）全面质量管理的任务　全面质量管理的基本任务是：建立和健全质量管理体系，通过企业经营管理的各项工作以最低的成本、合理的工期生产出符合设计要求并使用户满意的产品。全面质量管理的具体任务，主要有以下几个方面：

1）完善质量管理的基础工作。

2）建立和健全质量保证体系。

3）确定企业的质量目标和质量计划。

4）对生产过程各工序的质量进行全面控制。

5）严格质量检验工作。

6）开展群众性的质量管理活动，如质量管理小组（QC小组）活动等。

7）建立质量回访制度。

（2）全面质量管理的方法　全面质量管理的基本方法是PDCA循环工作法。它是由美国质量管理专家戴明博士于20世纪60年代提出的。PDCA循环工作法是把质量管理活动归纳为四个阶段，其中共有八个步骤，四个阶段包括计划阶段（Plan）、实施阶段（Do）、检查阶段（Check）和处理阶段（Action）。

1）计划阶段（P）。在计划阶段，首先要确定质量管理的方针和目标，并提出实现它的具体措施和行动计划。计划阶段包括四个具体步骤：第一步，分析现状，找出存在的质量问题，以便进行调查研究；第二步，分析影响质量的各种因素，找出薄弱环节；第三步，在影响质量的诸因素中，找出主要因素，作为质量管理的重点对象；第四步，制订改进质量的措施，提出行动计划并预计效果。

在计划阶段要反复考虑下列几个问题：

①必要性（why）：为什么要有计划？

②目的（what）：计划要达到什么目的？

③地点（where）：计划要落实到哪个部门？

④期限（when）：计划要什么时候完成？

⑤承担者（who）：计划具体由谁来执行？

⑥方法（How）：执行计划的打算是什么？

2）实施阶段（D）。在这个阶段中，要按既定的措施下达任务，这是PDCA循环工作法的第五个步骤。

3）检查阶段（C）。这个阶段的工作是对措施执行的情况进行及时的检查，通过检查与原计划进行比较找出成功的经验和失败的教训。这是PDCA循环工作法的第六个步骤。

4）处理阶段（A）。处理阶段，就是把检查之后的各种问题加以处理。这个阶段可分两个步骤：

①正确总结经验、巩固措施、制订标准、形成制度，以便遵照执行；②尚未解决的问题应转入下一个循环，再来研究措施，制订计划，给予解决。这分别是PDCA循环工作法的第七个和第八个步骤。

3．全面质量管理的基础工作

（1）开展质量教育　进行质量教育的目的，就是要使企业全体人员树立“质量第一、为用户服务”的观点，建立全面质量管理的观念，掌握进行全面质量管理的工作方法，学会使用质量管理的工具，特别是要重视对领导层、质量管理干部以及质量管理人员和基层质量管理小组成员的教育。要进行启蒙教育、普及教育和提高教育，使质量管理逐步深化。

（2）推行标准化　标准化是现代化大生产的产物。它是指材料、设备、工具、产品品

种及规格的系列化；尺寸、质量和性能的统一化。标准化是质量管理的尺度，质量管理是执行标准化的保证。

在建筑装饰工程施工过程中，对质量管理起标准作用的是：施工与验收规范、工程质量评定标准、施工操作规程以及质量管理制度等。

（3）做好计量工作　测试、检验和分析等计量工作，是质量管理中的重要基础工作。没有计量工作，就谈不上执行质量标准，计量不准确，就不能判断质量是否符合标准。所以，开展质量管理，必然要做好计量工作。要明确责任制，加强技术培训，严格执行计量管理的有关规程与标准。对各种计量器具以及测试、检验仪器，必须实行科学管理，做到检测方法正确，计量器具、仪表及设备性能良好、示值精确，使误差控制在允许范围内，以充分发挥计量工作在质量管理中的作用。

（4）搞好质量信息工作　质量信息工作，是指及时收集反映产品质量和工作质量的信息、基本数据、原始记录和产品使用过程中反映出来的质量情况，以及国外同类产品的质量动态，从而为研究、改进质量管理和提高产品质量，提供可靠的依据。质量信息工作是质量管理者的耳目。开展全面质量管理，一定要做好质量信息这项基础工作。其基本要求是：保证信息资料的准确性，提供的信息资料具有及时性，要全面系统地反映产品质量活动的全过程，切实地掌握影响产品质量的因素和生产经营活动的动态，对提高质量管理水平起到良好作用。

（5）建立质量责任制　建立质量责任制，就是把质量管理方面的责任和具体要求，落实到每一个部门和每一个工作岗位，组成一个严密的质量管理工作体系。

质量管理工作体系，是指组织体系、规章制度和责任制度三者的统一体。要将上至企业领导、技术负责人及各科室，下至每一个管理人员与工人的质量管理责任制度，以及与此有关的其他工作制度建立起来，不仅要求制度健全、责任明确，还要把质量责任、经济利益结合起来，以保证各项工作的顺利开展。

4．质量保证体系的建立

（1）质量保证体系的概念。

1）质量保证的概念。质量保证，是指企业向用户保证提供产品在规定的期限内能正常使用。按照全面质量管理的观点，质量保证还包括上道工序提供的半成品保证满足下道工序的要求，即上道工序对下道工序实行质量控保。

质量保证体现了生产者与用户之间、上道工序与下道工序之间的关系。通过质量保证，将产品的生产者和使用需求密切地联系在一起，促使企业按照用户的要求组织生产，达到全面提高质量的目的。

用户对产品质量的要求是多方面的，它不仅指交货时的产品质量，还包括在使用期限内产品的稳定性以及生产者提供的维修服务质量等。因此，建筑装饰企业的质量保证，包括建筑装饰产品交工时的质量和交工以后在产品的使用阶段提供的维修服务质量等。

质量保证的建立，使企业内部各道工序之间、企业与用户之间有了一条质量纽带，带动了各方面的工作，为不断提高产品质量创造了条件。

2）质量保证体系的概念。质量保证不是生产的某一个环节问题，它涉及企业经营管理的各项工作，需要建立完整的系统。所谓质量保证体系，就是企业为保证提高产品质量，运

用系统的理论和方法建立的一个有机的质量工作系统。这个系统，把企业各部门、生产经营各环节的质量管理职能组织起来，形成一个目标明确、权责分明和相互协调的整体，从而使企业的工作质量和产品质量紧密地联系起来；产品生产过程的各道工序紧密地联系在一起；生产过程与使用过程紧密地联系在一起；企业经营管理的各环节紧密地联系在一起。

有了质量保证体系，企业便能在生产经营的各环节及时地发现和掌握质量问题，把质量问题消灭在发生之前，实现全面质量管理的目的。质量保证体系是全面质量管理的核心。全面质量管理实质上就是要建立质量保证体系，并使其正常运转。

（2）质量保证体系的内容　建筑装饰企业的质量保证体系的内容，包括施工准备过程和部分的质量保证工作。

1）施工准备过程的质量保证。施工准备过程的质量保证，主要有以下内容：

①严格审查图样。为了避免设计图样的差错给工程质量带来影响，必须对图样进行认真地审查。通过审查，及早发现错误，采取相应的措施加以纠正；②编制好施工组织设计。编制施工组织设计之前，要认真分析本企业在施工中存在的主要问题和薄弱环节，分析工程的特点，有针对性地提出防范措施，编制出切实可行的施工组织设计，以便指导施工活动；③搞好技术交底工作。在下达施工任务时，必须向执行者进行全面的质量交底，使执行人员了解任务的质量特性，做到心中有数，避免盲目行动；④严格做好材料、构配件和其他半成品的检验工作。从原材料、构配件、半成品的进场开始，就严格把好质量关，为工程施工提供良好的条件；⑤施工机械设备的检查维修工作。施工前要搞好施工机械设备的检修工作，使设备经常保持良好的技术状态，不致发生机械故障，影响工程质量。

2）施工过程的质量保证。施工过程是建筑装饰产品质量的形成过程，是控制建筑装饰产品质量的重要阶段。此阶段的质量保证工作，主要有以下几项：

① 加强施工工艺管理。严格按照设计图样、施工组织设计、施工验收规范和施工规程施工，坚持质量标准，保证各分部分项工程的施工质量；② 加强施工质量的检查和验收。坚持质量检查和验收制度，按照质量标准和验收规程，对已完工的分部分项工程特别是隐蔽工程，及时进行检查和验收。不合格的工程，一律不验收。该返工的返工，不留隐患。通过检查验收，促使操作人员重视质量问题，严把质量关。质量检查可采取群众自检、互检和专业检查相配合的方法；③掌握工程质量的动态。通过质量统计分析，找出影响质量的主要原因，总结产品质量的变化规律。统计分析是全面质量管理的重要方法，是掌握质量动态的重要手段。针对质量波动的规律，采取相应对策，防止质量事故发生。

3）使用过程的质量保证。建筑装饰产品的使用过程，是建筑装饰产品质量经受考验的阶段。建筑装饰企业必须保证用户在规定的期限内，正常地使用建筑装饰产品。这个阶段，主要有两项质量保证工作：

①及时回访。工程交付使用后，企业要组织对用户进行调查回访，认真听取用户对施工质量的意见，收集有关资料，并对用户反馈的信息进行分析，从中发现施工质量问题，了解用户的要求，采取措施加以解决并为以后工程施工积累经验；②保修。对于施工原因造成的质量问题，建筑装饰企业应负责无偿装修，取得用户的信任；对于因设计或用户使用不当造成的质量问题，应当协助装修，提供必要的技术服务，保证用户正常使用。

（3）质量保证体系的建立　建立质量保证体系，要求做好下列工作：

1）建立质量管理机构。在经理领导下，建立综合性的质量管理机构。质量管理机构的主要任务是：统一组织、协调质量保证体系的活动；编制质量计划并组织实施；检查、督促各部门的质量管理职能；掌握质量保证体系活动动态，协调各环节的关系；开展质量教育，组织群众性的质量管理活动，在建立综合性的质量管理机构的同时工作。

2）制定可行的质量计划。质量计划是实现质量目标和具体组织与协调质量管理活动的基本手段，也是企业各部门、生产经营各环节质量工作的行动纲领。企业的质量计划是一个完整的计划体系，既有长远的规划，又有近期的计划；既有企业总体规划，又有各环节、各部门具体的行动计划；既有计划目标，又有实施计划的具体措施。

3）建立质量信息反馈系统。质量信息是质量管理的根本依据，它反映了产品质量形成的过程。质量管理就是根据信息反馈的问题，采取相应措施，对产品质量形成过程实施控制。没有质量信息，也就谈不上质量管理。企业质量信息主要来自两部分；一是外部信息，包括用户、原材料和构配件供应单位、协作单位和上级组织的信息；二是内部信息，包括施工工艺、各分部分项工程的质量检验结果和质量控制中的问题等。建筑装饰企业必须建立一个质量信息反馈系统，准确、及时地收集、整理、分析和传递质量信息，为质量管理体系的运转提供可靠的依据。

4）实现质量管理业务标准化。把重复出现的（例行的）质量管理业务归纳整理，制订出管理制度，用制度进行管理，实现管理业务的标准化。它主要包括：程序标准化、处理方法规范化和各岗位的业务工作条理化等。通过标准化，使企业各个部门和全体职工，都严格遵循统一的工作程序，使行动协调一致，从而提高工作质量，保证产品质量。

2.2.4　施工项目的安全管理

1．建筑装饰工程安全管理的任务

建筑装饰施工项目安全管理就是施工项目在施工过程中，组织安全生产的全部管理活动。通过对生产因素具体的状态控制，使生产因素不安全的行为和状态减少或消除，不引发人为事故，尤其是不引发使人受到伤害的事故，充分保证建筑装饰施工项目效益目标的实现。

建筑装饰施工企业是以施工生产经营为主业的经济实体。全部生产经营活动，是在特定空间进行人、财、物动态组合的过程，并通过这一过程向社会交付有商品性的建筑装饰产品。在完成建筑装饰产品过程中，人员的频繁流动、生产复杂性和产品的一次性等显著的生产特点，决定了组织安全生产的特殊性。安全生产是施工项目重要的控制目标之一，也是衡量建筑装饰施工项目管理水平的重要标志。因此，施工项目必须把实现安全生产，当做组织施工活动时的重要任务。

建筑装饰施工项目安全管理，主要包括安全施工与劳动保护两个方面。安全施工是建筑装饰施工企业组织施工活动和安全工作的指导方针，要确立“施工必须安全，安全促进施工”的辩证思想；劳动保护是保护劳动者在施工中的安全和健康。

安全管理的任务就是要想尽一切办法找出施工生产中的不安全因素，用技术上与管理上的措施去消除这些不安全的因素，做到预防为主，防患于未然，保证施工顺利进行，保证员工的安全与健康。

2．建筑装饰工程安全管理措施

建筑装饰施工现场的安全管理，重点是对进行人的不安全行为与物的不安全状态的控制，落实安全管理的决策与目标，以消除一切事故、避免事故伤害和减少事故损失为管理目的。建筑装饰施工项目安全管理措施是安全管理的方法与手段，管理的重点是对生产各因素状态的约束与控制。根据建筑装饰施工生产的特点，安全管理措施要带有鲜明的行业特色。

（1）落实安全责任，实施责任管理　建筑装饰施工项目经理部承担控制、管理施工生产进度、成本、质量和安全等目标的责任。因此，必须同时承担进行安全管理和实现安全生产的责任。

1）建立、完善以项目经理为首的安全生产领导组织，有组织、有领导地开展安全管理活动，承担组织和领导安全生产的责任。

2）建立项目经理部各级人员安全生产责任制度，明确各级人员的安全责任，抓制度落实、抓责任落实，定期检查安全责任的落实情况。

3）建筑装饰施工项目应通过监察部门的安全生产资质审查，并得到认可。

4）建筑装饰施工项目经理部负责施工生产中物的状态审验与认可，承担物的状态漏验和失控的管理责任，并接受由此而出现的经济损失。

5）一切管理、操作人员均需与施工项目经理部签订安全协议，向施工项目经理部做出安全保证。

6）安全生产责任落实情况的检查，应认真、详细地记录，作为分配和奖惩的原始资料之一。

（2）安全教育与训练　进行安全教育与训练，能增强人的安全生产意识，掌握安全生产知识，有效地防止人的不安全行为，减少人的失误。安全教育与训练是进行人的行为控制的重要方法和手段。因此，进行安全教育与训练要适时、宜人、内容合理、方式多样且形成制度。组织安全教育与训练做到严肃、严格、严密、严谨、讲求实效。

（3）安全检查　安全检查是发现不安全行为和不安全状态的重要途径，是消除事故隐患、落实整改措施、防止事故伤害和改善劳动条件的重要方法。

1）安全检查的形式：普遍检查、专业检查和季节性检查。

2）安全检查的内容：主要是查思想、查管理、查制度、查现场、查隐患和查事故处理。

3）安全检查的方法：常用的有一般检查方法和安全检查表法。

4）消除危险因素的关键。安全检查的目的是发现、处理和消除危险因素，避免事故伤害，实现安全生产。消除危险因素的关键环节，在于认真地整改，真正地、确确实实地把危险因素消除。对于一些由于各种原因而一时不能消除的危险因素，应逐项分析，寻求解决办法，安排整改计划，尽快予以消除。安全检查的整改，必须坚持“三定”和“不推不拖”，不使危险因素长期存在而危及人的安全。

（4）作业标准化　在操作者产生的不安全行为中，不知道正确的操作方法，为了干得快些而省略了必要的操作步骤，坚持自己的操作习惯等原因所占比例很大。按科学的作业

标准规范人的行为，有利于控制人的不安全行为，减少人的失误。

（5）生产技术与安全技术的统一　生产技术工作是通过完善生产工艺过程、完备生产设备、规范工艺操作和发挥技术的作用来保证生产顺利进行，包含了安全技术在保证生产顺利进行的全部职能和作用。两者的实施目标虽各有侧重，但工作目的完全统一在保证生产顺利进行和实现效益这一共同的基点上。生产技术与安全技术的统一，体现了安全生产责任制的落实和“管生产同时管安全”的管理原则。

（6）正确对待事故的调查与处理　事故是违背人们意愿，且又不希望发生的事件。一旦发生事故，不能以违背人们意愿为理由，予以否定。关键在于对事故的发生要有正确认识，并用严肃、认真、科学和积极的态度，处理好已发生的事故，尽量减少损失，并采取有效措施，避免同类事故重复发生。未遂事故同样暴露安全管理的缺陷、生产因素状态控制的薄弱。因此，未遂事故要如同已经发生的事故一样对待，并要调查、分析、处理妥当。

2.2.5　施工项目的竣工验收管理

1．建筑装饰工程项目的检查内容

（1）建筑装饰工程质量检查的依据。

1）国家颁发的有关施工及验收规范、施工技术操作规程和质量检验评定标准。如《建筑装饰工程施工及验收规范》（JGJ—91）等。

2）原材料、半成品、构配件的质量检验标准。

3）设计图样、设计变更、施工说明以及承包合同等有关设计技术文件。

（2）建筑装饰工程质量检查的内容。

1）原材料、半成品、成品和构配件等进场材料的质量保证书和抽样试验资料。

2）施工过程的自检原始记录和有关技术档案资料。

3）使用功能检查。

4）项目外观检查（根据规范和合同要求，主要包括保证项目、检验项目和实测项目）。

2.建筑装饰工程的检查方法

建筑装饰施工现场进行质量检查的方法有观感目测法、实测法和试验法三种。

（1）观感目测法　其手段可归纳为看、摸、敲、照四个字。“看”即外观目测，是对照规范或规程要求进行外观质量的检查。如饰面表面颜色、质感、造型和平整度等，都可用目测观察其是否符合要求。纸面无斑痕、空鼓、气泡和折皱，每一墙面纸的颜色、花纹一致；斜视无胶痕，纹理无压平、起光现象；对缝无离缝、搭缝、张嘴；对缝处要完整；裁纸的一边不能对缝，只能搭接；墙纸只能在阴角处搭接；阳角应采用包角等。又如，清水墙面是否洁净，喷涂是否密实和颜色是否均匀，内墙抹灰大面及边角是否平直，地面是否光洁、平整，油漆浆活表面观感，施工顺序是否合理，工人操作是否正确等，均是通过观感目测检查和评价。

“摸”即手感检查，用于建筑装饰工程的某些项目。如油漆表面的平整度和光滑程度等。

“敲”是运用工具进行音感检查，对地面工程与装饰工程中的水磨石、面砖、锦砖和大理石贴面等，均应进行敲击检查，通过声音的虚实确定有无空鼓，还可根据声音的清脆和沉闷，判

定是否属于面层空鼓。此外，用手敲玻璃，如发出颤动音响，一般是底灰不满或压条不实。

“照”是指对于人眼不能直接达到的高度、深度和亮度不足的部位，检查人员借助灯光或镜子反光来检查。如门窗上口的填缝等。

（2）实测法　通过实测数据与建筑装饰装修工程施工质量验收规范所规定的允许偏差对照，来判别质量是否合格。实测检查法的手段，也可归纳为靠、吊、量、套四个字。

“靠”是指用工具（靠尺、楔形塞尺）测量表面平整度，它适用于地面和墙面顶棚等要求平整度的项目。

“吊”是指用工具（拖线板、线坠等）测量垂直度。如用线坠和拖线板吊测墙、柱的垂直度等。

“量”是用测量工具和计量仪表等检查装饰构造尺寸、轴线、位置标高、湿度和温度等偏差。

“套”是以方尺套方，辅以塞尺检查。如对阴阳角的方正、踢脚板的垂直度和室内装饰配置构件的方正等项目的检查。对门窗洞口及装饰构配件的对角线（串角）检查，也是套方的特殊手段。

（3）试验法　指必须通过试验手段，才能对质量进行判断的检查方法。如在建筑装饰装修工程施工中，有大量的预埋件、连接件和铆固件等，为保证饰面板与基层连接的安全牢固性，对于钉件的质量、规格、螺栓及各种连接紧固件的设置位置、数量及埋入深度等必要时要进行拉力试验，检验焊接和预埋连接件的质量。

3．建筑装饰工程的质量评定

建筑装饰工程质量等级的评定应以建筑安装工程质量检验评定标准为依据，质量等级分为合格和优良两级。对于经检查为不合格的工程项目必须返工，返工修理后重新评定。建筑装饰工程质量等级评定的原则是以局部保全局。其评定方法是由各分部分项工程质量等级评定有关分部工程的质量等级，由各分部工程质量等级评定单位工程的质量等级。

（1）分部分项工程质量等级的评定。

1）符合下列要求者评为合格：①保证项目必须符合相应质量评定标准的规定；②基本项目抽检的处（件）应符合相应质量评定标准的合格规定；③允许偏差项目抽检的点数中，有70%及70%以上的实测值应在相应的质量检验评定标准的允许偏差范围内，其余基本达到要求。

2）符合下列要求者评为优良：①保证项目必须符合相应质量评定标准的规定；②基本项目每项抽校的处（件）应符合相应质量检验评定标准的合格规定，其中有50%及50%以上的处（件）符合优良规定，优良项数应占检验项数的50%及50%以上；③允许偏差项目抽检的点数中，有90%及90%以上的实测值应在相应质量检验评定标准的允许偏差范围内。

（2）分部工程质量等级的评定。

1）合格：即所含分部分项工程的质量全部合格。

2）优良：即所含分部分项工程的质量全部合格。

（3）单位工程质量等级的评定。

1）符合下列要求者评为合格：①所含分部工程的质量应全部合格；②质量保证资料应

基本齐全；③质量的评定得分率应达到70%及70%以上。

2）符合下列要求者评为优良：①所含分部工程的质量应全部合格，其中有50%及50%以上为优良；②质量保证资料应基本齐全；③质量的评定得分率应达到85%及85%以上。

4．建筑装饰工程竣工验收程序

建筑装饰工程项目的竣工验收一般分为竣工自检和正式验收两个步骤进行。其过程为：施工单位在装饰工程项目完成后，进行竣工自检和复检，在具备竣工验收条件后，向建设单位发出交工通知。建设单位接到施工单位的交工通知后，在做好验收准备的基础上，组织施工和设计等单位共同进行交工验收。

（1）建筑装饰工程竣工过程。

1）竣工自检。竣工自检也称为竣工预检，是施工单位先进行内部的自我检查，为正式验收做好准备。一方面检查工程质量，发现问题及时补救：另一方面检查竣工图及技术资料是否齐全，并汇总、整理有关技术资料。

①竣工自检的依据。竣工自检的主要依据是：工程完成情况是否符合施工图样和设计的使用要求；工程质量是否符合国家和地方政府规定的标准和要求；工程是否达到合同规定要求和标准；②竣工自检的方法。竣工自检应分层分段进行，由竣工自检人员按各自主管的内容逐一进行检查。在检查中要做好记录，对不符合要求的部位和项目要确定修补措施和标准，并指定专人负责，定期完工；③竣工自检人员的组成。参加竣工自检的人员，应由施工单位项目经理组织生产、技术、质量、合同、预算以及有关的施工工长等共同参加。

2）复检。在基层施工单位自我检查的基础上，并对查出的问题全部解决以后，通过上级部门的复检，解决全部遗留问题，为正式验收做好充分准备。

3）正式验收。在竣工自检的基础上，确认工程全部符合竣工验收标准，具备了交付使用的条件即可进行装饰工程的正式验收工作。

①出《竣工验收通知书》。施工单位应于正式竣工验收之日的前10天，向建设单位发送《竣工验收通知书》；②递交竣工验收资料。竣工验收资料应当包括以下内容：竣工工程概况；图样会审记录；材料代用核定单；施工组织方案和技术交底资料；材料、构配件、成品出厂证明和检验报告；施工记录；装饰装修施工试验报告；竣工自检记录；隐蔽工程质量检验记录；装饰工程质量检验评定资料；变更记录；竣工图；施工日记等；③组织验收工作。工程竣工验收工作由建设单位邀请设计单位及有关方面参加，同监理单位和施工单位一起进行检查验收。在正式验收前，如果存在监理的工程，应该有监理单位的竣工预验收，同时监理单位要提出质量评估报告以及城市档案管理部门的竣工资料预验收工作，只有在上述两项工作均合格的情况下才可以组织竣工验收。组织验收的方式通常为：集中会议，介绍工程概况及施工的有关情况；分组分专业进行检查；集中分组汇报检查境况；提出验收意见，评定质量等级，明确具体交接时间和交接人员；④签发《竣工验收证明书》。在建设单位验收完毕并确认工程符合竣工标准和合同条款规定要求以后，即应向施工单位签发《竣工验收证明书》。建设单位、设计单位、质量监督单位、监理单位、施工单位及其他有关单位在《竣工验收证明书》上签字；⑤进行工程质量核定。承监工程的监督单位在受理竣工工程质量核定任务后，按照国家有关标准进行核定。核定合格或优良

的工程发给《合格证书》，并说明其质量等级，否则不准投入使用；⑥办理工程档案资料移交。工程档案是项目的永久性技术文件，是建设单位使用、维护和改造的重要依据，也是对项目进行复查的依据。在施工项目竣工后，项目经理必须按规定向建设单位移交档案资料。移交的工程档案和技术资料必须真实、完整、有代表性，能如实反映工程和施工中的情况。若单位工程是由几个分包单位施工，其总包单位对工程质量全面负责，各分包单位应按相应质量检查评定标准的规定，检验评定所承包范围内的分项工程和分部工程的质量等级，并将评定结果及资料交总包单位；⑦办理工程移交手续。在对工程检查验收完成以后，施工单位要及时向建设单位办理工程移交手续，并签订交接验收证书，办理工程结算手续；⑧办理工程决算。整个工程项目完工验收，并办理了工程结算手续后，要由建设单位编制工程决算，上报有关部门。至此，整个装饰工程的全部过程即告结束。

（2）工程项目竣工验收工作流程　为了保证工程项目竣工验收工作的顺利进行，通常按图2-6所示的程序来进行竣工验收。

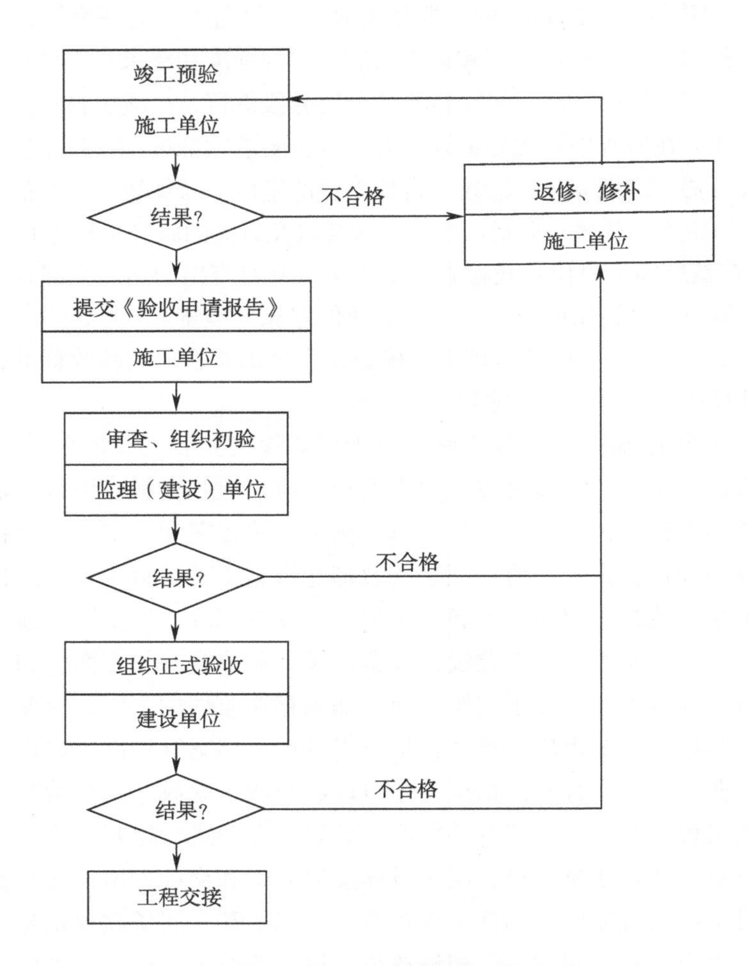

图2-6　工程项目竣工验收工作流程

第3章 石材装饰材料及施工工艺

装饰石材分为天然石材及人造石材。天然石材是在天然岩石中开采得到的石材，它们未经研磨和抛光处理的外表，形成了淳朴粗犷、古拙自然的特性；而经过抛光后的天然石材则色泽鲜亮、高雅华贵。大部分的天然石材具有强度高、耐久性好、抗冻、耐磨、蕴藏量丰富和易于开采加工的特点，因此为各个时期的人们所青睐，被广泛应用于地面、墙面、柱面、楼梯踏步、建筑屋顶、栏杆、隔断、柜台和洗漱台等部位的饰面装饰，如图3-1、图3-2所示。

图3-1　北京首都博物馆

图3-2　帕特农神庙古建筑

随着科技日新月异的发展，新型装饰石材不断涌现。人造石材的出现突破了天然石材的应用束缚，节省了矿产资源，使装饰石材有了更为广阔的发展前景。

3.1　岩石的基础概述

3.1.1　岩石的基础

天然石材是在天然岩石中开采得到的石材，是人类历史上应用最早的建筑装饰材料之一。现如今欧洲许多以石材为主要建筑材料的优秀建筑经受了千百年的风吹雨淋，至今仍巍然屹立，是人类不朽的杰作。

1．岩石的形成

岩石是地质作用的产物，是一种或几种矿物的集合体。它由矿物或玻璃颗粒按照一定的

方式结合而成，具有一定的结构和构造特点。岩石是地壳和上地幔的物质基础，根据成因可分为岩浆岩（火成岩）、沉积岩和变质岩。岩石的形成是一个循环的过程。地壳发生变动，地壳深处高温熔融的岩浆缓慢上升接近地表，形成巨大的深成岩体以及较小的侵入岩，如岩脉、熔岩流和火山。岩浆在入侵地壳或喷出地表的冷却过程中形成岩浆毒，如花岗岩地壳运动使岩石上升到地表，经风化侵蚀作用或火山作用使岩石成为碎屑，被冰川、河流和风力搬运，在地表及地下不太深的地方形成岩石沉积岩，因此易开采，如岩土和页岩。

在大规模的造山运动和高温高压作用下，沉积岩与岩浆岩在固体状态下发生再结晶作用变成变质岩，如片岩和片麻岩。在地表常温和常压条件下，岩浆岩与变质岩又可以通过母岩的风化侵蚀作用和一系列沉积作用而形成沉积岩。变质岩和沉积岩进入地下深处后，温度和压力进一步升高促使岩石发生熔融而形成岩浆，经结晶作用而变成岩浆岩，从而形成新的地壳物质循环，如图3-3所示。

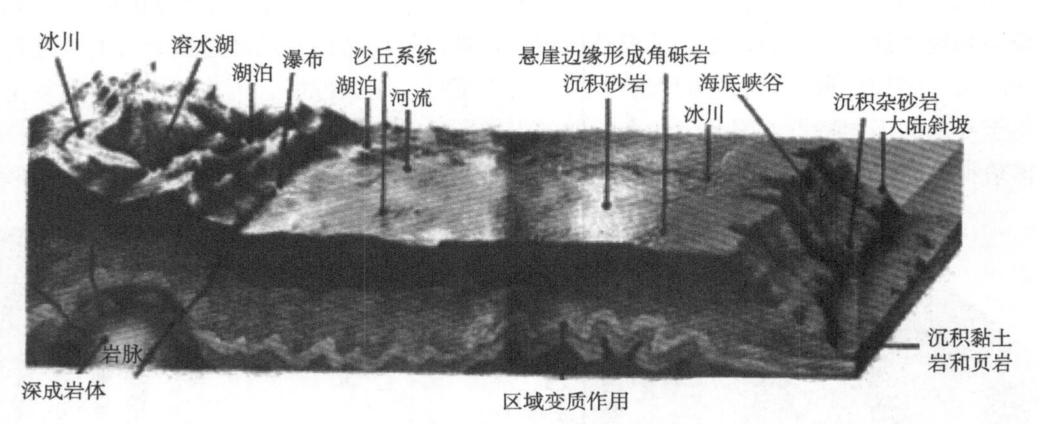

图3-3　地壳物质循环

2．岩石的矿物特性

天然石材是从岩石中开采出来，未经加工或加工成块状或板状材料的石材的统称。岩石由矿物组成，矿物是指在地质作用中所形成的具有一定化学成分和一定结构构造的单质化合物。组成岩石的矿物称为造岩矿物，主要的造岩矿物见表3-1。

表3-1　主要的造岩矿物

名称	晶　型	颜　色	分布情况	特　性
石英	常呈它形粒状	无色透明、白色、乳白色、灰白半透明，常含少量杂质成分	常分布在浅色和红色的花岗岩中（除碱性岩外）。如在厦门白、西丽红和石棉红等板材中常见，而在黑色花岗石，如济南青、福鼎黑中则没有；大理石中偶然有	强度高、材质坚硬耐久，呈现玻璃光泽，化学稳定性良好。但受热至573℃以上时，晶体发生转变会产生开裂现象。石英含量多少是浆岩分类的重要根据之一，对饰面石材的加工难易程度和光泽度都有很大影响
斜长石	板状、柱状	白色或灰白色	广泛分布在岩浆岩和变质岩中，花岗岩中几乎都有它的成分，且多数含量较高	坚硬、强度高，耐久性不如石英，在大气中长期风化后成为高岭土、绢云母和方解石。斜长石是岩浆岩中最主要的造岩矿物

（续）

名称	晶　型	颜　色	分布情况	特　性
正长石	常呈短柱、厚板状	肉红色、浅黄红色、浅黄白色或白色	是酸性和碱性岩浆岩的主要成分，常见于花岗岩、正长岩和某些片麻岩中，在浅色和红色花岗岩中含量高。如庐山红、石棉红、天全红、岑溪红、五莲红和杜鹃红中都有较多分布	红色花岗岩之所以呈红色，与钾长石关系密切，钾长石微氧化后析出带红色的三价铁，故岩石呈红色
方解石	板状、柱状和各种菱面体，集合体为粒状	无色或白色，含杂质时，有灰、黄、浅红、绿、蓝等颜色	为石灰岩、大理岩中主要矿物，也是所有大理石材中的基本成分	强度高，但硬度不大，开光性好，耐久性仅次于石英和长石。易被酸分解，易溶于含二氧化碳的水中，遇冷稀盐酸起泡
云石	菱面体、集合体多呈粒状和块状	纯者为白色；含铁时呈灰色；风化后呈褐色，含锰时略带淡红色	是组成白云岩的主要矿物，在灰岩和大理岩中仅次于方解石，因此也是大理石中的基本成分。在板岩中有时也较多	通常硬度稍大，在冷稀盐酸中反应缓慢，可与相似的方解石相区别
普通辉石	呈短柱状，集合体常呈粒状或放射状	从白色、灰色或浅绿色到绿黑、黑褐色以至黑色，随含铁量的增高而变深	在济南青、珍珠黑和竹潭绿等花岗岩中都有广泛而多量分布，而在浅色花岗岩中则很少分布甚至没有	
普通角闪石	呈长柱状，集合体呈粒状、纤维状和放射状等	绿色到黑色	在中性岩浆岩中有较多分布，是其中的最主要暗色矿物。在区域变质层中也有大量产出。如福建大白黑点花岗岩中的黑点	
橄榄石	呈短柱状，粒状集合体或呈散粒状分布于其他矿物颗粒间	黄绿色或灰黄绿色，随铁含量的增加，颜色可达深绿色至黑色	是组成土地幔的主要矿物，也是陨石和月岩的主要矿物成分	
黄铁矿	常呈立方体、八面体和五角十二面体。集合体呈致密块状、粒状或结核状	浅铜黄色，条痕绿黑色，强金属光泽	地壳中分布较广，常在浅色花岗岩和大理石中，氧化后生成褐铁矿，产生锈斑，污染岩石，是饰面石材中的有害矿物。风化后留下空洞或黄斑	耐久性差，半导体；是提取硫和制造硫酸的主要原料，还是一种非常廉价的古宝石
菱镁矿	通常是柱状集合体，菱面体少见	白色、浅黄色或灰白色，有时带淡红色调，含铁者呈黄色至褐色、棕色	常分布在白云岩和白云灰质岩中，因此在白云岩较多的大理石中易出现	
菱铁矿	菱面体，集合体呈粒状、块状或结核状	一般呈灰白色或黄白色，风化后呈褐色或黑褐色	散布在灰岩，白云岩或大理石中，因此大理石中也常出现，但含量不多，在氧化带易水解成褐铁矿，形成铁帽	

3.1.2　岩石的结构与分类

1．岩石的分类

造岩矿物在不同的地质条件下形成不同的岩石，按照地质成因可分为岩浆岩、沉积岩和变质岩三大类。它们具有不同的结构与构造特点。

（1）岩浆岩　岩浆岩又称火成岩，是组成地壳的主要岩石，占地壳总体积的65%。按

岩浆冷却条件的不同，岩浆岩可分为深成岩、喷出岩和火山岩三种。

1）深成岩是岩浆在地壳深处形成的，其特性是：表观密度大、抗压强度高、吸水率小、抗冻性好、耐磨性好及导热性大。由于孔隙率小，因此可以磨光，但质地坚硬，难以加工。建筑上常用的深成岩有花岗岩、辉长岩、闪长岩和正长岩等。

2）喷出岩是熔融的岩浆喷出地表后，在急剧降压和快速冷却的条件下形成的。

3）火山岩是火山爆发时，岩浆被喷到空中，急速冷却后落下而形成的碎屑岩石。其特性是轻质多孔，表观密度小，强度、硬度和耐久性指标都比较低，保温性好，如火山灰和浮石等。其中，火山灰被大量用作水泥的混合材料，浮石可配制轻质集料混凝土，用作墙体材料。

（2）沉积岩　沉积岩又称水成岩，仅占地壳质量的5%，但其分布极广。沉积岩常含有生物化石，与岩浆岩相比，其结构致密性较差，表观密度小，孔隙率和吸水率较大，强度和耐久性较低。根据沉积的方式不同，沉积岩可分为机械沉积岩、化学沉积岩和生物沉积岩三种。

1）机械沉积岩矿物成分复杂，颗粒粗大，散状的有黏土、砂和砾石等，它们经过自然胶结后形成相应的页岩、砂岩和砾岩等。

2）化学沉积岩颗粒细，矿物成分单一，主要有菱镁矿、白云石、石膏及部分石灰岩等。建筑工程中常用石灰岩（俗称青石）砌筑墙身、桥墩、基础、阶石、路面及用作石灰、粉刷材料的原料等。石灰岩除用作建筑石材外，也是生产水泥的主要原料，其碎石常用作混凝土骨料。

3）生物沉积岩由海水或淡水生物死亡后的残骸沉积而成，如花粉、孢子、贝壳和珊瑚等的大量堆积。这类岩石大多都质轻松软，强度极低。主要的生物沉积岩有石灰岩、石灰贝壳岩和硅藻土等。

（3）变质岩　由岩浆岩变质成的正变质岩，变质后性质变差，如花岗岩变质成片麻岩，易产生分层脱落，耐久性变差；由沉积岩变质成的副变质岩，变质后性质变好，结构变得致密，坚实耐久，如石灰岩变质成大理岩。变质岩占地壳质量的65%。建筑中常用的变质岩有大理石、石英岩和片麻岩等。

2. 岩石的结构与构造

岩石的结构是指岩石中矿物的结晶程度、颗粒大小、晶体形态、自形程度以及矿物之间的相互关系所呈现的特点等。岩石的构造是指岩石中不同矿物集合体之间或矿物集合体与其他组成部分之间的排列方式和充填方式所体现的特征等。

岩石的结构与构造对岩石的鉴定、分类和饰面石材的加工、装饰效果等起着重要的作用，可使岩石表现出不同的肌理或质地，还可反映出岩石的形成条件。例如，有些岩石的矿物成分相同，但由于结构不同，就属于不同的岩类或种属。

3.2　装饰石材的基础概述

3.2.1　装饰石材的基础

1. 装饰石材的分类

装饰石材主要分为天然石材和人造石材两大类。

天然石材根据岩石类型、成因及石材硬度高低不同，可分为花岗岩、大理石、砂岩、板岩和青石五类。其中，砂岩、板岩和青石因其独特的肌理和质地，能够增强空间界面的装饰效果，又可被统一归类为天然文化石。

人造石材根据生产材料和制造工艺不同，可分为聚酯型人造石材、水泥型人造石材、复合型人造石材、烧结型人造石材和微晶玻璃型人造石材等；根据骨料不同，又可分为人造花岗岩、人造大理石和人造文化石等。

2．饰面石材的开采与加工

石材荒料（荒料是指符合一定规格要求的正方形或矩形六面体石料块材）在从矿山开采出来后运到石材加工厂，经一系列加工过程才能得到各种饰面的石材制品。石材荒料锯切出毛板材的数量是反映饰面石材加工的经济指标。这一指标可用石材的出材率表示，即1m^3的石材荒料可获板材的平方米数。如板材厚度按20mm计算，一般石材的出材率为12～21m^2/m^3。因此，受锯片厚度和荒料质量的影响，饰面板材的出材率通常较低，开采与加工过程如图3-4所示。

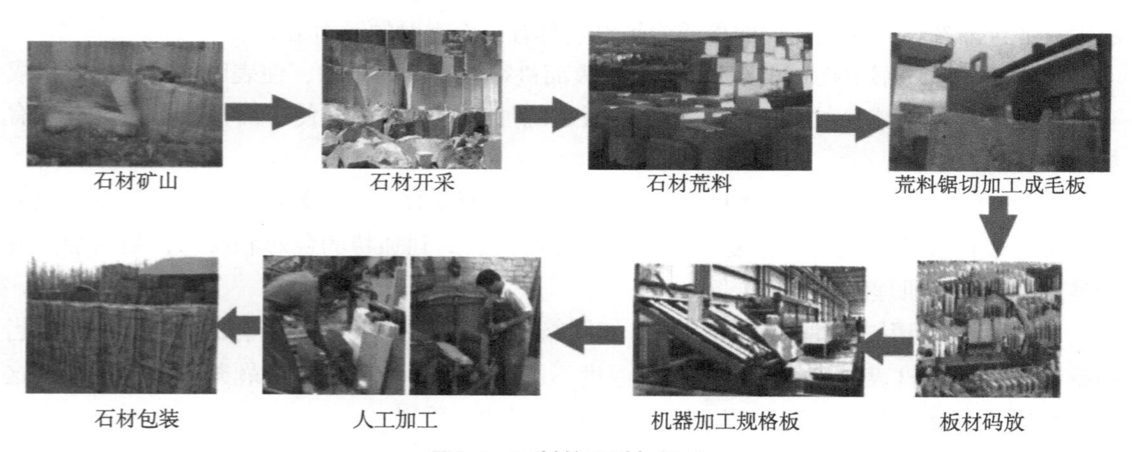

图3-4　石材的开采与加工

（1）饰面石材开采方法的分类

石材的开采方法分为孔内刻槽爆破劈裂、液压劈裂、凿岩爆裂、火焰切割、爆裂管控制爆破、金刚石串珠锯和圆盘锯切割等，不同的方法在开采工艺不同阶段有不同的作用，会产生不同的效果。

（2）饰面石材的加工方法

根据加工工具及工艺的不同特点，饰面石材的加工有磨切加工和凿切加工两种基本的方法。

磨切加工是最具现代化，也是目前最常采用的一种加工方法。它根据石材的硬度特点，采用不同的锯、磨、切割的刀具及机械完成饰面石材的加工。其特点是自动化、机械化程度高，生产效率高，材料利用率高。

凿切加工也是广泛采用的一种石材加工方法。它采用人工或半人工的凿切工具，如利用凿子、剁斧、钢錾和气锤等对石材进行加工。其特点是可形成凹凸不平、明暗对比强烈的表面，突出石材的粗犷质感。但劳动强度较大，需要人工较多，虽然可采用气动或电动

式机具，但很难实现完全的机械化和自动化。

每种加工方法又分为两个阶段：①锯切加工，使饰面石材具有初步的形状、厚度或满足一定要求的幅面；②表面加工，石材处于荒料和毛板阶段时，并不能清楚地显示其颜色和花纹，通过表面加工使饰面石材充分显示出自身的质感和色泽，具有装饰性和观赏性。表面加工可分为研磨、刨切、烧毛和凿毛等几种，加工后的表面如图3-5所示。

图3-5　石材的表面加工

1）研磨一般有粗磨、细磨、半细磨、精磨和抛光五道工序。抛光是研磨的最后一道工序，它可使石材表面具有最大反射光线的能力及良好的光滑度，同时使石材最大限度地显示固有的色泽花纹，最终使饰面板成为平整且具有镜面反射的镜面板。

2）刨切是使用刨床式的刨石机对毛板表面进行往复式的刨切，使表面平整，同时形成有规律的平行沟槽或刨纹。这是一种粗面板材的加工方式，最终使饰面板成为平整且具有规则条纹的机刨板。

3）烧毛是将锯切后的石材毛板，用火焰进行表面喷烧，利用某些矿物在高温下开裂的特性进行表面烧毛，使石材恢复天然粗糙的表面，以达到独特的色彩和质感，最后加工成平整且具有粗糙肌理的火烧板。

4）凿毛是利用专用凿切手工工具，如剁斧、钢錾或花锤（一种带有25齿、36齿或64齿的钢锤），在石材表面剁切，形成凹凸深度不同的表面，最后加工成剁斧板或荔枝板。这种表面加工主要适用于中等硬度以上的各种火成岩和变质岩。

3.2.2　装饰石材的性能参数

1．装饰石材的技术性质

装饰石材的技术性质包括物理性质、力学性质和工艺性质。

（1）物理性质

1）表观密度。天然石材根据表观密度的大小可分为：轻质石材，表观密度≤1800kg/m³；重质石材，表观密度>1800kg/m³。表观密度的大小反映了石材的致密程度与孔隙多少。在通常情况下，同种石材的表观密度越大，则抗压强度越高，吸水率越小，耐久性越好，导热性越好。

2）吸水性。通常用吸水率表示石材吸水性的大小。石材的孔隙率越大，吸水率越大；孔隙率相同时，开口孔数越多，吸水率越大。例如，花岗岩的吸水率通常小于0.5%，致密的石灰岩吸水率可小于1%，而多孔的贝壳石灰岩吸水率可高达15%。

3）耐水性。通常用软化系数表示石材的耐水性。岩石中含的黏土或易溶物质越多，岩石的吸水性越强，反之，则其耐水性越差。

4）抗冻性。抗冻性是指石材抵抗冻融破坏的能力，通常用冻融循环次数F表示，一般有

F10、F15、F25、F100、F200。能经受的冻融循环次数越多，抗冻性越好。石材的抗冻性与吸水性有密切的关系，吸水率大的石材其抗冻性差。通常吸水率小于0.5%的石材是抗冻的。

5）耐热性。它与石材的化学成分及矿物组成有关。石材经高温后，由于热胀冷缩导致体积变化而产生内应力，或因组成矿物发生分解和变异等导致结构破坏，如含有石膏的石材，在100 ℃以上时，结构就开始被破坏。

（2）力学性质

1）抗压强度。通常用100mm × 100mm × 100mm的立方体试件的抗压破坏强度的平均值表示。根据《砌体结构设计规范》（GB 50003—2001）的规定，石材共分9个强度等级：HU100、MU80、MU60、MU50、HU40、MU30、MU20、MU15和MU10。

2）冲击韧性。它取决于岩石的矿物组成与构造。石英岩和硅质砂岩脆性较大，冲击韧性较强。含暗色矿物较多的辉长岩、辉绿岩等具有较强的冲击韧性。通常晶体结构的岩石比非晶体结构的岩石冲击韧性强。

3）硬度。它取决于造岩矿物的硬度与构造。凡由致密、坚硬的矿物组成的石材，硬度就高。石材的硬度以莫氏硬度表示。

4）耐磨性。耐磨性是指石材在使用条件下抵抗摩擦、边缘剪切以及冲击等复杂作用的能力。石材的耐磨性包括耐磨损与耐磨耗两方面。凡是用于可能遭受磨损作用的场所，如台阶、人行道、地面及楼梯踏步等，和可能遭受磨耗作用的场所，如道路路面的碎石等，应采用具有高耐磨性的石材。

（3）工艺性质

石材的工艺性质是指石材便于开采、加工和施工安装的性质。

1）加工性。加工性是指对岩石进行开采、锯解、切割、凿琢、磨光和抛光等加工的难易程度。凡强度高、硬度大、韧性强的石材，不易加工；凡质脆而粗糙，有颗粒交错结构，含有层状或片状构造以及已风化的岩石，都难以满足加工要求。

2）磨光性。磨光性是指石材能否磨成平整光滑表面的性质。致密、均匀、细粒的岩石，一般都有良好的磨光性，可以磨成光滑亮洁的表面；疏松多孔、有鳞片状构造的岩石，磨光性不好。

3）抗钻性。抗钻性是指石材钻孔时的难易程度。影响抗钻性的因素很复杂，一般石材强度越高，硬度越大，越不易钻孔。

2．天然石材的选用原则

在建筑设计和施工中，应根据材料的适用性和经济性等原则来选择石材，既要发挥天然石材的优良性能，体现设计风格，又要经济合理。一般来说，天然石材的选用应该考虑以下几个方面。

1）材料的适用性。同类岩石，品种不同、产地不同，性能上往往也相差很大。可根据石材在装饰工程中的用途和装饰部位及所处环境，选定其主要技术性质（包括物理性质、力学性质和工艺性质）能满足要求的石材。例如，用于地面的材料，首先应考虑其耐磨性和防滑性；用于室外的饰面石材，应选择耐风雨侵蚀能力强、经久耐用的材料；而用于室内的饰面石材，主要考虑其工艺性质，如光泽、颜色和花纹等的美观。而且，同一装饰工

程部位上应尽可能选用同一矿山的同一种岩石，避免存在明显的色差和花纹不一。

2）材料的经济性。天然石材的密度大，运输不便，运费高，应综合考虑当地资源，尽可能做到就地取材。等级越高的石材，装饰效果越好，但价格越高。消费者和设计者应根据实际情况选购需要的等级，使之既能体现装饰风格，又与工程投资相适宜，不要一味地追求高档次的石材，以免增加不必要的成本。

3）材料的安全性。由于天然石材含有放射性物质，石材中的镭、钍等放射性元素，在衰变过程中会产生对人体有害的放射性气体氡。氡无色、无味，五官不能察觉，特别是易在通风不良的地方聚集，可导致肺、血液和呼吸道发生病变。在选择天然石材时，必须按国家标准规定正确使用。研究表明，一般红色品种的花岗岩放射性指标都偏高，并且颜色越红紫，放射性比活度越高。花岗岩放射性比活度大小的一般规律依次为：红色→肉红色→灰白色→白色→黑色。

《天然石材产品放射防护分类控制标准》（JC 518—1993）中规定，天然石材产品（花岗岩和部分大理石），根据镭当量浓度和放射性比活度限制分为三类：A类产品不受使用限制；B类产品不可用于I类民用建筑物的内饰面；C类产品可用于一切建筑物的外饰面。

因此，装饰工程中应选用经放射性测试，且发放了放射性产品合格证的产品。此外，在使用过程中，还应经常打开居室门窗，促进室内空气流通，使氡气稀释，达到减少污染和保护人体健康的目的。

3.3 天然大理石

3.3.1 大理石的命名

大理石是石灰岩或白云岩在高温、高压的地质作用下重新结晶变质而成的一种变质岩，常呈层状结构，属于中硬石材。大理石色泽鲜艳、花纹美丽，有较高的抗压强度和良好的物理化学性能，资源分布广泛，易于加工。

随着大理石开采加工技术的发展、国际性贸易的加强，大理石装饰板材大批量地进入建筑装饰行业，不仅用于豪华的公共建筑物，也进入了家庭装修，是理想的室内高级装饰材料。大理石还大量用于制造精美的家居用品，如大理石壁画、家具、灯具、烟具及艺术雕刻等。在大理石开采和加工过程中产生的碎石、边角余料也常用于人造石、水磨石、石米和石粉的生产，如图3-6所示。

图3-6 天然大理石在室内装饰中的应用

大理石外观虽然美丽，但一般都含有杂质，而且其中的碳酸钙在大气中受二氧化碳、碳化物和水汽的作用，容易风化和溶蚀，使表面

很快失去光泽。因此只有少数的，如汉白玉、艾叶青等质纯、杂质少的比较稳定耐久的品种可用于室外，其他品种不宜用于室外，一般只用于室内装饰面。

1．大理石的组成和外观特征

（1）化学成分　主要有氧化钙和氧化镁，占总量的50%以上，以及少量二氧化硅等，化学性质呈碱性。

（2）矿物成分　主要为方解石、白云石，还有少量石英石和长石等。由白云岩变质成的大理石，其性能比由石灰岩变质成的大理石优良。

（3）外观特征　天然大理石分纯色和花纹两大类，纯色大理石为白色，如汉白玉。当变质过程中含有氧化铁、石墨等矿物杂质时，可呈玫瑰红、浅绿、米黄、灰、黑等色彩。磨光后，光泽柔润，花纹和结晶粒的粗细千变万化，有山水型、云雾型、图案型（螺纹、柳叶、古生物等）和雪花型等，装饰效果好。

2．大理石的命名识别

《天然大理石建筑板材》（GB／T 19766—2005）中对大理石板材的命名和标记方法的规定如下：

（1）板材命名顺序为：荒料产地地名、花纹色调特征描述、大理石代号（M）。

（2）板材标记顺序为：编号、分类（普型板PX，圆弧板HM）、规格尺寸（单位：mm）、等级、标准号。

例如，标记为房山汉白玉大理石：H110I PX 600mm×600mm×20mm A GB/T 19766的板材，表示该板材是用房山汉白玉大理石荒料加工的普型板材，规格尺寸为600mm×1500mm×20mm，等级为一等品，GB/T 19766为标准号。

3.3.2 大理石的规格

1．天然大理石的分类

大理石板材的分类与花岗岩板材的分类相同，但大理石板材多为镜面板材。

2．天然大理石规格

天然大理石标准板材的规格见表3-2。

表3-2　天然大理石标准板材的规格　（单位：mm）

室内地面			室内墙面		
长	宽	厚	长	宽	厚
300	150	20	300	150	25
300	300	20	300	300	25
600	300	20	600	300	25
600	600	20	600	600	25
900	600	20	900	600	25
900	900	20	900	900	25
800	800	20	800	800	25

大板材及其他特殊板材规格由设计或施工部门与生产厂家商定。国际和国内板材的通用厚度为20mm，称为厚板。厚板的厚度较大，可钻孔、锯槽，适用于传统湿作业法和干挂

法等施工工艺，但施工较复杂，进度也较慢。随着石材加工工艺的不断改进，厚度较小的板材也开始应用于装饰工程，常见的有10mm、8mm和7mm等，也称为薄板。薄板可采用水泥砂浆或专用胶黏剂直接粘贴，石材利用率高，便于运输和施工。但幅面不宜过大，以免在加工和安装过程中发生碎裂或脱落，造成安全隐患。

3.3.3 大理石的特性

1．大理石的特性

（1）表观密度为2600～2700kg/m^3，抗压强度为70～300MPa，吸水率低，不易变形，耐久、耐磨。

（2）硬度中等，较花岗岩低，莫氏硬度为3～4，易加工，磨光性好。但在地面使用时，尽量不要选择大理石，因为其硬度较低，磨光面易受损。

（3）抗风化性能差，除了极少数杂质含量少、性能稳定的大理石（如汉白玉、艾叶青等）以外，磨光大理石板材一般不适宜用于室外装饰。由于大理石中所含的白云石和方解石均为碱性石材，空气中的二氧化碳、硫化物和水汽等对大理石具有腐蚀作用，会使其表面失去光泽，变得粗糙多孔或崩裂。

2．常见的大理石品种

我国大理石矿产资源极其丰富，储量大、品种多，总储量居世界前列。据不完全统计，初步查明国产大理石有近400余个品种，常见的天然大理石花纹及颜色如图3-7所示。

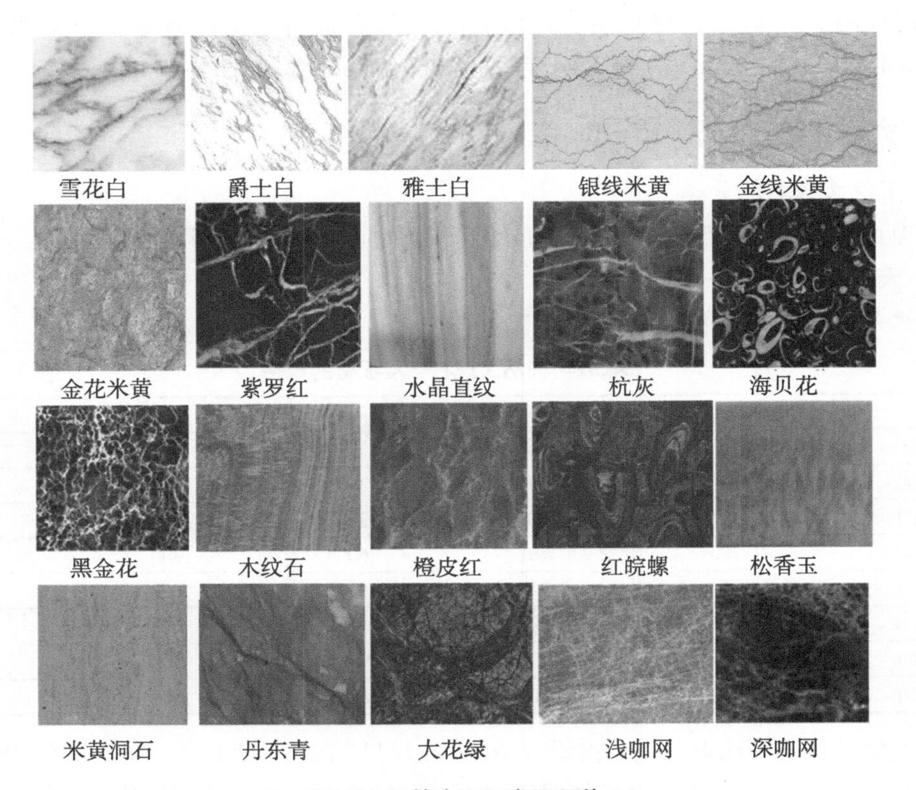

图3-7 天然大理石常见品种

花色品种比较名贵的大理石有如下几种。

白色系：北京房山汉白玉、安徽怀宁和贵池白大理石、河北曲阳和涞源白大理石、四川宝兴蜀白玉、江苏赣榆白大理石、云南大理苍山白大理石、山东平度和莱州雪花白等。

红色系：安徽灵璧红皖螺和橙皮红等。

黄色系：河南淅川的松香黄、松香玉、金线米黄和金花米黄等。

灰色系：浙江杭州的杭灰和云南大理的云灰等。

黑色系：广西桂林的桂林黑，湖南邵阳黑大理石、黑金花和海贝花等，如图3-8所示。

绿色系：辽宁丹东的丹东青等。

图3-8　黑金花大理石装饰的前台

彩色系：大花白和大花绿等。

3．天然大理石装饰制品

天然大理石常见装饰制品有大理石踢脚板、柱头、浮雕、家具、灯具及艺术雕刻等，如图3-9～图3-14所示。

图3-9　宙斯神庙的大理石柱头

图3-10　中国最大的青色大理石浮雕——清明上河图（部分）

图3-11　拉奥孔大理石群雕

图3-12　大理石壁炉

图3-13　黑色大理石浴缸

图3-14　大理石家具

3.3.4　大理石选用质量标准

1．大理石质量等级

根据国家标准《天然大理石建筑板材》（GB/T 19766—2005），天然大理石分为优等品（A）、一等品（B）和合格品（C）三个等级。

2．大理石技术要求

（1）规格尺寸允许偏差、平面度允许极限公差、角度允许极限公差

规格尺寸允许偏差、平面度允许极限公差、角度允许极限公差应符合表3-3的规定。其测量方法同花岗岩板材。异型板材的规格尺寸偏差由供需双方商定。

板材厚度≤15mm时，同一块板材上的厚度允许极差为1mm；板材厚度>15mm时，同一块板材上的厚度允许极差为2mm。拼缝板材，正面与侧面的夹角不得大于90°。

表3-3　天然大理石普型板材的规格尺寸允许偏差、平面度允许极限公差、角度允许极限公差

（单位：mm）

等级	规格尺寸			平面度				角度	
	长、宽度	厚度		板材长度				板材长度≤400	板材长度>400
		≤15	>15	≤400	400~800	800~1000	≥1000		
优等品	0~1.0	±0.5	+0.5~1.0	0.20	0.50	0.70	0.80	0.30	0.50
一等品	0~1.0	±0.8	+1.0~2.0	0.30	0.60	0.80	1.00	0.40	0.60
合格品	0~1.5	±1.0	±2.0	0.50	0.80	1.00	1.20	0.60	0.80

（2）外观质量要求

1）花纹色调。同一批板材的花纹色调应基本一致。测定方法同花岗岩板材。

2）缺陷。板材正面的外观缺陷应符合表3-3的规定。测定方法同花岗岩板材。

（3）性质要求

1）力学性质。为了保证天然大理石板材的质量，要求表观密度不小于2.6g / cm^3，吸水率≤0.75%，干燥状态下的抗压强度≥20MPa，弯曲强度≥7MPa。

2）镜面光泽度。大理石板材需要经过抛光处理，抛光面应具有镜面光泽，能清晰地反映出景物，镜面光泽度不应低于70光泽单位。

3.4　天然花岗岩

3.4.1　花岗岩的命名

花岗岩（granite）的语源是拉丁文的“granum”，意思是谷粒或颗粒。因为花岗岩是深成岩，常能形成发育良好、肉眼可辨的矿物颗粒，因而得名。汉字花岗岩则由日文翻译而来，“花”形容这种岩石有美丽的斑纹，“岗”则表示这种岩石很坚硬，也就是有着似花斑纹的刚硬岩石的意思。花岗岩硬度仅次于钻石列居第二，不易风化，颜色美观，外观色泽可保持百年以上。由于其硬度高、耐磨损，除了是高级建筑装饰工程墙、地面的理想材料外，还是露天雕刻材料的首选之一，如图3-15～图3-17所示，天然花岗岩在室外的应用案例。

图3-15　天然花岗岩在建筑外立面的应用

图3-16　天然花岗岩在室外环境中的应用

花岗岩在地表的分布很广泛，是人类最早发现和利用的天然岩石之一。在世界各地有许多古代开发利用花岗岩的遗迹，如4000多年前古埃及人建造的金字塔、古希腊的神庙、古印度的寺庙圣窟和古罗马的斗兽场等。

图3-17　花岗岩盲道

1．花岗岩的命名识别

根据国家标准《天然花岗石建筑板材》（GB/T 18601—2001），按照尺寸允许偏差、平面度允许极限公差、角度允许极限公差和外观质量来划分，天然花岗岩分为优等品（A）、一等品（B）和合格品（C）。

我国天然石材的命名与标记方法，除国家标准外，各专业石材进口公司和中国石材工业协会也对部分出口石材作了编号（如花岗岩是JG，大理石是JM）。随着石材新产品的不断开发，各产地对其产品也有不同的标记方法，各生产厂家也往往有企业编号。国家标准（GB/T 18601—2001）对花岗岩板材的命名和标记方法所作的规定如下。

（1）板材命名顺序为：荒料产地地名、花纹色调特征描述、花岗石（G）。

（2）板材标记顺序为：编号、类别（普型板PX，圆弧板HH，异型板YX，亚光板YG，镜面板JM，粗面板CM）、规格尺寸（单位：mm）、等级、标准号。

例如，标记为：济南青花岗石G 3701 PX JM 600mm×600mm×20mm A GB/T 18601的板材，表示该板材是用山东济南黑色花岗石荒料加工的普型、镜面板材，规格尺寸为600mm×600mm×20mm，等级为优等品，GB/T 18601为标准号。

2．花岗岩的组成和外观特征

（1）化学成分　主要是二氧化硅，含量占65%～85%，化学性质呈弱酸性。

（2）矿物成分　主要为长石、石英及少量云母和微量矿物质（如锆石、磷灰石、磁铁

矿、钛铁矿和榍石等）。其中长石含量为40%～60%，石英含量为20%～40%，暗色矿物以黑云母为主，含少量角闪石。

（3）外观特征　常呈均匀粒状结构，具有深浅不同的斑点或呈纯色，无彩色条纹，这也是从外观上区别花岗岩和大理石的主要特征。花岗岩的颜色主要取决于长石、云母及暗色矿物的含量，常呈黑色、灰色、黄色、绿色、红色、红黑色、棕色、金色、蓝色和白色等，以深色花岗岩较为名贵。优质花岗岩晶粒细而均匀，构造紧密，石英含量多，云母含量少，不含黄铁矿等杂质，长石光泽明亮，无风化迹象。

3.4.2　花岗岩的规格

常见的天然花岗岩板材的规格很多。标准板材的规格见表3-4。大板材及其他特殊板材规格由设计和施工部门与生产厂家商订，如图3-18所示。

表3-4　天然花岗岩板材的规格　（单位：mm）

室内地面			室外地面		
长	宽	厚	长	宽	厚
300	150	20	300	150	30
300	300	20	300	300	30
600	300	20	600	300	30
600	600	20	600	600	30
900	600	20	900	600	30
900	900	20			
800	800	20			

3.4.3　花岗岩的特性

1. 花岗岩的技术特性

（1）石质坚硬致密，表观密度为2700～2800kg/m^3；抗压强度高为100～230MPa；吸水率小，仅为0.1%～0.3%；组织结构排列均匀规整，孔隙率小。

（2）化学性质稳定，不易风化，耐酸、耐腐、耐磨、抗冻及耐久。

图3-18　规格尺寸为600mm×600mm×40mm的四川红花岗岩

（3）硬度大，开采困难，质脆，但受损后只是局部脱落，不影响整体的平直性。耐火性较差，由于花岗岩中含有石英类矿物成分，当燃烧温度达到573～870℃时，石英发生晶型转变，导致石材爆裂，强度下降。因此，花岗岩的石英含量越高，耐火性能越差。

2．常见的天然花岗岩品种

花岗岩岩体在我国约占国土面积的9%，达80多万平方公里，尤其是在东南地区，大面积裸露着各类花岗岩岩体，可见其储量之大。据不完全统计，花岗岩约有300多种。花色比较好的花岗岩列举如图3-19所示。

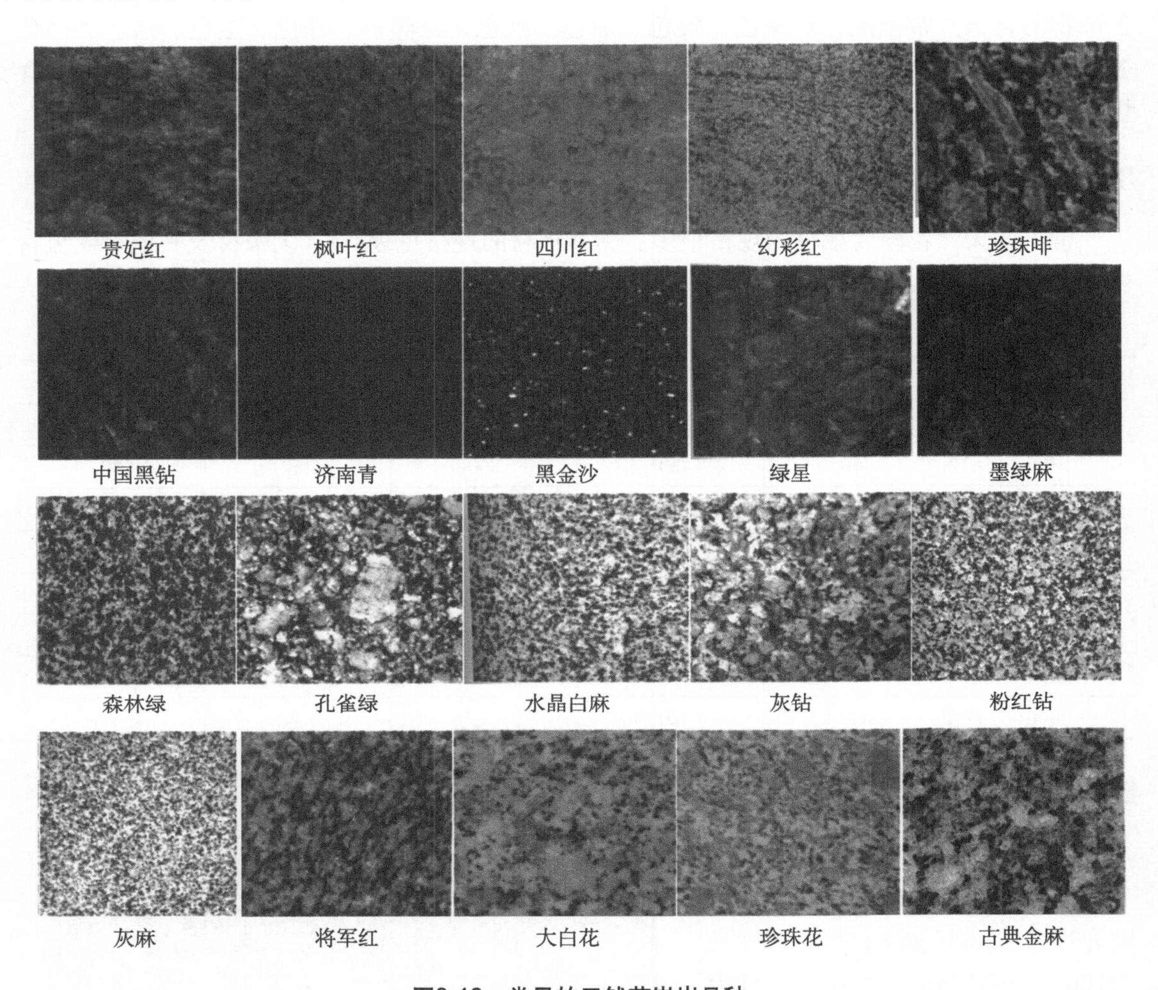

图3-19　常见的天然花岗岩品种

红色系：四川的四川红、中国红；山西灵邱的贵妃红、橘红；山东的乳山红和将军红等。

黑色系：内蒙古的蒙古黑、中国黑；山东的济南青；中国黑钻和黑金沙等。

绿色系：河北的承德绿、孔雀绿和绿钻等。

灰色系：灰钻和灰麻等。

花色系：河南的菊花青；山东琥珀花、珍珠花；大白花等。

3．天然花岗岩常见装饰制品

天然花岗岩常见装饰制品有花岗岩踢脚板、柱础、浮雕、景观家具和雕塑等，如图3-20～图3-24所示。

图3-20　花岗岩桌椅

图3-21　花岗岩花钵

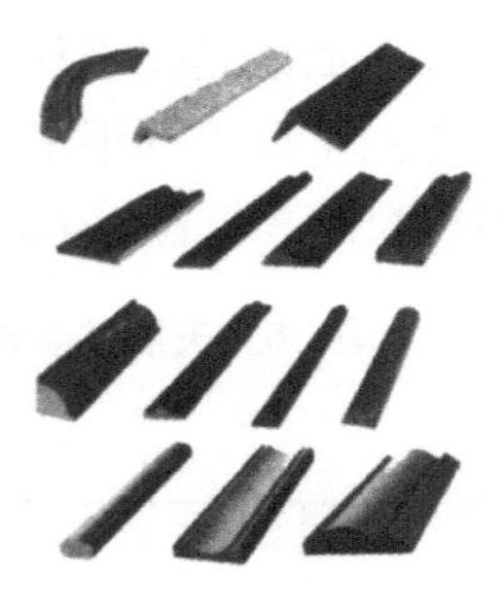

图3-22　花岗岩与大理石踢脚板

图3-23　花岗岩柱头

图3-24　花岗岩柱础

3.4.4　花岗岩选用质量标准

1．常见的花岗岩的分类

（1）按形状可分为普通型板材和异型板材。普通型板材是指正方形或长方形的板材。异型板材是指其他形状的板材。

（2）按表面加工工艺可分为粗面板材、亚光板材和镜面板材。粗面板材是经机械或手工加工，将平整的表面加工出具有不同形式的凹凸纹路的板材，如机刨板、剁斧板、火烧板和锤击板等。亚光板材是经粗磨、细磨加工而成的，表面平整、细腻，但无镜面光泽。镜面板材是经粗磨、细磨和抛光加工而成的，表面平整光亮、色泽花纹明显。

2．花岗岩的技术要求

（1）规格尺寸允许偏差

规格尺寸的长、宽是测量板材两边的长、宽及中间各3个数值后得到的平均值，而厚度是测量各边中间厚度的4个数值的平均值。

普通板材的规格尺寸允许偏差应符合表3-5的规定。异型板材规格尺寸允许偏差由供需双方商定。板材厚度≤15mm时，同一块板材上的厚度允许极差为1.5mm；板材厚度>15mm时，同一块板材上的厚度允许极差为3mm。所谓厚度极差，是指同一块板材上的厚度偏差的最大值和最小值之间的差值。

（2）平面度允许极限公差

平面度是指板材表面的平整程度，它影响着石材铺贴后整个饰面的平面度。测量时将符合测量要求的钢平尺贴放在被检测板材平面的两对角线上，以测量平尺和板材间偏差的缝隙尺寸（单位：mm）表示。平面度允许极限公差应符合表3-5的规定。

表3-5　天然花岗岩普型板材的规格尺寸允许偏差、平面度允许极限公差、角度允许极限公差

（单位：mm）

类别	等级	规格尺寸			平面度			角度	
		长、宽度	厚度		板材长度≤400	400<板材长度<1000	板材长度≥1000	≤400	>400
			≤15	>15					
亚光面和镜面板材	优等品	0~1.0	± 0.5	± 1.0	0.20	0.50	0.80	0.40	
	一等品	0~1.0	± 1.0	± 2.0	0.40	0.70	1.00	0.60	
	合格品	0~1.5	−2.0~1.0	−3.0~1.0	0.60	0.90	1.20	0.80	1.00
粗面板材	优等品	0~1.0	—	−2.0~1.0	0.80	1.50	2.00	0.60	
	一等品	0~1.0		−3.0~2.0	1.00	2.00	2.50	0.80	1.00
	合格品	0~1.5		−4.0~2.0	1.20	2.20	2.80	1.00	1.20

（3）角度允许极限公差

角度偏差是指板材正面各角与直角偏差的大小。用板材角部与标准钢角尺间缝隙的尺寸（单位：mm）表示。测量时采用规定的90° 钢角尺，将角尺的长短边分别与板材的长短边靠紧，用塞尺测量板材与角尺短边的间隙尺寸。当被检角大于90° 时，测量点在角尺根部；当角尺长边大于板材长边时，测量板材的两对角；当角尺的长边小于板材长边时，测量板材的四个角。以最大间隙的塞尺片读数表示板材的角度极限公差。角度允许极限公差应符合表1-3的规定。拼缝板材，正面与侧面的夹角不得大于90° 。异型板材角度允许极限公差由供需双方商定。

（4）外观质量要求

1）花斑色调。同一批板材的花斑色调应基本调和。测定时将所选定的协议样板与被检板材同时平放在地面上，距1.5m处目测。

2）缺陷。板材正面的外观缺陷应符合表3-6的规定。测定时，在光线充足的条件下，将板材放在地面上，距离板材1.5m处，明显可见的缺陷视为缺陷；如距离板材1.5m处不明显但在1m处可见的缺陷视为无缺陷。用平尺紧靠有缺陷的部位，用钢直尺测量缺陷的长度、宽度。坑窝在距离板材1.5m处目测。

3）黏结和修补。石材饰面板在搬运、加工和施工过程中不免会发生破裂损坏现象，在损坏程度不严重的情况下，允许黏结或修补，通过采用专业的胶黏剂使其得以恢复。黏结修补后的板材不能影响其物理性能和装饰效果。

（5）性质要求

1）力学性质。为了保证天然花岗岩板材的质量，要求表观密度不小于2.56 g/cm^3，吸水率不大于0.6%，干燥状态下的抗压强度不小于60MPa，弯曲强度不小于8MPa。

表3-6 天然花岗岩板材外观质量要求 （单位：mm）

<table>
<tr><th>缺陷名称</th><th>规定内容</th><th>优等品</th><th>一等品</th><th>合格品</th></tr>
<tr><td>缺棱</td><td>长度≤10mm，宽度≤1.2mm（长度<5mm，宽度<1mm的不计），周边每米长允许个数/个</td><td rowspan="6">0</td><td>1</td><td>2</td></tr>
<tr><td>缺角</td><td>面积≤5mm×2mm（面积<2mm×2mm的不计），每块允许个数/个</td><td>1</td><td>2</td></tr>
<tr><td>裂纹</td><td>长度不超过两端顺延至板边总长度的1/10（长度<20mm的不计），每块允许条数/条</td><td>1</td><td>2</td></tr>
<tr><td>色斑</td><td>面积≤15mm×30mm（面积<10mm×10mm的不计），每块允许个数/个</td><td>2</td><td>3</td></tr>
<tr><td>色线</td><td>长度不超过两端顺延至板边总长度的1/10（长度<40mm的不计），每块允许条数/条</td><td>2</td><td>3</td></tr>
<tr><td>坑窝</td><td>粗面板的正面出现的坑窝</td><td>不明显</td><td>有，但不影响使用</td></tr>
</table>

2）镜面光泽度。光泽度是在指定的几何条件下（一定距离、角度），将石材式样放置于标准光泽度测定仪上，其镜面反射光通量与相同条件下标准黑玻璃镜面反射光通量的比值乘以100，天然花岗岩建筑板材（GB／T 18601—2001）规定，天然花岗岩石板的镜面光泽度指标不应低于75光泽单位。含云母较少的天然花岗岩具有良好的开光性，但含云母（特别是黑云母）较多的天然花岗岩，因云母较软，抛光研磨时，云母容易脱落，形成凹面，不易得到镜面光泽。

3.5 文化石

3.5.1 天然文化石

文化石不是专指一种岩石，而是对一类能够体现独特建筑装饰风格的饰面石材的统称。这类石材本身也不包含任何文化含义，而是利用其自然原始的色泽纹路展示出石材的内涵与艺术魅力，与人们崇尚自然、回归自然的文化理念相吻合，因此被人们统称为文化石或艺术石，如图3-25所示。文化石可分为天然文化石和人造艺术石两大类。

图3-25 天然文化石用做电视墙

1．天然文化石根据材质分类

天然文化石根据材质不同，主要可分为砂岩、板岩和青石板。

（1）砂岩　砂岩是一种碎屑成分占50%以上的机械沉积岩，由碎屑和填充物两部分组成。按其沉积环境可分为：石英砂岩、长石砂岩和岩屑砂岩，如图3-26所示。

运用砂岩制成的幕墙

木纹砂岩

粉红砂岩

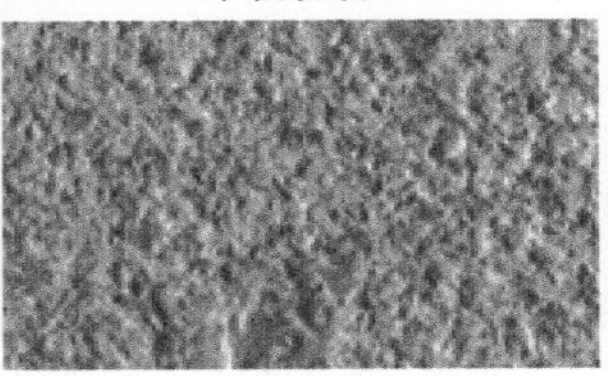
黄砂岩

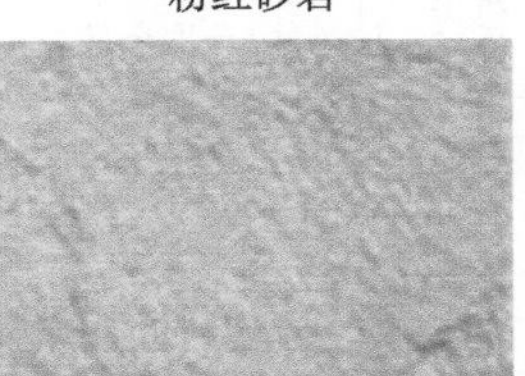
白砂岩

图3-26　砂岩

1）化学成分。主要是二氧化硅和三氧化二铝。砂岩的化学成分变化很大，主要取决于碎屑和填充物的成分。

2）矿物成分。主要以石英为主，其次是长石、岩屑、白云母、绿泥石和重矿物等。

3）外观特征。结构致密、质地细腻，是一种亚光饰面石材，具有天然的漫反射性和防滑性，有的则具有原始的沉积纹理，天然装饰效果理想。常呈白色、灰色、淡红色和黄色等。

4）技术特性。表观密度为2200～2500kg/m^3，抗压强度为45～140MPa。吸湿性能良好，不易风化，不长青苔，易清理；但脆性较大，孔隙率和吸水率大，耐久性差。

（2）板岩　板岩是一种变质岩，由黏土岩、粉砂岩或中酸性凝灰岩变质而成。如图3-27所示。

黑板岩

金秀岩

瓦板岩

锈板岩

图3-27　板岩

1）化学成分。主要是二氧化硅、三氧化二铝和三氧化二铁。

2）矿物成分。主要为矿物颗粒极细的石英、长石、云母和黏土等，其中绿泥石呈片

状，平行定向排列；黄铁矿及电气石呈星散状分布。

3）外观特征。结构致密，具有变余结构和构造，易于劈成薄片，获得板材。常呈黑、蓝黑、灰、蓝灰、红及杂色斑点等不同色调。板岩饰面在欧美大多用于覆盖斜屋顶以代替其他屋面材料。近些年也常用于做非光面的外墙饰面，常被用于做外墙面，也常用于室内局部墙面装饰，通过其特有的色调和质感，营造一种欧美乡村风情。

4）技术特性。硬度较大，耐火、耐水、耐久、耐寒；但脆性大，不易磨光。

板岩还包括瓦板岩和锈板岩。瓦板岩属于粘连板岩，与晶体状岩石最接近，所以与它们有很多共同点，是板岩层状片里最极致的表现和运用。天然石瓦仅有几毫米的厚度，轻薄而坚韧，所以被称为是最非凡的粘连岩石。瓦板岩主要用于安装屋顶，多种规格和形式与多变的排列和叠加，使屋面更富立体感。瓦板岩一直是欧洲的一种传统建筑用材，近年来欧美诸国，亚洲的日本、新加坡和韩国，澳大利亚及新西兰对瓦板岩的年需求量都逐年增加。

天然锈板岩的形成主要是由于板岩中含有一定比例的铁质成分，当这些铁质成分与水和氧气充分接触后，就会引起氧化反应，生成锈斑。这些锈斑形成天然的纹理，色彩绚丽，图案多变，每一块都绝无仅有。锈板岩有粉锈、水锈、玉锈和紫锈等类型。

（3）青石板　青石板是沉积岩中分布最广的一种岩石，如图3-28所示。

图3-28　青石板

1）化学成分。主要是碳酸钙、二氧化硅、氧化镁等。

2）矿物成分。主要是方解石。

3）外观特征。具有鲕状、块状及条状构造，易撬裂成片状青石板，可直接应用于建筑。表面一般不经打磨，纹理清晰，用于室内可获得天然粗犷的质感，用于地面不但能够起到防滑的作用，还能有硬中带软的装饰效果。常成灰色，新鲜面为深灰。

4）技术特性。表观密度为1000～2600 kg/m^3，抗压强度为22～140MPa，材质软，吸水率较大，易风化，耐久性差。

2．天然文化石根据加工形式分类

天然文化石根据加工形式不同，又可分为平石板、蘑菇石板、乱形石板、鹅卵石、条石、彩石砖和石材马赛克等种类。

1）平石板可分为粗面、细面、波浪面等平石板和仿形砖，形状大多为规格一致的规则状。主要用于内外墙面的装饰，形态也较为规整。

2）蘑菇石板一般是长方形厚板，其装饰面的周边应打凿成宽窄一致的边框，中间是凸

起的散乱的蘑菇状，因此蘑菇石板的装饰一般是采用大小一致、形态规整的石材，大多用于内外墙面的装饰。品种主要有花岗岩蘑菇石板、石英岩蘑菇石板、粉砂岩蘑菇石板和板岩蘑菇石板，如图3-29所示。

3）乱形石板分为规则乱形石板和非规则的平面乱形石板。前者为大小不一的规则形状，如三角形、长方形、正方形和菱形等，用于地面装饰的也有六边形等多边形；后者多为规格不一的直边乱形（如任意三角形、任意四边形及任意多边形）和随意边乱形（如自然边、曲边、齿边等）。乱形石板的色彩可以是单色，也可以为多色。乱形石板的表面可以是粗面或自然面，也可以是磨光面。多用于墙面、地面和广场路面等的装饰。

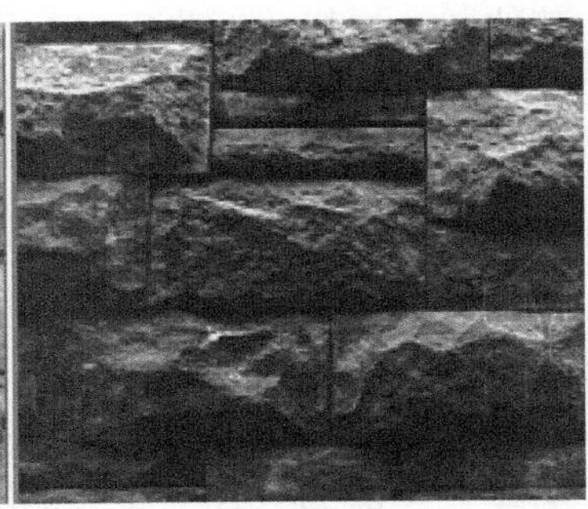
图3-29　蘑菇石板

4）鹅卵石包括各种色彩、大小的鹅卵石，又称海岸石，主要是海、河及山前冲积卵石和山谷沟溪卵石，有一定的天然磨圆度。它们的岩性通常不限，主要以装饰性能为指标。有的进行打磨抛光处理后，形成类似雨花石的品种，有助于产品价值的提升。鹅卵石色彩斑斓，不仅可用于外墙面、地面等，也可用于室内的地面、墙面和柱面。可以铺贴，也可随意点缀起到装饰的效果，如图3-30所示。

图3-30　天然雨花石与人造鹅卵石

5）条石为形状、厚度、大小不一的条状石板，主要用堆砌的方法，层层交错叠垒，叠垒方向可水平、竖直或倾斜，可组合成各种粗犷、简单的图案和线条。其断面可平整，也可参差不齐。其特点就是随意层叠而不拘一格，如图3-31所示。

6）彩石砖是仿砖类石材，是利用各种天然石质材料制成的规格条形砖。有丰富的自然质地和色彩的天然石材薄砖能使建筑的铺装细节在表现上魅力无穷。100mm×100mm的规格广泛用于广场和庭院地面的铺设。材质坚实，不会因气候变化或低温影响而变质。彩石砖在安全地面的要求下有最佳的防滑效果。

7）石材马赛克是将天然石材开介、切割和打磨成各种规格

图3-31　人造条石与天然板岩条石

与形态的马赛克块拼贴而成的，是最古老和传统的马赛克品种。最早的马赛克是用小石子镶嵌、拼贴而成的。石材马赛克具有纯天然的质感和天然石材的纹理，风格古朴、高雅，是马赛克家族中档次最高的种类。根据其处理工艺的不同，有亚光面和亮光面两种形态，规格有方形、条形、圆角形、圆形和不规则平面、粗糙面等，如图3-32所示。

图3-32　马赛克

3．人造艺术石

人造艺术石是以无机材料（如耐碱玻璃纤维、低碱水泥和各种改性材料及外加剂等）配制并经过挤压、铸制和烧烤等工艺而形成的。其表面风格参照天然文化石。粗犷凝重的砂质表面和参差不齐的层状排列，造就逼真的自然外观和丰富的层次韵律，更能赋予对象光与影的变化。

人造艺术石有仿蘑菇石、剁斧石、条石和鹅卵石等多个品种。具有质轻、坚韧、耐候性强、防水、防火和安装简单等特点。人造艺术石无毒、无味、无辐射，符合环保要求，如图3-33所示。

图3-33　人造艺术石小筑

4．文化石板材的储存和选用

文化石在室内不适宜大面积使用。一般来说，其墙面使用面积不宜超过其所在空间墙面的1/3，且居室中不宜多次出现文化石墙面。室外使用的文化石尽量不要选用砂岩类石材，此类石材易渗水，即使石材表面做了防水处理，也容易受日晒雨淋导致防水层老化。

3.5.2　人造石材

人造石材是采用胶凝材料黏结，以天然砂、碎石、石粉或工业渣等为填充料，经成型、固化和表面处理而人工合成的一种材料，能够模仿天然石材的花纹和质感。

1．外观特征

人造石材色泽鲜艳、花色繁多、装饰性好。人造石材的色彩和花纹均可根据设计意图制作，如仿花岗岩、仿大理石或仿玉石等，所达到的效果可以以假乱真。人造石材还可以被加工成各种曲面、弧形等天然石材难以加工成的形状，表面光泽度高，某些产品的光泽度指标可大于100，甚至超过天然石材。人造石材质量轻、厚度小，厚度一般小于10mm，最薄的可达8mm。通常不需要专用锯切设备锯割，可一次成型为板材。

2．人造石材的分类

按材质可分为水泥型人造石材、聚酯型人造石材、复合型人造石材、烧结型人造石材和微晶玻璃型人造石材等。

按仿天然石材类型可分为人造花岗岩、人造大理石（含人造玉石）、水磨石制品和人造艺术石等。

（1）水泥型人造石材是以各种水泥（白色或彩色的硅酸盐水泥、普通硅酸盐水泥和铝酸盐水泥）为胶结材料，以天然砂为细骨料，以天然花岗岩碎石、天然大理石碎石等为粗骨料，加颜料与水按一定比例混合，经成型、加压蒸养、磨光和抛光等主要工序而制成的材料。水泥型人造石材主要有水磨石、花阶砖和人造艺术石等。这类石材中，以硅酸盐水泥作为胶结材料的性能最为优良。铝酸盐水泥的主要成分为铝酸钙，水化反应后产生氢氧化铝凝胶层，这种胶状的凝胶层在硬化过程中不断地填塞着骨料间的孔隙而形成致密结构，表面光亮并呈半透明状。如果使用其他品种水泥，则不能形成具有光泽的面层。其特性是表面光泽度高，花色、纹理耐久性好，抗风化，防潮、耐冻和耐火的性能优良。但耐腐蚀能力较差，不好养护，易产生龟裂。

水磨石普型板的规格尺寸允许偏差、平面度允许偏差及水磨石的外观缺陷规定见表3-7、表3-8。

表3-7　水磨石普型板的规格尺寸允许偏差、平面度允许偏差　（单位：mm）

类别	等级	长度、宽度	厚度	平面度	角度
Q	优等品	0~1	±1	0.60	0.60
	一等品	0~1	±1~±2	0.80	0.80
	合格品	0~2	±1~±3	1.00	1.00
D	优等品	0~1	±1~±2	0.60	0.60
	一等品	0~1	±2	0.80	0.80
	合格品	0~2	±3	1.00	1.00
T	优等品	±1	±1~±2	1.00	0.80
	一等品	±2	±2	1.50	1.00
	合格品	±3	±3	2.00	1.50
G	优等品	±2	±1~±2	1.50	1.00
	一等品	±3	±2	2.00	1.50
	合格品	±4	±3	3.00	2.00

表3-8 水磨石的外观缺陷规定 （单位：mm）

缺陷名称	优等品	一等品	合格品
返浆、杂质	不允许		长×宽≤10×10不超过两处
色差划痕、漏砂、杂石、气孔	不允许		不明显
缺口	不允许		长×宽>5×3的缺口不应该有，长×宽≤5×3的缺口周边上不超过4处，但同一条棱上不超过2处

（2）聚酯型人造石材是以有机树脂为胶结剂，与天然碎石、石粉、颜料及少量助剂等原料配制搅拌成混合料，经固化、脱模、烘干、抛光等主要工艺制成的材料，俗称聚酯合成石。这种石材的颜色、花纹和光泽都可以仿制天然大理石的装饰效果，所以，近年来在高级室内装饰工程中得到广泛应用。主要包括人造大理石、人造花岗岩、人造玉石和人造玛瑙等，多用于卫生洁具、工艺品及浮雕线条等的制作。聚酯型人造卫生洁具包括浴缸、马桶、水斗、脸盆和淋浴房等。

聚酯型人造石材可以用于室内墙面、地面、柱面和台面的镶贴。其特性是质量轻、强度大，表观密度比天然石材小，但抗压强度高（可达110MPa）；不易碎，可制成大幅面薄板；耐磨、耐酸碱腐蚀，具有较强的耐污力：可钻、可锯、可黏结，加工性能良好；但耐热、耐候性较差，易发生翘曲，如图3-34所示。

图3-34 聚酯型人造石材的透光效果

（3）复合型人造石材是指用既含水泥又含有机树脂的胶结材料制成的人造石材。以水泥（普通硅酸盐水泥、白色硅酸盐水泥、快硬硅酸盐水泥或铝酸盐水泥）和树脂（苯乙烯、醋酸乙烯、甲基丙烯酸甲酯或二氯乙烯）做胶结材料，用水泥将填料胶结成型后，再将胚体浸渍在有机单体中，使其产生聚合反应而成。也可用水泥型人造石材作基材，然后在表面敷树脂和天然石粉颜料，添加要求的色彩或图案制作罩光层。其特性是表面光泽度高，花纹美丽，抗污染和耐候性都较好，如图3-35所示。

（4）烧结型人造石材的制作工艺类似于陶瓷等烧土制品的生产工艺。是将长石、石英、辉石、方解石粉、赤铁矿粉以及部分高岭土按比例混合（一般配比为黏土40%，石粉60%），采用泥浆法制胚，半干压法成型，经窑炉1000℃左右的高温焙烧而成。这种人造石材因采用高温焙烧，所以能耗大，造价较高，实际应用得较少。

图3-35 复合型人造石材在厨房及办公场合的应用

（5）微晶玻璃型人造石材又称微晶板或微晶石，是指由适当组成的玻璃颗粒经焙烧和晶化，制成由玻璃相和结晶相组成的复相材料。微晶玻璃型人造石材色泽多样，有白色、米色、灰色、蓝色、绿色、红色、黑色和花色等，且色差小，光泽柔和，装饰效果好，是一种较理想的高档装饰材料。主要用于建筑物内、外墙面、柱面、地面和台面等部位的装饰。其特性是抗压强度高、硬度高、耐磨；抗冻、耐污、吸水率低、耐酸、耐碱、耐腐蚀、耐风化，无放射性；可制成平板和曲板，热稳定性能和电绝缘性能良好，如图3-36所示。

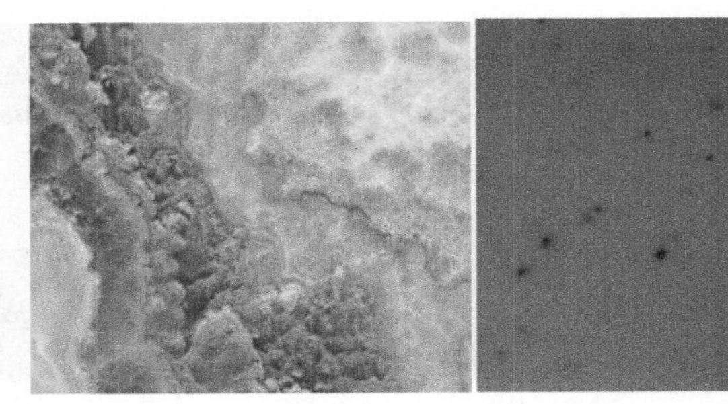

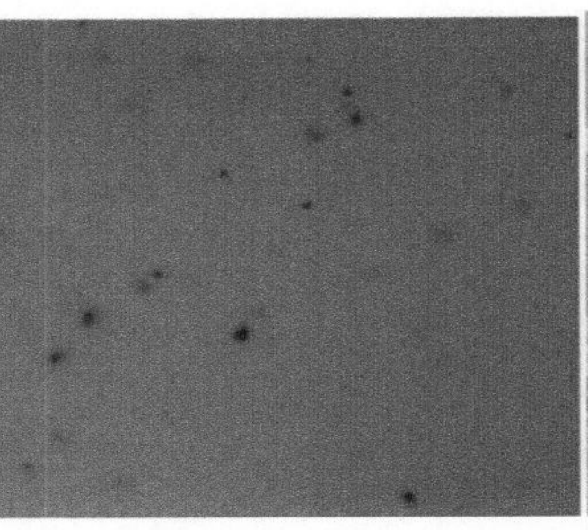

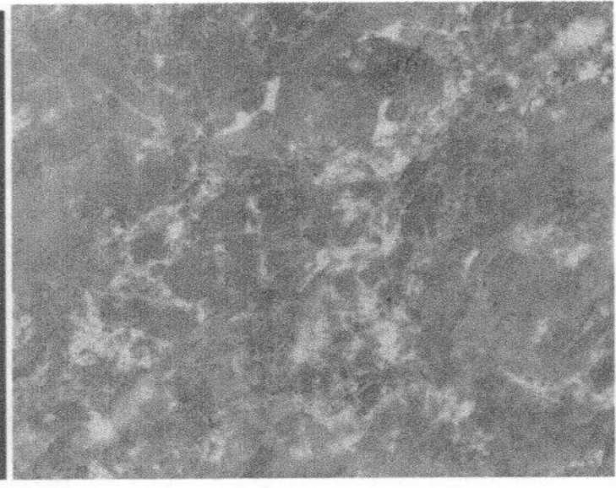

图3-36 微晶石

微晶石的外观缺陷规定见表3-9。

表3-9 微晶石的外观缺陷规定

<table>
<tr><th>缺陷名称</th><th>规定内容</th><th>优 等 品</th><th>合 格 品</th></tr>
<tr><td>缺棱</td><td>长度、宽度≤10mm×1mm（长度<5mm不计），周边允许/个</td><td rowspan="2">不允许</td><td rowspan="2">2</td></tr>
<tr><td>缺角</td><td>面积不超过5mm×2mm（面积<5mm×2mm不计），周边允许/个</td></tr>
<tr><td>气孔</td><td>直径ϕ10mm，ϕ>2.5，2.5≥ϕ≥1</td><td>不允许，5个/m²</td><td>不允许，10个/m²</td></tr>
<tr><td>杂质</td><td>在距离板面2m处目视观察≥3mm</td><td>不大于3个/m²</td><td>不大于5个/m²</td></tr>
</table>

3.6　石材新型材料

天然石材复合板是一种将天然石材超薄板与陶瓷、铝塑板和铝蜂窝板等基材复合而成的高档建筑装饰新产品，属于石材新型材料，因与其复合的基材不同而具有不同的性能特点。可根据不同的使用要求和使用部位采用不同基材的复合板，如图3-37所示。

图3-37　天然大理石复合板装饰效果

石材复合板的技术诞生在西班牙，中国最早开始技术研制是在1997年。随着技术设备的进一步成熟，市场也逐渐得到拓展。目前石材复合板的销售市场主要集中在国际市场，国外对石材复合板的认知度和认可度都较国内要高，使用量也要远远大于国内，主要集中在西欧几个国家（如西班牙、意大利、德国等）、美国、澳大利亚、日本和韩国。

1．特性

（1）重量轻　石材复合板最薄可达5mm（铝塑板基材），常用的瓷砖复合板厚度也只有12mm左右，成为对楼体有承重限制的建筑装饰的最佳选择。

（2）强度高　天然石材与瓷砖和铝蜂窝板等复合后，其抗弯、抗折和抗剪切的强度明显得到提高，大大降低了在运输、安装和使用过程中的破损率。

（3）抗污染能力提高　湿贴安装容易使天然石材表面泛碱，出现各种不同的变色和污渍，难以去除，而复合板因其底板更加坚硬致密，同时具有胶层，避免了这种情况。

（4）更易控制色差　天然石材复合板通常是用1m^{2}的原板（通体板）切割成3～4片，这样它们的花纹与颜色几乎100%相同，因而更易保证大面积使用时，其颜色与花纹的一致性。

（5）安装方便　因具备以上特点，在安装过程中，大大提高了安装效率和安全性，同时也降低了安装成本。

（6）装饰部位的突破　无论内外墙、地面、窗台、门廊或桌面等，普通的天然石材原板都不存在问题，唯独对顶棚的装饰，不管是大理石还是花岗岩都存在安全隐患。而花岗岩和大理石铝塑板、铝蜂窝黏合后的复合板就突破了这个石材装饰的禁区。它非常轻盈，重量只有通体板的1/10～1/5，隔声、防潮。石材铝蜂窝复合板采用等边六边形做成中空的铝蜂芯，拥有隔声、防潮、隔热和防寒的性能。

（7）节能、降耗　石材铝蜂窝复合板因其有隔声、防潮和保温的性能，在室内外安装后可较大降低电能和热能的消耗。

（8）降低成本　因石材复合板材质较轻薄，在运输安装上节省了成本，而且对于较贵的石材品种，做成复合板后都不同程度地降低了原板成品板的成本价格。

2．适用范围

基材采用瓷砖的复合板几乎与通体板的使用范围相同，但更加适合有特殊的承重限制的楼体。这种复合板不但重量轻，而且强度也提高了许多。基材选用铝塑板的复合板因其超薄超轻的性能，非常适用于墙面与天花板的装饰，并且在装饰天花板时，具有其他石材无可代替的优势，石材铝蜂窝复合板在内、外墙的干挂材料中备受青睐，一般用于大型或高档的建筑，如机场、展览馆和五星级酒店等；基材采用玻璃的复合板，具备透光的装饰效果，一般使用干挂和镶嵌方式安装，里面也可安装不同颜色的彩灯，如图3-38～图3-41所示。

图3-38　大理石瓷砖复合板

图3-39　大理石铝塑复合板

图3-40　石材铝蜂窝复合板

图3-41　超薄花岗岩铝塑复合板

3.7 装饰石材的施工工艺

3.7.1 装饰石材的施工工艺

1. 施工工具

手动切割器、打眼器、电热切割机、台式切割机、电动切割机、手电钻和电锤（冲击钻）等，如图3-42所示。

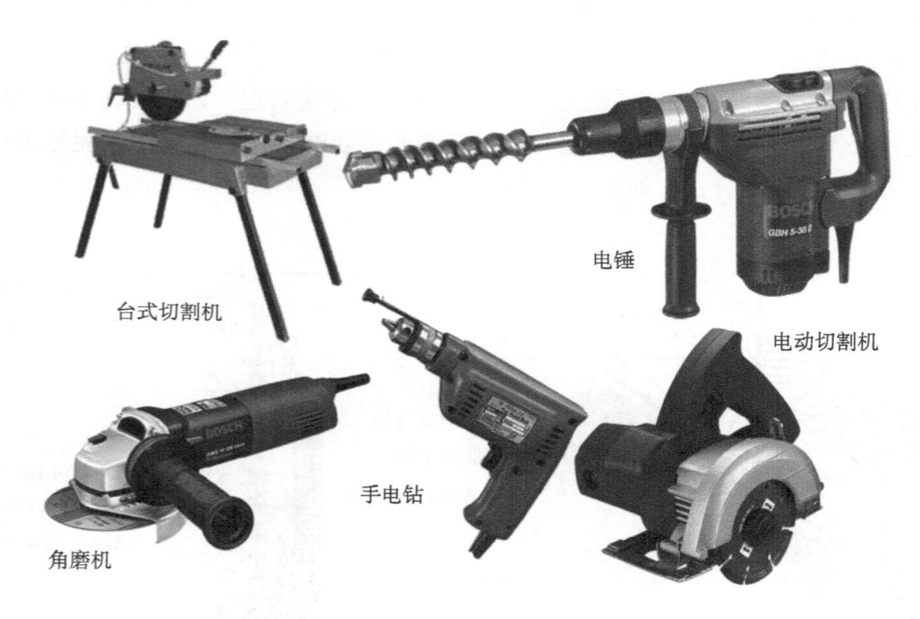

图3-42　施工工具

2. 施工准备

（1）材料

天然花岗岩，主要用于室内外墙面和地面装饰；天然大理石，由于含有一定的杂质，且硬度、强度和耐久性均不如花岗岩，因此多用于室内墙面和地面装饰（除汉白玉、艾叶青外）。

（2）材料的包装、储存与验收

1）包装。采用轻钢架和仿木筐包装，与板材的磨光面相对，立放于筐中，筐内空隙用弹性柔软填物填紧。当需远距离运输时，常用泡沫塑料作缓冲垫，以防止石材撞击筐箱，造成缺棱断角。装饰石材也可以用草绳捆扎，但应采取防潮、防雨措施，以避免草绳遇水形成黄色污染斑块，影响使用和美观。各种包装均应挂板写清编号、名称、规格和数量。

2）储存。应室内储存。在室外储存时，必须遮盖，不得露天堆放。堆放地点应放置垫木与垫板，必要时应干铺一层油毡，使箱底离地100 ~ 200mm，保证有良好的通风，防止受

潮。板材面积≥$0.25m^2$时，一律直立堆放。

3）验收。外观与内在质量的验收。包括清点数量，对比样品的外观、颜色与内在质量。

3．施工工艺

（1）挂贴法

挂贴法是用于室内外墙面石材镶贴的施工技术。挂贴法分为湿贴与干挂两种。湿贴法又分为传统湿贴法和改进湿贴法，多用在多层或高层建筑的首层施工中，适用于砖基层和混凝土基层。干挂法多用于建筑高度在30m以下的钢筋混凝土结构，砖墙和加气混凝土墙体在建造时需做加固处理，否则不宜选用。

1）传统湿贴法

① 构造原理。传统湿贴法是在主体结构上用膨胀螺栓固定平钢筋或在主体结构上预埋钢筋固定钢筋网片，将石材通过铜丝固定在钢筋或钢筋网上，随后灌注水泥砂浆粘贴，这种方法称为传统湿贴安装法，如图3-43所示。

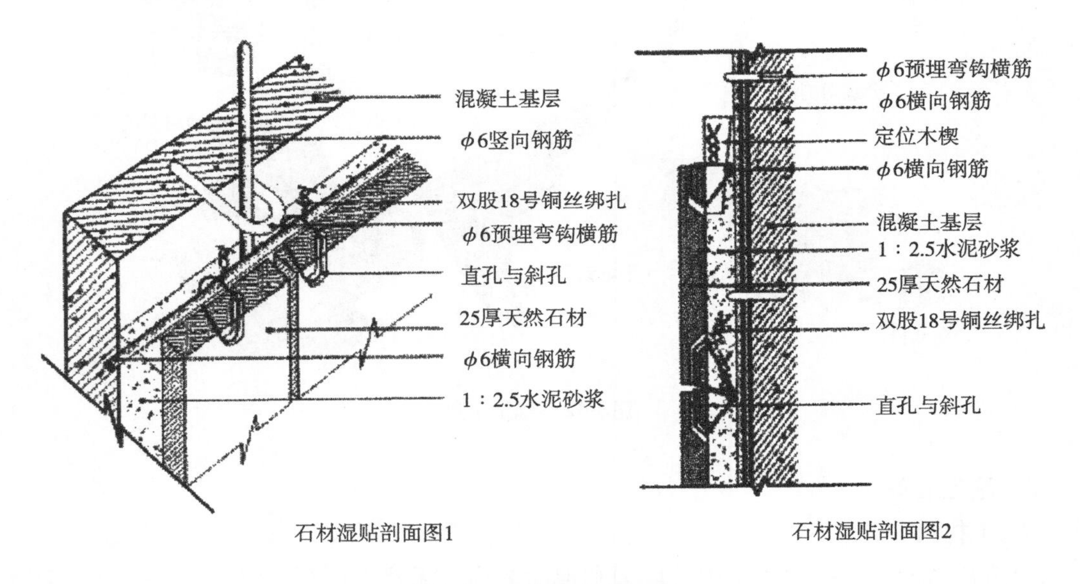

图3-43　石材湿贴施工图

② 工艺流程。安装穿墙拉杆及预埋件→焊接饰面石材背立双向钢筋网→安装石板→水泥砂浆灌浆→清理耐候密封胶→清洗打蜡→成品保护→竣工验收。

③ 施工方法。

a. 基层处理。清扫混凝土墙面的灰尘，若有油污，使用10%碱水进行刷洗，随之用清水将碱液冲净；平整墙面后，对其表面进行5～15mm的凿毛处理，然后浇水冲洗。等墙面干燥后，将掺加水重20%建筑胶的1：1水泥细砂砂浆抹于墙面，终凝后洒水养护，使水泥砂浆与混凝土墙面牢固黏结。石材板背面应清除浮尘，用清水洗净，以提高其粘结性；并在安装前刮一道掺水泥重量5%建筑胶的素水泥浆，形成一道防水层，防止雨水渗

入板内。

b. 饰面板背面钻孔、挂丝方法。

方法1：安装前先将饰面板用台钻钻眼。背面钻孔径ϕ5mm，深15～20mm的孔，孔位一般定位在距离板材两端1/4～1/3处。直孔应钻在板厚中心，如板宽≥600mm，应在中间加钻一孔。

方法2：打直孔，挂丝后孔内填充环氧树脂或用铅笔卷好挂丝挤紧，再灌入胶黏剂将挂丝嵌固于孔内。

方法3：在板材端面上与背面的边长1/4～1/3处退槽，在槽内挂丝。挂丝宜用铜丝或不锈钢丝或镀锌铁丝。

c. 按施工图尺寸要求弹线、焊接和绑扎钢筋骨架。先剔出预埋在墙内的钢筋头，焊接或绑扎ϕ6～ϕ8mm竖向钢筋，然后点焊或绑扎ϕ6mm横向钢筋。如果板材高度为600mm时，第一道横筋在地面以上100mm处与竖筋绑扎牢固，第二道绑扎在饰面石材上口下方20～30mm处，再往上每600mm绑扎一道横筋即可。

d. 安装固定。将埋好铜丝的石板就位，将石板上口略向外仰，单手伸入石板背后把石板下口铜丝绑扎在横筋上，然后将板材扶正，将上口铜丝扎紧，用木楔垫稳，石板与基层间的间隙一般为30～50mm（灌浆厚度）。随后用靠尺与水平尺检查表面平整度与上口水平度。

柱面按顺时针方向逐层安装，一般从正面开始。第一层安装固定完，应用靠尺调整垂直度，用水平尺调整平整度和阴阳角方正。

如发现石板规格不准确或石板之间间隙不符，应在石板上口用木楔调整，下沿用加垫铁皮或铁丝进行找平，完成第一块板后，其他依次进行。经垂直、平整和方正度校正后，调制熟石膏，调制时应掺入20%水泥加水搅拌成粥状，并贴于石板上下之间，将两层石板黏结成一体，再用靠尺检查水平度，等石膏硬化后方可灌浆。

e. 灌浆。空鼓是石材墙面需要预防的关键问题。施工时应充分湿润基层，砂浆按1：2.5配制，高度控制在80～150mm，应边灌边用橡皮锤轻轻敲击石板面，使灌入砂浆排气。灌浆应分层分批进行，第一层浇注高度应≤1/3板材高，1～2h后再灌第二层，高度为200～300mm，等初凝后再灌第三层至距板材上口50～100mm处。值得注意的是，必须防止临时固定石板的石膏块掉入砂浆内，因为石膏膨胀会导致外墙面泛白、泛浆。柱面灌浆前应用木方钉成槽形木卡子，双面卡住石板，以防灌浆时石板外胀。

f. 清理。一层石板灌浆完毕凝固后，方可清理上口余浆，并将表面清理干净。隔日再拔除上口木楔和有碍上层安装板材的石膏饼。

g. 嵌缝。全部板材安装完毕后，清洁表面，然后用与板材相同颜色调制的纯水泥浆嵌缝，边嵌边擦，使缝隙嵌浆密实，颜色一致。

h. 上光打蜡。板材安装完毕后，应进行擦拭或用高速旋转帆布擦磨，抛光上蜡。

2）改进湿贴法

① 构造原理。改进湿贴法省去了钢筋网片连接件，采用镀锌或不锈钢锚固件与主体结构锚固，然后向缝中分层灌入1：2水泥砂浆进行黏结，也称楔固安装法。

② 施工工艺。改进湿贴法与传统湿贴法有如下几点不同：

a. 石板钻孔。用固定夹具，配合手电钻，使钻头直对板材端面，距板宽两端1/4处，板材中心钻孔。孔径φ6mm，深35～40mm。板宽≤500mm钻两个孔，大板可酌情加1～2个孔，然后在板两侧各打直孔1个。直孔距板下端约100mm处，孔径φ6mm、深35～40mm，直孔上下侧均用合金錾凿深7～8mm的槽，以安装U型钉。

b. 基层钻斜孔。用冲击钻按分块弹线位置，对应于板材上下直孔位置打45°斜孔，孔径φ6mm、深40～50mm。

c. 板安装就位固定。板钻孔后将大理石安放就位，依板与基层相距的孔距，用加工好的φ5mm不锈钢U型钉钩进大理石的直孔内，另一端钩入斜孔内，并用硬木小楔楔紧U型钉锚具。达到标准平整度后，检查各拼缝是否紧密，最后敲紧小木楔，用大木楔固定板材基体间孔隙，进行临时固定。

d. 灌浆。上述步骤完成后，即可分层灌注胶结砂浆，随后清理，擦缝。

3）干挂法

① 构造原理。在主体结构上设主要受力点，在受力点处用连接件与结构连接；在建筑物外围设竖向主龙骨和水平次龙骨，石材通过连接件和龙骨挂在建筑物上，如图3-44所示。

图3-44　石材幕墙效果

② 工艺流程。施工准备→找平放线→结构基层处理→焊接龙骨板材进现场→板材钻孔、打眼、开槽→石材基础处理→板材就位石板与连接件连接并紧固→检查验收→勾缝打蜡→成品验收。

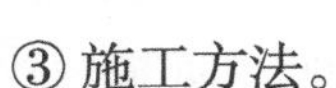

③ 施工方法。

a. 外墙基层处理。将外墙表面的灰尘、污垢和油渍等清理干净并洒水湿润，涂满防水涂料。

b. 墙体钻孔。根据施工图具体要求在墙体上按不锈钢膨胀螺栓的位置钻孔打洞。孔径φ14.5mm，洞深65mm（以用10mm×110mm膨胀螺栓为准），将不锈钢膨胀螺栓涂满大力胶，安入孔内，拧紧胀牢。

c. 石板钻孔及安装挂件。直孔用台钻打眼，使钻头直对板材的端面，在每块石材的上、下端面，距离板端1/4处，居板厚中心打孔，孔径φ5mm，深18mm，板宽≤600mm时，上下各打2个孔；板宽≥900mm时，可共打8个孔。将角钢挂件临时安装在M10mm×110mm膨胀螺栓上（螺栓帽不要拧紧），再将平板挂件用8mm螺栓临时固定在不锈钢角钢挂件上（螺栓帽不要拧紧），如图3-45、图3-46所示。

d. 安装龙骨。主龙骨采用槽钢，次龙骨采用角钢，在安装前进行除锈处理，并刷防锈漆。主次龙骨采用焊接连接。按确定的中心线将主龙骨就位，点焊固定，再将主龙骨与预

埋件双边满焊。主龙骨安装完毕后按墙面分块线安装次龙骨。主次龙骨满焊，把焊缝处清理干净，并补刷防锈漆，如图3-47所示。

图3-45　石材内墙干挂施工现场

图3-46　石材干挂件及膨胀螺栓

e. 安装石板。根据已选定的饰面石板编号，将石板临时就位，并将钢销钉插入石板孔内。利用角钢挂件对石板的位置（高低、上下、前后、左右）、垂直度和平整度等进行调整。板缝间隙为8mm，待符合要求后将不锈钢角钢挂件和平板挂件上的螺栓拧紧，在开槽部位填抹环氧树脂。

图3-47　石材外墙干挂施工

f. 清理、嵌缝与打蜡上光。安装完毕后，将接缝中的污垢和粉尘清理干净。板缝中填塞耐候密封胶进行嵌缝封口。彻底清除板材表面的污垢、浮尘后，打蜡并抛光。

④ 施工工艺。

a. 干挂法适用的石材厚度为30mm左右，其长宽尺寸为（500～800）mm×（500～1000）mm。干挂法对板材尺寸和规格要求十分严格，因而必须在加工厂生产。板材的连接件，采用5mm厚不锈钢板专用挂件或ϕ5～ϕ6mm的不锈钢螺栓，与石材挂孔连接。

干挂法构造根据饰面材料的重量和离开墙面的距离，决定是否用主支撑龙骨。主支撑龙骨一般根据建筑饰面高度和饰面荷载的不同选择使用∟50～100镀锌角钢、口径80～150方钢管或C8～C12型槽钢垂直放置，次龙骨一般选用∟40～50角钢或C5型槽钢水平放置，然后烧焊连接，如图3-48所示。

b. 干挂石材的金属龙骨按主支撑受力方式的不同可分为点支撑和线支撑两种方式。点支撑方式是以墙体为主要受力面，原理是在水平支撑面下45° 斜支撑转移主受力方向。线支撑方式的主龙骨落点在钢筋网连接法基础基面厚10 ~ 12mm的钢板垫块上，主受力点在落地点上，因此，这种方法要求基础必须坚实。

c. 外墙与挂件有两种固定方式，一种是无保温层的混凝土墙面，可用主龙骨通过膨胀螺栓将石材固定在混凝土外墙上；另一种若外墙是砖或轻质砌体，因墙体不能直接埋膨胀螺栓，所以在砌墙前应根据石材的规格确定龙骨的位置，而后根据其位置，在砌墙前综合考虑设置混凝土构造梁和柱，以便固定骨架。需做外保温层的外墙面，一般把保温材料填充在主次龙骨之间，以防止保温材料下滑，干挂施工图如图3-49所示。

角钢

槽钢

工字钢

方管

图3-48　石材干挂龙骨

（2）粘贴法

墙面石材饰面板的安装施工方法除了有挂贴法以外，还有粘贴法。粘贴法主要是用工程胶粘贴，根据施工高度和施工基层条件的不同，工程胶粘贴法的施工工艺也不同，又分为直接粘贴法、加厚粘贴法、锚固粘贴法和钢架粘贴法。

1）施工工艺流程及适用范围。

① 直接粘贴法工艺流程为：基层处理→基层放线→石材粘贴→石材嵌缝→产品保护。适用于建筑物墙面高度≤9m，垂直度及平整度≤10mm，结构强度较好的墙体，石板与墙面净空距离<1cm时挂装。

② 加厚粘贴法工艺流程与直接粘贴法基本相同，只是在涂胶工艺及石材粘贴工序上稍有差别。适用于建筑物墙面高度≤9m的墙面，结构强度较好的墙体，墙体不平整，并且石板与墙面净空距离>1cm时挂装。

③ 锚固粘贴法施工工艺与直接粘贴法基本相同，只是在粘贴前要对墙面进行钻孔剔槽，安装不锈钢锚固件，利用不锈钢锚固件和石材互相黏结。适用于建筑物墙体高度>9m，且结构强度较低的墙体，也可适用于旧墙体装修改造或超薄型石板（一般要求厚度≤8mm）的大规格人造石材安装。

④ 钢架粘贴法施工工艺与锚固粘贴法施工工艺基本相同，只是钻孔剔槽锚件安装等工艺变为钢架安装焊接工艺，利用钢架和石材互相黏结。适用于石材直接粘贴于钢架之上的墙（柱）体，也适合于墙体材质松散、基础强度较低的立面及特殊立面造型或柱

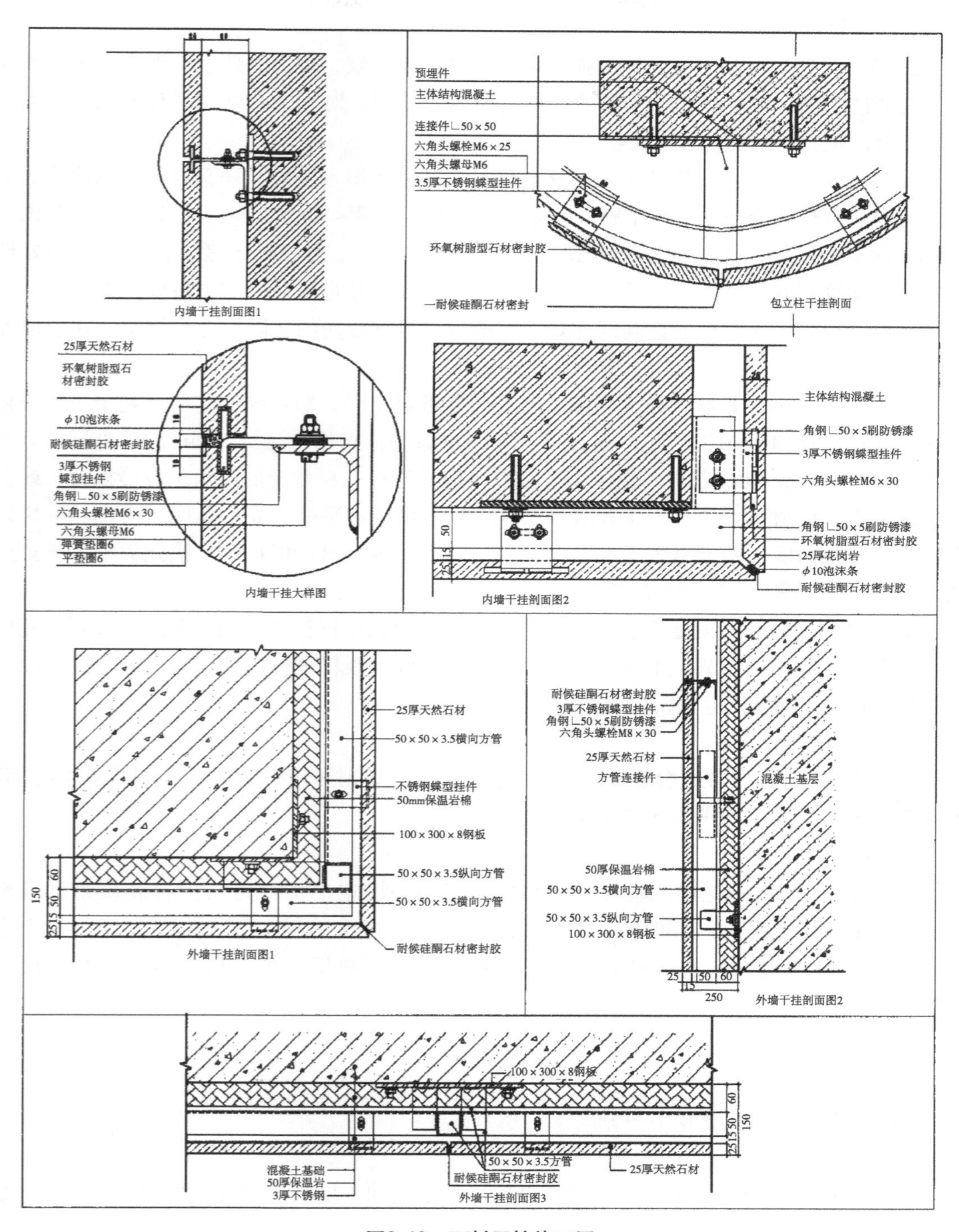

图3-49　石材干挂施工图

体改形。

2）施工方法。由于以上四种粘贴法的施工方法都有共通之处，因此，在这里只着重介绍直接粘贴法和钢架粘贴法的施工方法。

直接粘贴法

a. 基层清理。基层应有足够的强度和平整度，不空鼓，表面的残砂、浮尘、污垢和油渍等应冲洗干净。对于光滑的基层表面应进行凿毛处理；对于垂直度和平整度偏差较大的基层表面，应进行剔凿或修补处理。

b. 基层放线。根据图纸要求及石材规格，在基层弹出水平线和垂直线，注意接缝的宽度。弹线前检查墙身的垂直及平整度，垂直及平整度差距<10mm者可不予处理，但对该片要做好标记，以便在该处加厚工程胶厚度和粘贴用量。差距>10mm者，要进行适当处理（如用工程胶石屑补平）。然后，弹出第一排标高线，并将第一层的下沿线弹到墙上（如有踢脚板，则先将踢脚板的标高线弹好）。最后，根据板面的实际尺寸和缝隙，在墙面弹出分块线。

c. 石材粘贴。在石材背面及墙面上胶处用砂纸磨干净，磨粗糙，这样有利于工程胶粘牢固；按比例严格调制工程胶，在石材背面作点涂胶，点涂直径≥40mm，每块石材点涂面积总和≥120cm^2/50kg石板。慢干型工程胶一般点涂在石材背面的四角（方形板材）或上下边角（矩形板材），快干型工程胶点涂在中间。依照水平线，先粘贴底层两端的两块饰面板，然后接通线，按编号依次粘贴。第一层贴完，进行第二层粘贴。依此类推，直至贴完，每贴三层，垂直方向用靠尺靠平。

d. 石材嵌缝。初步固定石板后，对个别点用快干胶进行补胶加固。全部石板安装完毕后，将石板表面用抹布清理干净，用透明型工程胶调入颜料进行嵌缝，边嵌缝边擦干净，以防污染石材，同时使缝隙密实干净，颜色一致。

e. 成品保护。

f. 按施工顺序由下往上分层逐块安装石材，石材安装时可用卡具和小木楔随时固定并调平调直，用3m铝方通吊锤和水平靠尺校验。

（3）铺贴法

铺贴法用于室内楼道、地面石材铺装及室外环境中广场道路、园林硬质景观等地面石材的铺装。室内楼道和地面的基层构造一般分为找平层、结合层和面层等三个层次；室外环境中地面基层一般分为垫层、找平层、隔离层、填充层、结合层和面层六个层次。

1）基土的构造和施工。

① 工艺流程

现场勘测→平整（开挖）→分层压（夯）实。

② 施工方法

a. 根据设计要求，对现场基土进行勘测，对土质和土壤状况进行分析判断，并确定基土标高，以及是否填土或开挖。

b. 在淤泥、淤泥土质、杂填土及冲填土等软弱土层上施工时，应按设计要求对基土进行更换或加固（淤泥、腐殖土、冻土、耕植土和有机物含量大于8%的土，均不得用作填土）。膨胀土作为填土时，应进行技术处理。

c. 填土前宜取土样用击实试验确定最优含水量与相应的最大干密度，过干的土在压实

前应加以湿润，过湿的土应晾干。

d. 在做墙、柱基础处填土时，应重叠夯填密实，在填土与墙柱相连处，也可以采取设缝方式进行技术处理。

e. 采用碎石、卵石等作为基土表层加强时，应均匀铺成一层，粒径宜为40mm，并应压（夯）入湿润的土层中。

③ 相关标准及规范

分层压（夯）实的每层虚铺厚度要求：机械压实>300mm；蛙式打夯机夯实≤250mm；人工夯实≤200mm；当基土下非湿陷性土层用砂土为填土时，可边浇水边压（夯）实，每层虚铺厚度≤200mm。

2）灰土垫层构造和施工。

① 工艺流程

备料→拌料→铺设夯实。

② 施工方法

a. 根据设计要求，进行熟化石灰与黏土的备料，放在不受地下水浸湿的基土上即可。

b. 采用灰土垫层时，垫层厚度≥100mm，拌和料的体积比宜为3∶7（熟化石灰∶黏土），每层虚铺厚度宜为150~250mm。若采用粉煤灰或电石渣代替熟化石灰作垫层时，其粒径≤5mm。

c. 对灰土进行铺设，应分层边铺边夯，不得隔日夯实，亦不得受雨淋。夯实后表面要平整，经晾干后方可进行下道工序。

3）砂垫层和砂石垫层构造和施工。

① 工艺流程

备料→拌料→铺设压（夯）实。

② 施工方法

a. 根据设计要求进行备料，砂或砂石中不得含有草根等有机杂质。砂宜选用坚硬的中砂或中粗砂。

b. 对砂石进行拌料，以防摊铺不均匀，不得有粗细颗粒分离现象，压前应洒水使砂石表面保持湿润。

c. 采用砂垫层时厚度一般不小于60mm，砂石垫层厚度要求不宜小于100mm，石子的最大粒径不得大于垫层的2/3。采用机械碾压或人工夯实时，均不小于3遍，并压（夯）至不松动为止。

4）水泥混凝土垫层构造和施工。采用水泥混凝土垫层时，垫层厚度不小于60mm；其强度等级不小于C10。浇筑时应结合变形缝位置、不同材料的建筑地面连接处和设备基础的位置进行，并按设计要求，施工埋设锚栓或木砖等所要求预留的孔洞。

5）找平层的构造和施工。

① 工艺流程

备料→清理面层→铺设找平层。

② 施工方法

a. 根据要求进行备料，一般找平层采用水泥砂浆、水泥混凝土和沥青混凝土等几种物料铺设，具体条件应符合同类面层的要求。

b. 在铺设找平层前，应将下一层表面清理干净。当找平层下有松散填充料时应铺平夯实。下一层为水泥混凝土垫层时，应将其湿润。当表面光滑时，应划（凿）毛，铺设时先刷一遍水泥浆，其水灰比宜为1：5～1：4，并边刷边铺。

c. 根据垫层要求，铺设找平层，保持表面平整，并做好养护工作。

③ 注意事项

a. 水泥砂浆体积比不宜小于1：3；水泥混凝土强度等级不应小于C15。

b. 在预制钢筋混凝土板上铺设找平层前，应进行板缝填嵌施工，要求板缝内清理干净，保持湿润。填缝采用细石混凝土，其强度等级不应小于C20，其嵌缝高度应小于板面10～20mm，表面不宜压光。

c. 在预制钢筋混凝土板上铺设找平层时，其板端间应按设计要求采取防裂构造措施。

d. 在有防水要求的地面或楼面上铺设找平层时，应对立管、套管、地漏与地面（楼面）节点之间进行密封处理，并在管的四周留出3条8～10mm的沟槽，采用防水卷材或防水涂料裹住管口和地漏。

6）隔离层和填充层的构造和施工。

① 工艺流程

表面清理→放线定标高→铺设→检测。

② 施工工艺

a. 检查所用的材料是否符合现行的产品标准的规定，并应经国家法定的检测单位检测。

b. 铺设隔离层和填充层时其下一层的表面应平整、洁净和干燥，并不得有空鼓、裂缝和起砂现象。

c. 根据设计要求放线定标高，控制铺设层厚度和区域。

d. 当采用松散材料做填充层时，应分层铺平拍实；当采用板状和块状材料做填充层时，应分层错缝铺设，每层应选用同一厚度的板、块料。

e. 当采用沥青胶结料粘贴板、块状填充层材料时，应边刷、边贴、边压实，防止板、块材料翘曲。

f. 厕浴间和有防水要求的建筑地面应铺设隔离层，其楼面结构层应用现浇水泥混凝土或整块预制钢筋混凝土板，其混凝土强度等级不应小于C20。

g. 防水隔离层铺设完后，应进行蓄水检查。蓄水深度宜为20～30mm。24小时内无渗漏为合格，并做好记录。

③ 注意事项

a. 当隔离层采用水泥砂浆或水泥混凝土找平层作为地面与楼面防水时，应在水泥砂浆或水泥混凝土中掺防水剂。

b. 涂刷沥青胶结料的温度不应低于160℃并应随即将预热的绿豆砂均匀撒入沥青胶结料

内，压入1～1.5mm，绿豆砂的粒径宜为2.5～5mm，预热温度宜为50～60℃。

c. 防水卷材铺设应粘实、平整，不得有皱折、起鼓、翘边和封口不严等缺陷，被挤出的沥青胶结料应及时刮去。

7）室内石材地面铺贴，如图3-50、图3-51所示。

图3-50 室内石材地面铺设效果

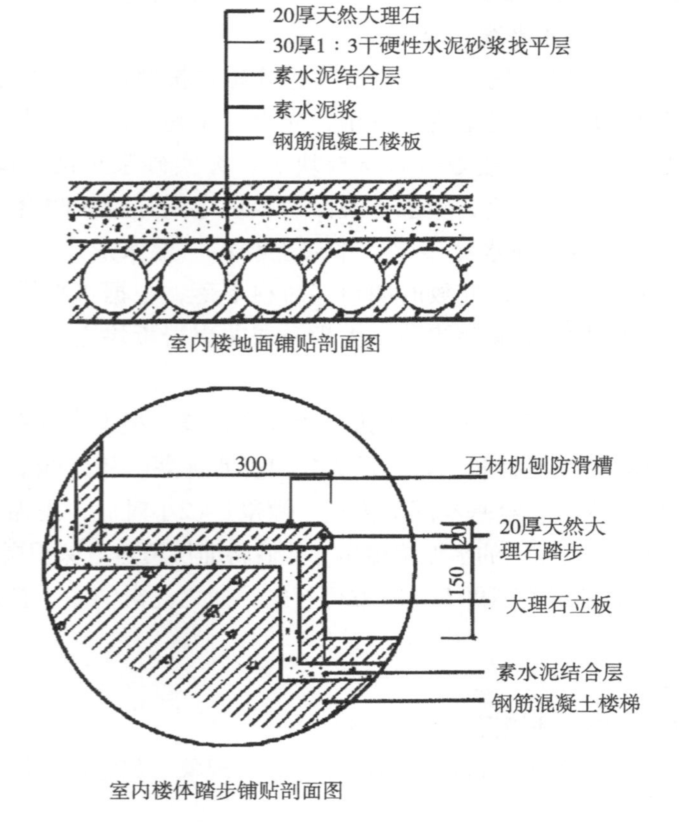

图3-51 室内楼地面铺贴施工图

① 工艺流程

基层处理→弹线→试拼、编号→涂刷水泥砂浆→铺水泥砂浆结合层镶铺石材板块→灌浆、擦缝→打蜡。

② 施工方法

a. 基层处理。用钢丝刷刷掉黏结在垫层上的砂浆并清扫地面垫层上的杂物。

b. 弹线。依据墙面+0.5m水平控制线，找出面层标高在墙上弹好水平线，在房间的主要部位弹垂直和水平尺寸控制线，用以检查和控制大理石（或花岗岩）板块的位置，线可以弹在混凝土垫层上，贯穿墙面。注意控制整体楼道层面标高的一致性。

c. 试拼、编号。正式铺设前，对每一个房间的大理石（或花岗岩）板块的图案、颜色和纹理进行试拼，并按两个方向编号排列，然后按编号码放整齐。在房间内的两个相互垂直的方向，铺两条厚度≥3cm、宽度大于板块的干砂带，用于试排。根据试拼石板的编号及施工大样图，结合房间实际尺寸，把大理石（或花岗岩）板块排好，检查板块之间的缝隙，核对板块与墙面、柱和洞口等部位的相对位置。

d. 涂刷水泥砂浆。在铺砂浆之前再次将混凝土垫层清扫干净（包括试排用的石材板块及干砂），然后用喷壶洒水湿润，刷一层水灰比为0.5左右的素水泥浆边刷边铺。

e. 铺水泥砂浆结合层。根据水平线，定出地面找平层厚度，拉十字控制线，从室内向门口处摊铺找平层水泥砂浆，铺好后用大杠刮平，用抹子拍实找平。找平层厚度宜高出大理石（或花岗岩）底面标高水平线3～4mm。

f. 镶铺石材板块。一般先从远离门口的一边开始，按照试拼编号依次铺砌，逐步铺砌至门口。铺前应将板块预先浸湿阴干备用，先进行试铺，对好纵横缝，用橡皮锤敲击木垫（不得用橡皮锤或木槌直接敲击石材板块），夯实砂浆至铺设高度后，将大理石（或花岗岩）掀起移至一旁，检查砂浆上表面与板块之间是否相吻合，如发现有空虚之处，应用砂浆填满。铺前先在水泥砂浆找平层上浇满一层水灰比为0.5的素水泥浆结合层，再铺大理石（或花岗岩），安放时四角同时往下落，根据水平线用铁水平尺找平，铺完第一块向两侧和后退方向顺序镶贴。大理石或花岗岩板块之间，接缝要严，一般不留缝隙。

g. 灌浆和擦缝。在铺砌后1～2个昼夜进行灌浆和擦缝。根据大理石（或花岗岩）的颜色，选择同色矿物颜料和水泥拌和均匀，调成1：1稀水泥浆，用浆壶灌浆，用长把刮板将流出的水泥浆刮向缝隙内，直至基本灌满为止。灌浆1～2小时后，用棉丝团蘸原稀水泥擦缝，与板面擦平，同时将板面上的水泥浆擦净，然后将面层覆盖上保护层。

h. 打蜡。当各个工序完工不再上人时方可打蜡，使之光滑洁净。打蜡方法同水磨石地面。

③ 施工注意事项

a. 冬季施工原料和操作环境温度不低于5℃。

b. 不得使用有冻块的砂子，板块表面不得有结冰现象，如室内无取暖和保温措施不得施工。

8）室外石材地面铺贴，如图3-52～图3-55所示。

① 工艺流程

基层处理→试拼→弹线分格→拉线→排砖→刷水泥素砂浆→铺水泥砂浆结合层→铺砌板块→灌浆、擦缝→养护。

② 施工方法

a. 基层处理。将基层处理干净，剔除砂浆落地灰，提前一天用清水冲洗干净，并保持湿润。

b. 试拼。正式铺设前，应按图案、颜色和纹理进行试拼，试拼后按编号排列，堆放整齐。碎拼面层可按设计图形或要求先对板材边角进行切割加工，保证拼缝符合设计要求。

图3-52 室外石材地面铺贴效果

图3-53 室外石材台阶效果

c. 弹线分格。为了检查和控制板块位置，在垫层上弹上十字控制线（适用于矩形铺装）或定出圆心点，并分格弹线，碎拼不用弹线。

d. 拉线。根据垫层上弹好的十字控制线用细尼龙线拉好铺装面层十字控制线或根据圆心拉好半径控制线，根据设计标高拉好水平控制线。

e. 排砖。根据大样图进行横竖排砖，以保证砖缝均匀符合设计图纸要求，如设计无要求时，缝宽不得大于1mm，非整砖行应排在次要部位，但应注意对称。

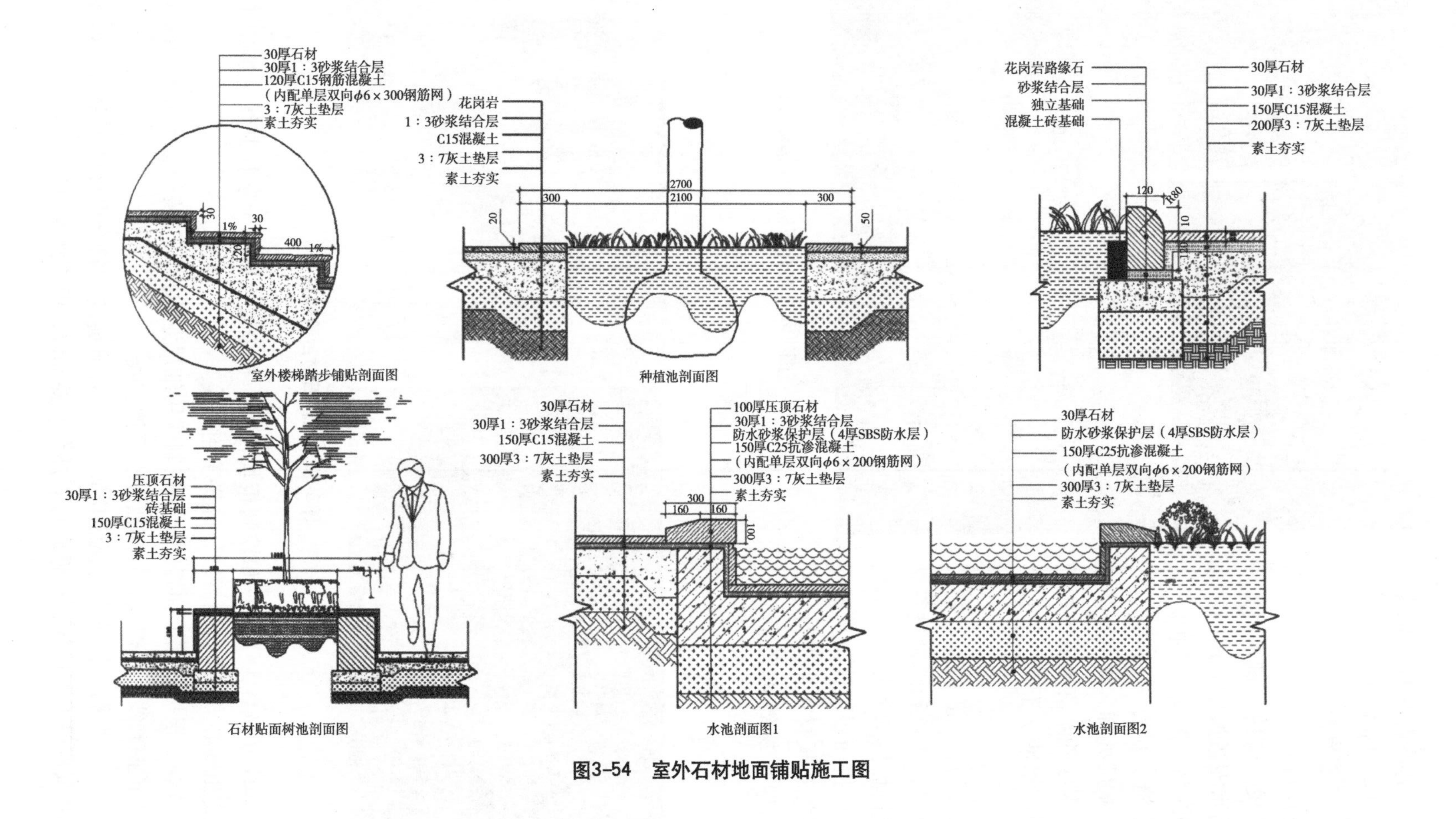

图3-54　室外石材地面铺贴施工图

图3-55 石材饰面树池效果

f. 刷水泥素浆及铺水泥砂浆结合层。将基层清洗干净，用喷壶洒水湿润，刷一层素水泥浆（水灰比为0.4～0.5，但面积不要刷得过大，应边铺砂浆边刷）。再铺设干硬性水泥砂浆结合层（砂浆比例符合设计要求，干硬程度以手捏成团，落地即散为宜，面洒素水泥浆），厚度控制在放上板块时，宜高出面层水平线3～4mm。铺好用大杠压平，再用抹子拍实找平。

g. 铺砌板块。板块应先用水浸湿，待擦干表面晾干后方可铺设。根据十字控制线，纵横各铺一行，作为大面积铺砌表筋用，依据编号图案及试排时的缝隙，在十字控制线交点开始铺砌，向两侧或后退方向顺序铺砌。铺砌时，先试铺，即搬起板块对好控制线，铺落在已铺好的干硬性砂浆结合层上，用橡皮锤敲击垫板，振实砂浆至铺设高度后，将板块掀起检查砂浆表面与板块之间是否相吻合。如有空虚处，应用砂浆填补。安放时，四周同时着落，再用橡皮锤用力敲至平整。

h. 灌浆和擦缝。在板块铺砌后1～2天后经检查石板块表面无断裂、空鼓后，进行灌浆、擦缝，根据设计要求采用清水拼缝（无设计要求的可采用板块颜色选择相同颜色矿物拌和均匀，调成1∶1稀水泥浆）用浆壶徐徐灌入板块缝隙中，并用刮板将流出的水泥浆刮向缝隙内，灌满为止。1～2小时后，用棉纱团沿稀水泥浆擦缝，同时将板面擦净。

i. 养护。铺好板块两天内禁止行人和堆放物品，擦缝完后面层加以覆盖，养护时间应不少于7天。

3.7.2 常见施工缺陷及预防

1. 接缝不平、色差大、版面纹理不顺

（1）缺陷原因

1）饰面板翘曲不平，角度不正。

2）安装时，无固定措施或因钢丝绑扎不牢使灌浆走偏。

3）未用靠尺检查调平。

4）大理石（或花岗岩）板等未试拼、编号和选配颜色。

（2）预防措施

1）安装前应对每块石材作套方检查，并将缺棱缺角和翘曲板材剔出。

2）铜丝绑扎牢固后，依施工工艺制作石膏水泥饼或夹具固定后灌浆。

3）每道工序都用靠尺检查调整，使表面平整。

4）正式施工前必须预拼，使板与板之间纹理结晶通顺、颜色协调，并编号备用。

2．板材开裂

（1）缺陷原因

1）板材有色纹、暗缝和隐伤等缺陷，受开槽与凿洞等外力影响，引起开裂。

2）结构沉降或地基不扎实引起下沉。

3）灌浆不严，气体侵蚀或潮气透入板缝，使挂网锈蚀造成外陷塌落。

（2）预防措施

1）选料时应剔除有色纹、暗缝和隐伤等缺陷的板材。

2）镶贴块料应待结构沉降稳定后进行。在顶部或底部安装块料时，应留出一定缝隙，以防结构压缩变形，导致破坏开裂。

3）应使块材接缝缝隙不大于0.5～1mm，灌浆应饱满，嵌缝应严密，避免腐蚀性气体侵入锈蚀挂网，损坏板面。

3．空鼓、脱落

（1）缺陷原因

1）结合层修浆不饱满。

2）安装饰面板时灌浆不严实。

（2）预防措施

1）结合层水泥砂浆应厚薄均匀、满抹满刮。

2）为提高砂浆的胶结性，可在水泥砂浆中掺入水泥重量5%的107胶。

3）应分层灌浆，插捣密实。结合部位应留出50mm不灌浆，使上下板结合紧密。

4．板面碰损、污染

（1）缺陷原因

1）运输中搬运不当。

2）包装和施工中受污染。

3）贴面后未加保护。

（2）预防措施

1）石材移动时应直立搬运和堆放，避免一角着地损坏棱角。大尺寸块料应平运。

2）浅色石材应避免板面被包裹后湿绳造成污染，施工中板面应用塑料膜遮盖。如粘土和砂浆，应及时抹净。

3）贴面完成后，对所有的阳角部位用2m高的木板进行保护。

第4章 木材装饰材料及施工工艺

木材自古以来便是一种重要的建筑材料，如建筑物的屋架、梁柱、门窗、地板和家具等，都需要大量的木材。许多经典的木结构古建筑和木制品等历经千百年不朽，依然能显现当年的雄姿，如图4-1、4-2所示。

图4-1　山西朔州应县木塔

图4-2　实木结构小屋

时至今日，木材由于其独特的性质和用途，仍被广泛应用于室内外装饰，并为我们创造了一个个自然美的生活空间，现实生活中常见的木材装饰品的应用如图4-3所示。

图4-3　仿古木材装饰效果

4.1 实木板材

4.1.1 木材的基础

作为建筑装饰材料，木材具有质轻、易加工、弹性和韧性高、耐冲击与振动性高等优良性能，其热容量大、导热性能低、保温性能好；纹理美观且装饰性强，给人以淳朴亲切感，但木材内部纹理结构不均匀，导致各向异性；它对电、热的传导性能差，且易随周围环境湿度变化而改变其含水量，引起木材膨胀或收缩；易腐朽和遭虫蛀；易燃烧；天然瑕疵较多等缺点。

1．木材的构造

木材属于天然建筑材料，由于树种和生长环境的不同，各种木材的构造特征有显著差别。木材的性质与其构造有关，木材的构造决定着木材的实用性和装饰性。因针叶树和阔叶树的构造不完全相同，所以它们的性质有很大差异。可以从宏观和微观两个方面进行木材的构造研究。

（1）木材的宏观构造

用肉眼所能看到的木材组织称为木材的宏观构造或粗视构造。它包括生长轮或年轮、边材和心材、早材和晚材（春材和夏材）、髓心和髓线等，如图4-4所示。这些也可以作为识别时的辅助依据。

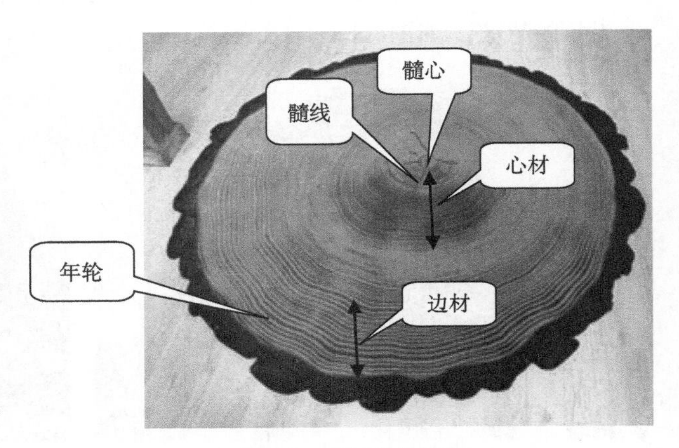

图4-4　木材的构造

为便于了解木材的构造，将木材横切（垂直于树轴的切面）。从宏观上看，树木可分为树皮、木质部和髓心三个部分，其中木质部是建筑材料使用的主要部分。在实际使用过程中，木材分料方式除依据所需木料尺寸外，木材结构也是一个很重要的依据。

许多树种的木质部接近树干中心颜色较深的部分，水分较少，称为心材；靠近横切面外部颜色较浅的部分，水分较多，称为边材。在树木横切面上深浅相同的同心环，称为年轮。年轮由春材（早材）和夏材（晚材）两部分组成。春材颜色较浅，组织疏松，材质较软；夏材颜色较深，组织致密，材质较硬。相同的树种，夏材所占比例越多，木材的强度越高，年轮密而均匀，木材质量就越好。

树干中心的部分称为髓心，髓心的质地松软、强度低、易腐朽且易开裂。对材质要求高的用材不得带有髓心。从髓心向外的呈放射状横穿过年轮的辐射线，称为髓线，髓线与周围的连接较差，木材干燥时易沿髓线开裂，如图4-5所示。

图4-5　木材的切割方式

（2）木材的微观构造

木材的微观构造，是指用显微镜所能观察到的木材组织。在

显微镜下，可以看到木材是由无数管状细胞结合而成的，绝大多数为纵向排列，少数为横向排列，每个细胞都有细胞壁和细胞腔两个部分。细胞壁由若干层纤维组成，细胞之间纵向连接比横向连接牢固，造成细胞纵向强度高，横向强度低，纤维之间有微小的空隙能渗透和吸附水分。木材的细胞壁越厚，其空隙越小，木材越密实，表观密度和强度也越大，同时胀缩性也越大。

树种不同，木材的微观构造也不相同。针叶树木材的结构较为简单而且规则，主要由管胞、髓线和树脂道等组成，且髓线很小，也不明显；而阔叶树木材的结构较为复杂，主要由导管、木纤维及髓线等组成，其髓线很发达，粗大而且明显。因此，导管和髓线等微观结构，是鉴别针叶树种和阔叶树种的主要标志。

2．木材的分类

（1）按树木种类分类

木材的树种很多，按树叶形状的不同，可分为针叶树和阔叶树两大类。

1）针叶树多为常绿树，树叶细长如针，树干通直高大，纹理平顺，木质均匀且较软，易于加工，故又称“软木材”。针叶树木强度较高，胀缩形变较小，含树脂多，耐腐蚀性较强。针叶木材广泛用于各种构件、装修和装饰部件，常用的树种有红松、云杉、冷杉和柏木等，如图4-6～图4-8所示。

图4-6　红松

图4-7　云杉

图4-8　冷杉

2）阔叶树大多为落叶树，树叶宽大，叶脉成网状，树干通直部分一般较短。大部分树种体积密度大，质地较坚硬，难加工，故又称“硬木材”。这种木材胀缩和翘曲变形大，易开裂。建筑上常用于尺寸较小的构件，一些硬木经加工后出现美丽的纹理，适用于室内装修制作家具和胶合板等。常用的阔叶树树种有樟树、榉树、水曲柳、榆树以及少数质地稍软的桦树和椴树等，如图4-9～图4-12所示。

（2）按加工程度和用途分类

为了合理利用木材，按加工程度和用途的不同，木材可以分为原条、原木、板材和方

图4-9　樟树

图4-10　榆树

图4-11　白桦

图4-12　榉树

材等，如图4-13～图4-15所示。

1）原条指生长的树木被伐倒后，经修枝（除去皮、根、树梢）没有加工造材的木料。

2）原木是指只经过修枝、剥皮，并截成规定长度的木材。

3）板方材是指按一定尺寸锯解、加工成的板材和方材。截面宽度为厚度的3倍或3倍以上的称为板材；截面宽度不足厚度3倍的，称为方材。

图4-13　原木

3．树木的识别

树种不同，其木材的色泽、纹理和气味都不尽相同，这体现了其宏观构造的特征；而其微观构造如髓线、树脂道和管孔分布等也不一样。人们识别木材，主要是从宏观方面如表皮、纹理、切面、重量、气味、颜色和构造等来区别的。如马尾松有树脂道，樟木具有独特的气味，作为环境景观和室内设计专业人员，识别木材树种是一种必要的技能。以下是常用木材的性质。

图4-14　方材

图4-15　板材

（1）银杏（公孙树、鸭脚树、白果树）。年轮较明显，纹理直而均匀，材质轻，容易干燥，不易翘曲，不耐久，容易加工，表面光滑。

（2）落叶松（兴安落叶松、意气松）。木材有松脂气味，纹理直但不均匀。结构粗糙，年轮较明显。材质重且硬，不易干燥，容易开裂。耐水耐腐蚀，不易加工。

（3）红松（果松、海松、东北松）。纹理直而且均匀，有明显的松脂气味。材质较柔软，容易干燥，干缩比较小，不易变形，耐水耐腐蚀。

（4）杉木（杉树、江木、杉条）。纹理直，结构有粗有细，有杉木的香气。年轮明显，木材轻软，耐久易加工。油漆性差。

（5）白松（鱼鳞松、鱼鳞云杉）。有松脂气味，木材轻软，有弹性，易于干燥，有轻微开裂和翘曲。耐久性尚好，加工容易。

（6）水曲柳（水木秋、曲柳）。纹理直，花纹美，结构粗糙。年轮明显，木材重，较硬，不易干燥，坚韧性好，抗弯性能佳。

4.1.2　木材的性质

木材的物理力学性质，是科学利用木材的重要技术参数，主要包括含水率、湿胀干缩性、表观密度和强度等。

1．含水率

（1）含水率及木材中水的存在状态

木材含水率，是指木材中水的重量占烘干木材的百分比。木材中的水分可分为3部分：存在于木材细胞壁内纤维之间的水分，称为吸附水；存在于细胞腔和细胞间隙之间的，称为自由水（游离水）；木材中的化合水，称为结合水，在木材中含量极少。

木材的含水率受很多因素的影响，如树种、采伐时间及保存方式等。树种不同，含水率也不同，一般含水率约在40%～60%，多的可达200%以上。一般来说，边材含水率高于心材含水率；而且含水率在树干呈垂直分布，一般梢端含水较多。

（2）按含水率分类

根据含水率不同，木材分为生材、湿材、气干材、炉干材和绝干材。

1）生材。刚伐倒的木材，一般含水率为70%～140%。

2）湿材。长期处于水中的木材，含水率一般都很高，高过了生材，通常超过100%。

3）气干材。放置于大气中的生材或者湿材，水分逐渐蒸发，最后同大气湿度达到平衡，此种木材，称为气干材。它的含水率在12%～18%之间，平均约为15%。

4）炉干材。经人工干燥处理（一般用蒸汽、真空、太阳能、微波进行干燥）后的木材，含水率为4%～12%，是装饰时使用最多的木材。

5）绝干材。在100～105℃的温度下干燥而成的木材，含水率最低，接近于零，多用于试验。

（3）平衡含水率及纤维饱和点

1）平衡含水率。木材在大气中能吸收或蒸发水分，与周围空气的相对湿度和温度相适应而达到恒定的含水率。如果木材的含水率小于平衡含水率，就会发生吸湿作用；大于平衡含水率，就会发生蒸发作用。木材平衡含水率随树种、地区、季节及气候等因素而变化，在10%～18%之间。北方地区约为12%，南方地区约为18%，长江流域则约为15%。含水率是木材进行干燥时的重要指标，直接影响着木材的物理力学性质。因此，要采取适当的措施阻止木材的吸湿。

2）纤维饱和点。木材在大气中蒸发水分时，首先蒸发的是自由水，当吸附水达到饱和而尚无自由水时的含水率称为纤维饱和点。木材的纤维饱和点因树种不同而有所差异，在25%～35%之间，平均为30%。纤维饱和点是指木材物理力学性质发生变化的点，即影响强度和胀缩性能的临界点。当含水率大于纤维饱和点时，水分的变化对细胞壁没有影响，在这种情况下，含水率只对木材的质量有影响，对木材性质的影响很小，木材的强度不变，而导电性也为常量。

当含水率自纤维饱和点开始降低时，木材的含水量降低，此时细胞壁发生变化，木材的物理力学性质随之变化，随着含水率的降低，木材的强度增加，木材发生收缩，导电性也随之减弱。

2．收缩和膨胀

木材具有显著的湿胀干缩性。当木材从潮湿状态干燥至纤维饱和点时，其尺寸并不发生改变；继续干燥，当干燥至纤维饱和点以下时，细胞壁中的吸附水开始蒸发，木材发生收缩。反之，当木材的含水率在纤维饱和点以下时，如果细胞壁吸收空气中的水分，随着含水率的增加，木材体积产生膨胀，直到含水率达到纤维饱和点为止。此后木材含水率即使增长，体积也不会再膨胀。

木材的湿胀干缩对木材的使用有严重影响，干缩会使木材产生裂缝或翘曲变形以至引起木结构的结合松弛，装修部件破坏等现象；湿胀则会造成凸起。因此，木材在使用前应进行干燥处理，将其干燥至平衡含水率，使其含水率与使用时所处环境的湿度相适应。理论上，湿胀率和干缩率相等，但实际干缩率大于湿胀率。

由于木材本身构造的不均匀性，木材不同方向的干缩湿胀变形程度也明显不同。同一木材中，纵向即纤维方向的干缩率最小，为0.1%～0.35%，其次为径向干缩率，为3%～6%，弦向干缩率最大，为6%～12%。

3．密度

密度指天然木材单位体积的质量，一般用g/cm^3表示。木材的密度与木材的孔隙率、

含水率和树种等有关。孔隙率小，则密度大；反之，则密度小。木材的含水率大，则密度大；反之，则密度小。树种不同，其密度也不同。根据木材的密度，可以将其分为轻、中、重三种材质。

一般来说，密度低于0.4g/cm³者为轻木材，高于0.8g/cm³者为重木材，密度在0.4～0.8g/cm³之间的为中等材。常用的木材中，密度较大的为0.98g/cm³，较小的为0.28g/cm³。例如，台湾地区的二色轻木是最轻的木材，密度仅为0.186g/cm³；广西的舰木是最重的木材，密度为1.128g/cm³。但即使是同一树种，因产地、生长条件和树龄的不同，木材的密度也会随之不同。家具用材一般要求密度适中，而雕刻工艺用材则要求密度要大。

木材的质量还可以用相对密度来表示。相对密度是指木材的质量与同体积的4℃的水的质量之比，不同树种木材的相对密度几乎是相等的，为1.49～1.57g/cm³，平均为1.54g/cm³。

4．强度

建筑装饰工程中所用的木材强度，主要有抗压强度、抗拉强度、抗弯强度和抗剪强度，并且有顺纹强度与横纹强度之分。作用力方向与纤维方向平行时，称为顺纹强度；作用力方向与纤维方向垂直时，称为横纹强度。每一种强度在不同的纹理方向上均不相同，木材的顺纹强度与横纹强度差别很大。建筑上常用树种的主要物理力学性质见表4-1。

表4-1 常用树种的主要物理力学性质

类别	树种名称	产地	气干容量/（g/cm³）	干缩系数		顺纹抗压强度/MPa	顺纹抗拉强度/MPa	抗弯强度/MPa	顺纹抗剪强度/MPa	
				径向	弦向				径面	弦面
针叶树	杉木	湖南	0.371	0.123	0.277	38.8	77.2	63.8	4.2	4.9
		四川	0.416	0.136	0.286	39.1	93.5	68.4	5.0	5.9
	红松	东北	0.440	0.122	0.321	32.8	98.1	65.3	6.3	6.9
	马尾松	安徽	0.533	0.140	0.270	41.9	99.0	80.7	7.3	7.1
	落叶松	东北	0.641	0.168	0.398	55.7	129.9	109.4	8.5	6.8
	鱼鳞云杉	东北	0.451	0.171	0.349	42.4	100.9	75.1	6.2	6.5
	冷杉	四川	0.433	0.174	0.341	38.8	97.3	70.0	5.0	5.5
阔叶树	柞栎	东北	0.766	0.190	0.316	55.6	155.4	124.0	11.8	12.9
	麻栎	安徽	0.930	0.210	0.389	52.1	—	128.6	15.9	18.0
	水曲柳	东北	0.686	0.197	0.353	52.5	138.1	118.6	11.3	10.5
	榆树	浙江	0.818	—	—	49.1	149.4	103.8	16.4	18.4

注：表内数据摘自《中国主要树种的木材物理力学性质》，中国林业科学研究院木材工业研究所主编，1982。

木材有很好的力学性质，但木材是有机各向异性材料，顺纹方向与横纹方向的力学性质有很大差别。在理论上，木材的顺纹抗拉强度最大，顺纹抗弯强度和顺纹抗压强度次之，横纹抗拉强度最小。但实际上顺纹抗压强度最高。这是因为木材在自然生长期间受到不利环境因素的影响，产生木节、斜纹、夹皮、虫蛀和腐朽等缺陷，从而很大程度上影响了抗拉强度，使得抗拉强度反而低于抗压强度。木材强度还因树种而异，在实际应用中，应根据木材的生长及相关特征，合理安排布局，充分利用其强度。当木材的顺纹抗压强度为1时，理论上木材各种强度的关系详见表4-2。

另外，木材的强度除了与木材的构造与受力方向有关外，还受含水率、荷载持续时间

表4-2 木材各种强度关系

抗压		抗拉		抗弯	抗剪	
顺纹	横纹	顺纹	横纹		顺纹	横纹
1	1/10~1/3	2~3	1/20~1/3	3/2~2	1/7~1/3	1/2~1

及木材的缺陷等因素影响。当木材在纤维饱和点以上时，含水率发生变化，但木材的强度不变。当木材在纤维饱和点之下时，随着含水率降低，细胞内的吸附水减少，细胞壁趋于紧密，木材的强度就增大；反之，强度就减小。

木材的含水率对各种强度的影响程度也不一样，对抗拉强度影响最小，对顺纹抗剪强度影响次之，对顺纹抗压和抗弯强度的影响最大。木材在长期荷载下不至于引起破坏的最大强度，称为木材的持久强度。木材的持久强度是木结构设计的重要标准和计算依据。它要比木材的极限强度小得多，一般约为极限强度的50%~60%。木材受热后，纤维中的胶结物质处于软化状态，因此强度下降。如环境温度长期超过50 ℃时，不宜采用木结构。

4.1.3 常见的木质装饰制品及选材

木质装饰制品是指利用各种天然木材及人造板材进行艺术创造，并经过加工成为建筑装饰中常用的且具有一定规格的成品或半成品。木质特有的质感、光泽、色彩和纹理等特质是其他材料无法比拟的，特别是木制品还具有天然的芳香和调节空气湿度、吸声调光的功能。因此，木质装饰制品在建筑装饰领域中始终保持着重要的地位，历来被广泛应用于室内、外装饰中。

目前，应用较多的木质装饰制品包括木地板、防腐木、木装饰线条、薄木饰面板、装饰木门、木花格、竹质装饰品和藤质装饰品等。

1. 木地板

木地板是由软木材料（如松、杉等）或硬木材料（如水曲柳、柞木、榆木、樱桃木及柚木等）经加工处理而成的木板面层。木地板是高级的室内地面装饰材料，具有自重轻、弹性好、脚感舒适、导热性小和冬暖夏凉等特点。木地板从原始的实木地板发展至今，已由单一的实木地板衍生为众多的木地板品种。

目前，常用的木地板主要有实木地板、复合木地板、软木地板和竹地板。

（1）实木地板

实木地板取自天然原木心材及部分边材，不作任何黏结处理，通过锯切、刨光等机械加工成型，再经过干燥、防腐、防蛀、阻燃和涂装等工艺处理而成，如图4-16所示。按成品

图4-16 实木地板在室内装饰的应用

材质的等级分类，可分为特级、A级和B级。

特级：全用心材，纹理一致，色泽相近，无任何瑕疵，大小规格一致。

A级：全用心材，纹理、色泽和大小规格基本一致。

B级：略用边材。

1）条木地板。它是室内装饰中使用最普遍的木质地板。它通常采用直径较大的优良树种，如松木、杉木、水曲柳、樱桃木、柞木、柚木、桦木及榉木等。条木地板有双层和单层两种。双层板下层为毛板，面层为硬木板；单层板的板材一般为软木材料。条木地板的宽度一般不大于120mm，厚度不大于25mm。按照地板铺设要求，条木地板接缝可做成平头、企口或错口。企口实木地板应用最为普遍，一般规格有：长450mm、600mm、800mm、900mm，宽60mm、80mm、90mm、100mm，厚18mm、20mm，如图4-17所示。

图4-17　企口条木地板

2）拼花木地板。它是采用阔叶树种的硬木材，经干燥处理并加工成一定几何尺寸的小木条，可拼成一定图案的地板材料。拼花木地板风靡于17世纪欧洲的宫殿、城堡、议会大厦和修道院等处。早期的拼花木地板颜色丰富，图案精美，制作工艺复杂。而现在普遍使用的拼花木地板是通过小木条不同方向的组合，拼出多种图案花纹，常见的有正芦席纹、斜芦席纹、人字纹和清水砖墙纹等。拼接时，应根据个人喜好和室内面积的大小决定地面的图案和花纹，以达到最佳的装饰效果，如图4-18、图4-19所示。

图4-18　传统拼花木地板

图4-19　现代拼花木地板

3）实木马赛克。选用天然木材为原料，以马赛克的形式展示木材独特的质感。实木马赛克是新型的装饰材料，由于其价格昂贵，还未得到广泛的应用，如图4-20所示。

图4-20　实木马赛克

（2）复合木地板

随着木材出口国环保意识的加强和对木材出口的控制，木材资源的开采受到一定程度的限制，因此，复合木地板作为节约天然资源的良好途径得到广泛地开发和应用。复合木地板分为实木复合地板和强化复合地板两大类，如图4-21所示。

图4-21　复合木地板在室内装饰的应用

1）实木复合地板。实木复合地板分为三层实木复合地板和多层实木复合地板。

① 三层实木复合地板是由面层、芯层、底层三层实木板相互垂直层压，通过合成树脂胶热压而成，其结构如图4-22所示。

图4-22　三层实木复合地板的结构

面层为耐磨层，厚度为4～7mm，应选择质地坚硬、纹理美观的珍贵树种，如柚木、榉木、橡木、樱桃木和水曲柳等锯切板；芯层厚7～12mm，可采用软质速生木，如松木、杉木和杨木等；底层（防潮层）厚2～4mm，采用速生杨木或中硬杂木悬切单片。由于三层实木复合地板各层纹理相互垂直胶结，减少了木材的膨胀率，因而不易变形和开裂，并保留了实木地板的自然纹路和舒适脚感。三层实木复合地板的常用规格一般为2200mm ×（180～200）mm×（14～15）mm。

②多层实木复合地板是以多层实木胶合板为基材，在基材上覆贴一定厚度的硬木薄片或刨切薄木，通过合成树脂胶热压而成。硬木薄片厚度通常为1.2mm，刨切薄木为0.2～0.8mm，总厚度通常不超过12mm。

2）强化复合木地板。强化复合木地板又称强化木地板或浸渍纸压木地板，由耐磨层、装饰层、芯层和防潮层通过合成树脂胶热压而成。耐磨层是指在强化地板表层上均匀压制的一层三氧化二铝耐磨剂。三氧化二铝的含量和薄膜的厚度决定了耐磨的转数，含量和薄膜厚度越大，转数越高，也就越耐磨。装饰层是三聚氰胺树脂浸渍的木纹图案装饰纸。芯层为高密度纤维板。防潮层为浸渍酚醛树脂的平衡纸。强化木地板的常用规格一般是：宽180mm、200mm，长1200mm、1800mm，厚6mm、7mm、8mm、12mm等。

（3）软木地板

软木最初是葡萄牙人用于制作葡萄酒瓶塞的材料，进行处理后也被用作保温材料，并制作成装饰墙板等用于各个领域，直至应用到今天的装饰地板中。

软木实际上并非木材，其原料是阔叶树种的树皮上采割获得的栓皮。该类栓皮质地柔软、皮厚、纤维细并成片状剥落。软木地板以优质天然软木为原料，经过粉碎、热压而成板材，再通过机械设备加工成地板。软木地板弹性好、耐磨、防滑、脚感舒适，抗静电、阻燃、防潮、隔热性好，其独特的吸音效果和保温性能非常适用于卧室、会议室、图书馆和录音棚等场所，如图4-23所示。

软木地板可分为纯软木地板、软木夹层地板和软木（静音）复合地板三类。

1）纯软木地板是用纯软木制成的，质地纯净，环保性能好。其厚度通常为4～5mm，花色原始粗犷，虽然有数十种，但区分并不十分明显。这种软木地板采用粘贴式安装，即用专用胶直接粘在地板上，对地面平整度要求较高。

2）软木夹层地板由软木表层、软木底层和带有企口的中密度板夹层构成。这种软木地

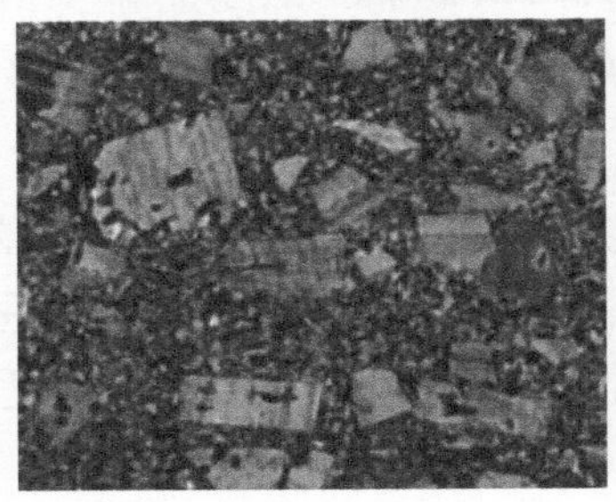
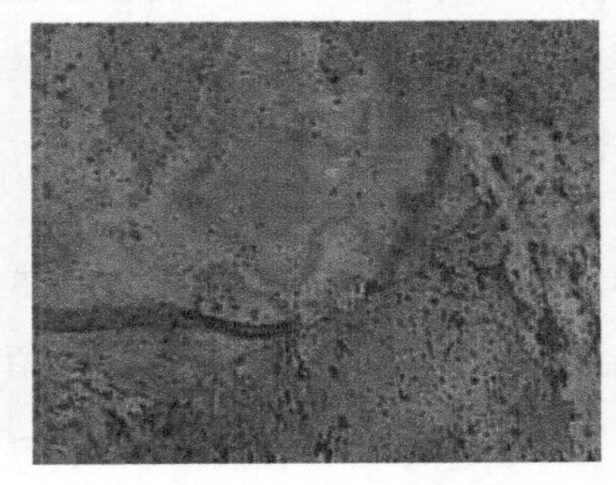

图4-23　软木地板

板的安装方法与强化地板相似，对地面要求也不太高。

3）软木（静音）复合地板是由软木底层与复合地板表层结合而成的。底层的软木可起到降低噪声的作用。

（4）竹地板

竹地板是以天然优质竹子为原料，经过制材、漂白、硫化、脱水、防蛀及防腐等二十几道工序，脱去竹子原浆汁，再经高温、高压，热固胶合而成的。竹地板有竹子的天然纹理，清新文雅，给人以回归自然、高雅脱俗的感觉。

竹地板的硬度高，密度大，质感好，热传导性能、热稳定性能、环保性能和抗变形性能均优于其他木制地板。另外，竹地板冬暖夏凉、防潮防水的特性使其尤为适宜用作热采暖的地板。竹地板与多层实木复合地板一样，易受到空气湿度的影响。优质竹地板应充分考虑北方气候干燥的特点，为避免收缩变形，运往北方销售的竹地板的含水率应控制在10%左右。如图4-24所示。

图4-24　竹地板

竹地板按表面不同可分为径面竹地板（侧压竹地板）和弦面竹地板（平压竹地板）两大类。按竹地板加工处理方式不同又可分为本色

竹地板和炭化竹地板。本色竹地板保持竹子原有的色泽，而炭化竹地板的竹条经过高温高压炭化处理后颜色加深，并且色泽均匀一致。竹地板的常用规格是：长460～2200mm、宽6～15mm、厚9～30mm，也可以根据需求定做。

2．防腐木

防腐木是经过防腐工艺处理的天然木材，经常被运用在建筑与景观环境设施中，体现了现代人亲近自然、绿色环保的理念。根据防腐处理工艺的不同可分为防腐剂处理的防腐木、热处理的炭化木和不经任何处理的红崖柏，如图4-25所示。

（1）经过防腐剂处理的防腐木选用世界各地的优质木材，经过传统的CCA（铬化砷酸铜）或当今环保的ACQ（烷基铜铵化合物）防腐剂对木材进行真空加压浸渍处理。经过此法处理的防腐木材在室外条件下，正常使用的寿命可达到20年甚至30～40年之久。经过防腐处理的木料不会受到真菌、昆虫和微生物的侵蚀，性能稳定、密度高、强度大、握钉力好、纹理清晰，极具装饰效果。而且由于防腐剂与细胞之间具有极强的结合性，能够抑制木料含水率的变化，降低木料变形开裂的程度，如芬兰木，如图4-26所示。

图4-25　防腐木栈道

图4-26　防腐木廊架

（2）炭化木是将天然木材放入一个相对封闭的环境中，对其进行高温（180～230℃）处理，而得到的一种拥有部分炭特性的木材，因而被称之为炭化木。炭化木是将木材的有效营养成分炭化，通过切断腐朽菌生存的营养链来达到防腐的目的。木材在整个被处理的过程中，只与水蒸气和热空气接触，不添加任何化学试剂，保持了木材的天然本质。同时，木材在炭化过程中，内外受热均匀一致，在高温的作用下颜色加深，炭化后效果可与一些热带、亚热带的珍贵木材相比，可以提高整体环境的品位，如图4-27、图4-28所示。

图4-27　炭化木家具

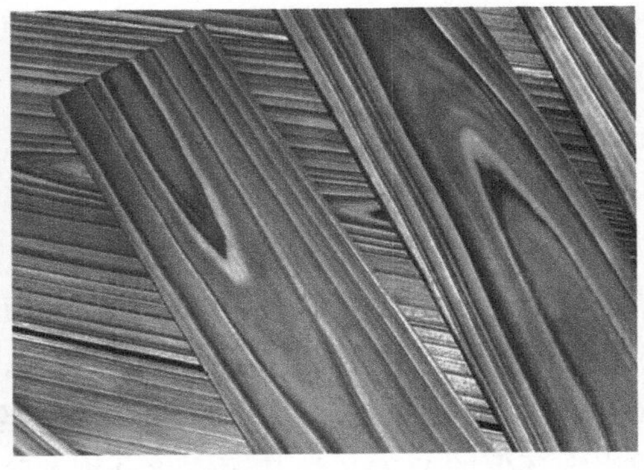

图4-28 炭化木

（3）红崖柏是一种纯天然的加拿大红雪松，未经过任何处理，主要是靠木材内部含有的一种酶，散发特殊的香味来达到防腐的目的。

防腐木适用于建筑外墙、景观小品、亲水平台、凉亭、护栏、花架、屏风、秋千、花坛、栈桥、雨篷、垃圾箱和木梁等的室外装饰。外墙木板常用的厚度为12～20mm，为防止木板太宽导致开裂，宽度一般控制在200mm以下，长度一般控制在5m以下。用于室外地板时，木板的厚度一般为20～40mm。

3．木装饰线条

木装饰线条是选用质硬、木质较细、耐磨、耐腐蚀、不劈裂、切面光滑、加工性良好、油漆上色性好、黏结好以及握钉力强的木材，经过干燥处理后，用机械或手工加工而成。它在室内装饰中起着固定、连接和加强装饰饰面的作用，可作为装饰工程中各平面相接处、分界处、层次处、对接面的衔接口及交接条等的收边封口材料。

木装饰线条按材质不同可分为水曲柳木线、泡桐木线、樟木线、柚木线和胡桃木线等；按功能不同可分为压边线、压角线、墙腰线、收口线和挂镜线等；按断面不同可分为平线条、半圆线条、麻花线条、半圆饰、齿形饰、浮饰、S形饰、十字花饰、梅花饰、雕饰和叶形饰等。木装饰线条主要用作建筑物室内墙面的墙腰饰线、墙面洞口装饰线、护墙板和踢脚的压条装饰线、门套装饰线、天花板装饰角线、栏杆扶手镶边、家具及门窗的镶边等。建筑物室内采用木线条装饰，可增加古朴、高雅的美感，如图4-29所示。

图4-29 木装饰线条

4．薄木饰面板

薄木饰面板是由各种名贵木材经一定的处理或加工后，再经精密刨切或旋切，厚度一般为0.8mm的表面装饰材料，常以胶合板、刨花板和密度板等为基材。它的特点是既具有名贵木材的天然纹理或仿天然纹理，又节省原木资源、降低造价，并且可方便地裁切和拼花。装饰薄木有很好的黏结性质，可以在大多数材料上进行粘贴装饰，是室内装饰中广泛应用的饰面装饰材料。

薄木饰面板按照厚度不同可分为普通薄木或微薄木。微薄木是用色木、桦木或多瘤的树根为原料，经水煮软化后，刨切成0.1～0.5mm厚的薄片，再用先进的粘贴工艺，将其粘贴在坚硬的纸上制成卷材，或粘贴在胶合板基层上，制成微薄木贴面板，以直纹为主，装饰感强。厚度为0.1mm的微薄木俗称实木贴皮或木皮，常用于高级家具表面的制作，如图4-30所示。

图4-30　实木贴皮

薄木饰面板按制造方法不同可分为旋切薄木、半圆旋切薄木和刨切薄木；按花纹不同可分为径向薄木和弦向薄木；按结构形式不同可分为天然薄木、集成薄木和人造薄木。

（1）天然薄木是采用珍贵树种，经过水热处理后刨切或半圆旋切而成，是纯天然材料，未经分离、重组和胶结处理。因此，天然薄木的市场价格一般高于其他两种薄木。

（2）集成薄木是将木材按一定花纹要求先加工成规格几何体，然后将这些需要胶合的几何体表面涂胶，按设计要求组合，胶结成集成木方，再经刨切成集成薄木。集成薄木实际上是一种薄木拼花，对木材的质地有一定要求，制作精细，图案花色繁多，色泽与花纹的变化依赖天然木材，自然真实。一般幅面不大，多用于家具部件和木门等局部的装饰。

（3）人造薄木是使用电脑设计花纹并制作模具，采用普通树种的木材单板经染色、层压和模压后制成木方，再经刨切而成。人造薄木可仿制各种珍贵树种的天然花纹，甚至可以假乱真，也可制作出天然木材没有的花纹图案。

5．木门

木门根据材料不同可分为原木门、实木门、实木复合门、免漆门和模压门等。

（1）原木门是用原木大料制成的，直接采用木头破开的板子，选料考究，价格较高。

（2）实木门是以天然原木做门芯，干燥处理后，再经刨光、开榫、打眼和高速铣形等工序加工而成的。实木门所选用的多是名贵木材，如樱桃木、胡桃木、柚木、红梨木和花梨木等，经加工后的成品门具有不变形、耐腐蚀、无裂纹及隔热保温、吸音良好等特点。

（3）实木复合门的门芯多以松木、杉木或进口填充材料等黏合而成，外贴密度板和实木木皮，经高温热压后制成，并用实木线条封边，如图4-31、图4-32所示。

图4-31　实木门的装饰效果

图4-32　实木门

（4）免漆门和实木复合门较相似，主要是用低档木料做龙骨框架，外用中、低密板表面和免漆PVC贴膜，价格便宜。

（5）模压门是采用人造林的木材，经去皮、切片、筛选、研磨成干纤维，拌入酚醛胶作为黏合剂和石蜡后，在高温高压下一次模压成型。

6．木花格

木花格是用木板和仿木制作成具有若干个分格的木架，这些分格的尺寸或形状一般都各不相同。由于木花格加工制作比较简单，饰件轻巧纤细，加之选用材质木色好、木节少、无虫蛀、无腐朽的硬木或杉木制作，表面纹理清晰，整体造型别致，多用于室内的花窗、隔断和博古架等，能起到调节室内设计风格，改进室内空间功能，提高室内艺术效果的作用，如图4-33所示。

图4-33　木花格在室内、外的应用

7．竹制装饰品

竹材有很高的力学强度，抗拉、抗压和抗弯能力优于木材，韧性好、弹性好、不易折断，但缺乏刚性，易变形。竹材除了制作地板外，在南方常用于家具的制作。由于竹材富有独特的质感和易弯性，可制作出花格和屏风等，如图4-34所示。

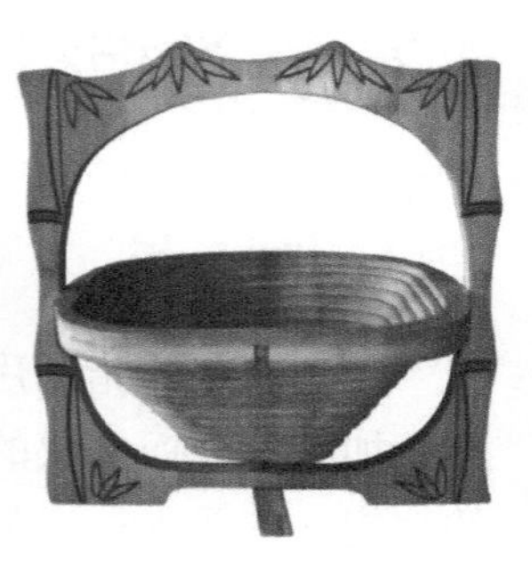

图4-34　竹制家居用品

竹制家具还具备以下几个特性：一是冬暖夏凉，由于竹子的天然特性，其吸湿、吸热性能高于其他木材，炎热的夏季坐在竹制椅子上面，清凉吸汗，冬天则能使人感到温暖；二是有利于环保，竹子3～4年就可成材，且砍伐后还可再生，对于环境恶化和天然林存量甚低的我国来说，不失为一种优质的木材替代材料；三是返璞归真，竹制家具保持了竹子原有的天然纹路，带给人一种质朴、典雅的感觉。竹制家具由于原料充足、价格低廉，再加上精心的设计，在全球木材资源缺乏和环保呼声越来越高的今天，生长周期短、原料充足的竹材，被崇尚环保的人们视为时尚家居的新选择。

8．藤制装饰品

藤是一种密实坚固又轻巧坚韧的天然材料，具有不怕挤压、柔韧有弹性的特点。藤材常被用于制作藤制家具及具有民间风格的室内装饰用品，其特点是淳朴自然、清新爽快，同时又充满了现代气息和时尚韵味，如图4-35、图4-36所示。

图4-35　藤制家具

图4-36　藤制收纳盒

4.2 人造板材

4.2.1 胶合板

人造板材是指利用木材加工过程中剩下的废料，如边皮、碎料、刨花和木屑等，对其进行加工处理而制成的板材。人造板材可以提高木材的利用率，又能达到与天然木材相同的功能。木质人造板材既能保持天然木材的优点，又能克服木材自身的缺点，因此在现代建筑和家居装饰及家具工业中得到了广泛的应用。人造板材主要包括细木工板、胶合板、宝丽板、刨花板、纤维板、澳松板和木丝板等几种，如图4-37所示。

图4-37 各种人造板材

胶合板是用原木旋切成单板薄片，经干燥、涂胶，再用胶黏剂按奇数层数黏结，以各层纤维互相垂直的方向，使纹理纵横交错，胶合热压而成的人造板材。常用的胶合板为三夹板、五夹板、七夹板和九夹板等，胶合板的最高层数为15层，建筑装饰工程常用的是三夹板和五夹板。生产胶合板的木材通常用杨木、马尾松、桦木、水曲柳及部分进口原木，这些材料是我国目前生产胶合板的主要原料，如图4-38所示。

图4-38 胶合板

1. 胶合板的分类

（1）Ⅰ类（NOF）耐气候和耐沸水胶合板，常用A表示。该类胶合板是以酚醛树脂胶或其他性能相当的胶黏剂胶合制成的。该类胶合板具有耐久、耐煮沸或耐蒸汽处理和抗菌等性能，能在室外使用。

（2）Ⅱ类（NS）耐水胶合板，常用B表示。这类胶黏板能在冷水中浸渍。能经受短时间热

水浸渍，并具有抗菌性能，但不耐煮沸。该类胶合板的胶黏剂同上。

（3）Ⅲ类（NC）耐潮胶合板，常用C表示。这类胶黏板能耐短期冷水浸渍，适于室内常态下使用。这类胶合板是以低树脂含量的脲醛树脂胶、血胶或其他性能相当的胶黏剂胶合制成的。

（4）Ⅳ类（BNC）不耐潮胶合板，常用D表示。这类胶合板只能在室内常态下使用，具有一定的胶合强度。这类胶合板是以豆胶或其他性能相当的胶合剂胶合制成的。

胶合板按材质和加工工艺质量不同，可分为特等、一等、二等和三等4个等级。其中一等、二等和三等为普通胶合板的主要等级，同样亦用A、B、C、D表示，故有所谓“三A”板之说。

2．胶合板规格及物理力学性质

胶合板的厚度为2.7mm、3.0mm、3.5mm、4.0mm、5.0mm、5.5mm和6.0mm等。自6.0mm起，厚度按1mm递增。各个胶合板的规格见表4-3，其物理力学性质见表4-4。

表4-3 胶合板的规格

种类	规格/mm	面积/m^2	厚度/mm
柞木板、柳桉木板、核桃楸木板、杨木板、水曲柳木板、柚木板、白元木板、椴木板、桦木板、荷木板、松木板、印尼板	915×915	0.837	2.5、2.7、3.0、3.5、4.0、4.5、5.5、6.0、7.0、9.0、11.0、12.0、15.0
	915×1220	1.116	
	915×1830	1.675	
	915×2135	1.953	
	1220×1830	2.233	
	1220×2135	2.605	
	1220×2440	2.977	
	1525×2440	3.721	

表4-4 胶合板物理力学性质

胶合板树种	单个试件的胶合强度/MPa		含水率（%）	
	Ⅰ、Ⅱ类	Ⅲ、Ⅳ类	Ⅰ、Ⅱ类	Ⅲ、Ⅳ类
椴木、杨木、拟赤杨	≥0.70	≥0.70	6~14	8~16
槭木、榆木、柞木、水曲柳、荷木、枫香	≥0.80			
桦木	≥1.00			
马尾松、云南松、落叶松、云杉	≥0.80			

3．特点及用途

胶合板具有幅面较大、不翘不裂、花纹美丽、表面平整、容易加工、材质均匀、强度较高、收缩性小和装饰性好等优点，适用于建筑室内的墙面装饰，是建筑装饰工程应用量最大的人造板材。设计和施工时采取一定手法可获得线条明朗，凹凸有致的效果。亦可用作家具的旁板、门板和背板等。胶合板表面可油漆成各种类型的漆面，还可以进行涂料的喷涂处理。

4．宝丽板

宝丽板属装饰胶合板的一种，也称为华丽板或者不饱和聚酯树脂装饰胶合板，是以Ⅱ类胶合板为基材，贴以特种花纹装饰纸，再在纸面涂饰一层不饱和聚酯树脂，经加压固化而成。如果不加塑料薄膜保护层则称为富丽板。宝丽板的规格与普通胶合板相同。

图4-39　宝丽板

宝丽板表面硬度中等，耐热耐烫性能优于油漆面，色泽稳定性好、耐污染性高、耐水性较高，易擦洗。板面光亮、平直，色调丰富且有花纹图案，但一般多使用如白色等素色，这种板材多用于室内墙面和墙裙等的装饰以及隔断、家具等，如图4-39所示。

4.2.2　纤维板

纤维板是以植物纤维（木材加工剩余的板皮、刨花和树枝等废料，稻草，麦秸，玉米秆，竹材等）为主要原料，经破碎浸泡、研磨成木浆，加入一定的胶料，再经过热压成型和干燥等工序制成的一种人造板材。按照生产过程中浆料含水率的不同，纤维板的生产方式分为湿法、半干法和干法三种。纤维板的材质和强度都较为均匀，抗弯强度高，胀缩性小，平整性好，不易开裂腐朽，较耐磨，有一定的绝热和吸声功能，可以代替木板用于室内装饰等。根据纤维板的体积密度不同，可分为硬质纤维板、中密度纤维板和软质纤维板三种。

1．硬质纤维板

密度大于13.88g/cm^{3}的纤维板称为硬质纤维板。其强度高、不易变形，是木材的优良替代品。按照物理力学性能和外观质量可分为特级、一级、二级、三级和四级，图4-40所示。

2．中密度纤维板

密度在0.55～0.88g/cm^{3}之间的纤维板称为中密度纤维板。和硬质纤维板有所不同的是，中密度纤维板只分为特级、一级和二级三个等级。将其制成带有一定

图4-40　硬质纤维板

孔型的盲孔板，施以白色涂料，兼有吸声和装饰作用，可作为室内的顶棚材料，如图4-41所示。

3．软质纤维板

密度小于0.55g/cm^{3}的纤维板称为软质纤维板。因其结构松软，故强度较低，保温性能和吸声效果较好，常用作顶棚和隔热材料，如图4-42所示。

图4-41 中密度纤维板

图4-42 软质纤维板

4.2.3 细木工板

细木工板是特种胶合板的一种，又称大芯板，是用长短不一的芯板木条拼接而成，表面为胶贴木质单板的实心板材。细木工板的表面平整光滑，不易变形，且绝热吸声。按表面加工状况不同，可分为一面砂光、两面砂光和不砂光三种；按所使用的胶合剂不同，可分为Ⅰ类胶细木工板、Ⅱ类胶细木工板两种；按面板的材质和加工工艺质量不同，可分为一等、二等和三等，如图4-43所示。

图4-43 细木工板

细木工板的尺寸规格和技术性能，适用于家具、各类车厢和建筑物内装修等。细木工板的尺寸规格及各项技术性能见表4-5。

表4-5 细木工板的尺寸规格及各项技术性能 （单位：mm）

宽度允许公差+5	厚度误差±0.6	长度允许公差+5					
		915	1220	1520	1830	2135	2440
915	16、19、22、25	915	—	—	1830	2135	—
1220		—	1220	—	1830	2135	2440

4.2.4 刨花板及澳松板

1. 刨花板

刨花板是以刨花和木渣为原料，利用胶料和辅料在一定温度和压力下压制而成的人造板材。具有隔声吸声、隔热保温、防虫蛀且经济实惠等特点，适用于室内墙壁、地板、家具、车厢和建筑物装修等，如图4-44所示。

图4-44 刨花板

刨花板按制造方法可分为平压、辊压和挤压三种；按密度可分为高密度、中密度和低密度等三类；按结构可分为单层、三层、渐变、多层、定向和模压等；按表面装饰处理可分为磨光、不磨光、浸渍纸饰面、单板贴面、表面涂饰、PVC和印刷饰面等。在装饰工程中常使用A类刨花板，按外观质量和物理力学性能分为优等品、一等品和二等品，各类刨花板的规格见表4-6。

表4-6 刨花板的规格 （单位：mm）

宽　度	长　度					备　注
915	—	1220	1830	2135	—	特殊规格有1000×2000
1220	915	1220	1830	2135	2440	

2. 澳松板

澳松板（又称定向结构刨花板）是一种进口的中密度板，板材是用辐射松原木制作而成。这种板材是大芯板和欧松板的替代升级产品，这种升级产品在很大程度上提升了材料的安全环保作用，如图4-45所示。

图4-45 澳松板

澳松板的板材表面经过高精度的砂光处理，具有很高的光洁度，并且板材的内部强度也很大，具有良好的传热性能，内部黏结等物理性能优良。澳松板的含水率在6%~9%之间，生产规格允许厚度有0.2mm的误差。澳松板规格有

3mm、5mm、9mm、12mm、15mm和18mm等。3mm用量最多、最广，主要代替三夹板用于门、门套、窗套等部位；5mm通常用作夹板，这种材料不易变形；9mm和12mm的澳松板通常用来做门套、门档和踢脚板；15mm和18mm的澳松板可代替大芯板直接用于做门套、窗套或雕刻、镂铣造型，也可直接用来做衣柜门，用此类材料生产出的产品环保且不易变形。

澳松板一般被广泛用于装饰、家具、建筑和包装等行业。澳松板硬度大，适合做衣柜和书柜，不会变形，其最大的特点是制作的家具无环境污染，具有很好的环保效应。

4.2.5　木丝板及木屑板

木丝板、木屑板与刨花板的制造工艺较为相似，分别是以短小废料刨制的木丝和木屑等为原料，经干燥后拌入胶料，再经热压制成的人造板材。所用胶料为合成树脂、水泥或菱苦土等无机胶结料。这类板材重量较轻、强度较低、价格较为便宜，主要用作绝热和吸声材料。其中经热压合成的木屑板，其表面可粘贴塑料贴面或胶合板作为饰面层，这样既增加了板材的强度，又使板材具有装饰性，可用作顶棚材料，如图4-46、图4-47所示。

图4-46　木丝板

图4-47　木屑板

4.3 木材装饰材料的施工工艺

4.3.1 木材的防腐及防火

木材有着显著的优点，同时缺点也很明显。其中最主要的两大缺点就是易腐和易燃。这两大缺点不仅影响木材的使用寿命，还关系到使用安全，因此，如建筑工程等需要应用到木材的领域，更应着重考虑木材的防腐和防火。

1. 木材的腐朽及防腐

木材是一种再生周期漫长的自然资源，它是由无数微小的细胞组成的，细胞壁与细胞腔中还含有水分与空气。水分和空气是滋生菌类与害虫的温床。木材腐朽主要是由于细菌和真菌这两大类微生物侵害的结果。真菌对木材的破坏力和破坏速度要比细菌大得多。在一定的条件下，细菌和蛀虫才能危害木材，如果控制其生存或危害木材的条件，科学地保管木材，木材就可能不发生腐朽。

未经防腐处理的木材、木制品易受虫侵蚀并腐烂，而且在木材与土壤或与水接触时也许只能延续1～4年的寿命。因此，木材防腐有着重要的实际意义。其意义在于：改善木材使用性能，延长使用期限，以达到节约和合理使用木材的目的。经过防腐处理的木材不但外表美观，而且牢固、体重轻、加工性能好。真正的防腐木即使风吹雨淋，使用期限也可达到30年之久，将为全球每年节约2.3亿株树木，对全球环境保护和生态平衡具有非凡的意义。而且防腐木还是一种环保的建筑材料。因此全世界各国对木材防腐都高度重视。

（1）木材的腐朽

真菌是一种低等植物，引起木材变质腐朽的真菌分为霉菌、变色菌和腐朽菌三种，前两种真菌对木材质量影响较小，但腐朽菌影响很大。霉菌只寄生在木材的表面，使其表面发霉，对木材无破坏作用；变色菌以木材细胞内的成分（淀粉、糖类等）为养分，不破坏木材细胞壁，因此对木材的破坏作用也很小；腐朽菌则是寄生在木材的细胞壁中以细胞壁为养料，并且能分泌一种酵素，把细胞壁分解成简单的养料，供腐朽菌自身摄取，供其生长繁殖。从而致使细胞壁完全被破坏，使木材腐朽。但是真菌在木材中生存和繁殖必须具备三个条件，即适当的水分、适宜的温度和足够的空气。真菌侵害可以导致木材的腐朽。

1）水分。一般来说，适宜真菌生存繁殖的含水率是35%～50%。当木材的含水率达到这个数值时，即木材的含水率在纤维饱和点以上时易产生腐朽，当木材的含水率在20%以下时不会发生腐朽。

2）温度。25～35℃是真菌生存繁殖的适宜温度。当温度低于5℃时，真菌停止繁殖，当温度高于60℃时，则死亡。

3）空气。真菌需要一定氧气的存在才能生存，在真空中真菌就会死亡。因此，完全浸

入水中的木材，真菌就因缺氧而死亡，因此木材不易腐朽。

此外，木材还易受到白蚁和天牛等昆虫的蛀蚀，使木材形成很多孔眼或沟道，甚至蛀穴，破坏木质结构的完整性从而使其强度严重降低。

（2）木材的防腐

通常防止木材腐朽的措施有以下两种。

1）破坏真菌生存的条件。破坏真菌生存条件是最常用且最直接的措施。常用的方法是使木制品、木结构和存储的木材保持通风的干燥状态，保证其含水率在20%以下，并对木制品和木结构表面进行油漆处理。油漆处理是一种极好的破坏真菌生存条件的方法，它可以使木材与空气和水分隔绝，同时又美化了木结构和木制品。

2）给木材注入防腐剂。木材的防腐处理是通过涂刷或浸渍等方式，将化学防腐剂注入木材内，化学品可提高其抵御腐蚀和虫害的能力，使木材成为对真菌有毒的物质，从而使其无法寄生，达到防腐要求。木材防腐剂的种类很多，一般分为三类，即水溶性防腐剂、油质防腐剂和膏状防腐剂。

水溶性防腐剂多用于室内木结构的防腐处理，常用的品种有氯化锌、氟化钠、硅氟酸钠、氟砷铬合剂、硼酚合剂、铜铬合剂和硼铬合剂等。

油质防腐剂颜色深、有恶臭味、有毒，常用于室外木构件的防腐处理，常用的品种有煤焦油、混合防腐油和强化防腐油等。

膏状防腐剂由粉状防腐剂、油质防腐剂、填料和胶结料（煤沥青、水玻璃等）按照一定比例配置而成，用于室外木结构防腐。

木材注入防腐剂的方法很多，通常有表面涂刷法、表面喷涂法、冷热槽浸透法、压力渗透法和常压浸渍法等几种。其中表面涂刷法和表面喷涂法施工最为简单，但由于防腐剂不能渗入木材的内部，故防腐效果较差。冷热槽浸透法是将木材首先浸入90 ℃的热防腐剂中数小时，再迅速移入冷防腐剂中，以获得更好的防腐效果。压力渗透法是将木材放入密闭罐中，抽部分真空，再将防腐剂加压充满罐中，经一定时间浸泡后，防腐剂可以充满木材内部，取得更好的防腐效果。常压浸渍法是将木材浸入防腐剂中一定时间后取出使用，使防腐剂渗入木材内一定深度，以提高木材的防腐能力。目前，国际上通行的对木材进行防腐处理的主要方法是压力渗透法。经过压力处理后的木材，稳定性更强，防腐剂可以有效地防止霉菌、白蚁和昆虫对木材的侵害。从而使经过处理的木材具有在户外恶劣环境下长期使用的卓越的防腐性能。防腐处理程序并不改变木材的基本特征，相反可以提高恶劣使用条件下木建筑材料的使用寿命。

（3）木材压力渗透法防腐处理工艺流程

木材装入处理罐→抽真空→注入防腐剂→升压、保压→解压、排液→后真空→出罐。

（4）防腐木材的制作程序

1）在处理厂，木材先被装入处理容器。空容器应先抽真空，以便去除木材细胞内的空气，为添加防腐剂做好准备。

2）圆筒内装满防腐剂，在5个大气压的高压下防腐剂被压入木材细胞。然后，从处理容器中取出木材，放入固化室中。

3）固化程序是防腐木材加工程序里最重要的一个环节，它是改变防腐剂化学结构的过程，能有效地把防腐剂与木材细胞黏结起来，从而阻止防腐剂从木材中渗漏，延长产品的寿命。处理后的木材表面美观，可以防止真菌、白蚁和昆虫造成的腐蚀和腐烂。

4）加工与安装中，尽可能使用现有尺寸的浸渍木，建议用热镀锌的钉子或螺丝进行连接及安装。在连接时应预先钻孔，这样可以避免开裂。

（5）木材防腐处理的关键步骤

1）真空、高压浸渍　这个过程是防腐处理的关键步骤。首先实现了将防腐剂打入木材内部的物理过程，同时完成了部分防腐剂有效成分与木材中淀粉、纤维素及糖分的化学反应过程，破坏了造成木材腐烂的细菌及虫类的生存环境。

2）高温定性　在高温下使防腐剂尽量均匀地渗透到木材内部，并继续完成防腐剂有效成分与木材中淀粉、纤维素及糖分的化学反应过程。从而进一步破坏造成木材腐烂的细菌及虫类的生存环境。

3）自然风干　自然风干要求在木材的实际使用中进行。这个过程是为了适应户外专用木材由于环境变化造成的木材细胞结构的变化，使其在渐变的过程中最大限度地充分固定，从而避免木材在使用过程中发生改变。

4）施工与维护　浸渍木含水率较高，在使用之前必须风干一段时间。储存的仓库应保持通风，以方便木材的干燥，必须待其出厂后72小时以上才能对浸渍木材实施再加工。

5）加工与安装　尽可能使用现有尺寸的浸渍木，建议在连接及安装时使用螺丝或热镀锌的钉子，且在连接时应预先钻孔，这样可以避免开裂，要用防水胶水。

2．木材的防火

木材属木质纤维材料，且易燃，是具有火灾危险性的可燃物。相关数据显示，有约为20%以上的火灾是由木材和纸张等纤维素材料引起的。因此，作为三大建筑材料之一的木材，其防火是建筑物防火的重点。所谓木材的防火，就是将木材经过具有阻燃性能的化学物质处理后，变成不易燃烧的材料，以达到防火的目的。

公元前4世纪，古罗马人已知用醋液和明矾溶液浸泡木材，以增强其抗燃性。在古希腊、中国和埃及，也有用明矾、海水和盐水浸泡，以提高木材阻燃性能的。15~16世纪，阻燃处理的方法都比较简单。木材阻燃作为工业技术则迟至19世纪末20世纪初才首先在欧美一些工业先进的国家得到发展，并形成了阻燃处理工业。20世纪50~60年代的阻燃剂仍以无机盐类为主，但采用了更多的、新的复合型阻燃剂，增强了阻燃效果。20世纪60年代以后，有机型阻燃剂特别是树脂型阻燃剂得到发展，为克服无机盐类易流失、易吸湿等缺点提供了可能。

木材阻燃是指用物理或化学方法提高木材抗燃能力的方法。目的是阻止或延缓木材燃烧，以预防火灾的发生，或争取时间，快速消灭已发生的火灾。

木材中的碳氢化合物含量高，决定了木材是易燃材料。迄今尚无使木材在靠近火源时不燃烧的方法。木材阻燃的要求是降低木材燃烧速率，阻滞火焰传播和加速燃烧表面炭化的过程。这对建筑、造船和车辆制造等工业部门尤为重要。

（1）木材燃烧及阻燃机理

1）木材的燃烧机理。当木材遇100 ℃高温时，木材中的水分开始蒸发；温度达180 ℃时，可燃气体如一氧化碳、甲烷、甲醇以及高燃点的焦油等成分开始分解产生；随着温度升高，热分解加快，当温度达到220℃以上时，即达到了木材的燃点。此时，木材边燃烧边释放出大量的可燃气体，其中含有大量高能量的活化基，而活化基燃烧又会释放出新的活化基，形成一种链式燃烧反应，这种链式反应使得火焰迅速传播，于是火就会越烧越旺。温度达到250 ℃以上时，木材急剧进行热分解，可燃气体大量放出，就能在空气中氧的作用下着火燃烧；温度达到400～500 ℃时，木材成分完全分解，木材由气相燃烧转为固相燃烧，燃烧更为炽烈。燃烧产生的温度最高可达900～1100 ℃。

2）阻燃剂的阻燃机理。

① 抑制木材的热分解。这是阻止或延缓木材燃烧的最基本途径。实践证明，某些磷化合物可以降低木材的稳定性，使其在较低的温度下发生分解，从而减少可燃气体的生成，抑制气相燃烧，达到阻燃目的。

② 阻滞热传递。设法阻滞木材燃烧过程中的热传递，也是阻止或延缓木材燃烧的有效途径之一。某些含有结晶水的盐类（含水硼化物、氧化铝和氢氧化镁等）遇热后，可吸收热量而放出水蒸气，从而可以减少热量传递，具有阻燃作用。

③ 形成覆盖层。卤化物遇热分解生成卤化氢，可以作为气体溶剂稀释可燃气体，还可以与活化基发生作用，切断燃烧链，阻止气相燃烧。另外，硼化物和磷酸盐等可以在高温下形成玻璃状覆盖层，以阻止木材的固相燃烧，同样也起到阻燃作用。以下是几种常用的阻燃剂：卤系阻燃剂：溴化铵和氯化铵等；硼系阻燃剂：硼砂和硼酸等；磷氮系阻燃剂：磷酸二氢铵和磷酸铵等；镁、铝氧化物或氢氧化物阻燃剂：氢氧化镁和含水氧化铝。

3）木材防火的化学或物理措施。木材燃烧时，表层逐渐炭化形成导热性比木材低（为木材导热系数的1/3～1/2）的炭化层。当炭化层达到足够的厚度并保持完整时，即成为绝热层，能有效地限制热量向内部传递的速度，使木材具有良好的耐燃烧性。利用木材的这一特性，再采取适当的化学或物理措施，使之与燃烧源或氧气隔绝，就完全可能使木材不燃、难燃或阻滞火焰的传播，从而取得阻燃效果。根据木材的燃烧机理以及阻燃机理，可以采取化学方法和物理方法阻止或延缓木材的燃烧。

化学方法主要是用化学药剂，即阻燃剂处理木材。阻燃剂的作用机理是在木材表面形成保护层，隔绝或稀释氧气供给；或使木材遇高温分解，放出大量不燃性气体或水蒸气，冲淡木材热解时释放出的可燃性气体；或阻滞木材温度升高，使其难以达到热解所需的温度；或提高木炭的形成能力，降低传热速度；或切断燃烧链，使火迅速熄灭。良好的阻燃剂安全、有效、持久而又经济。

阻燃剂可分为两类：①阻燃浸注剂。用满细胞法注入木材。又可分为无机盐和有机两大类。无机盐类阻燃剂（包括单剂和复剂）主要有磷酸氢二铵、磷酸二氢铵、氯化铵、硫酸铵、磷酸、氯化锌、硼砂、硼酸、硼酸铵以及液体聚磷酸铵等。有机阻燃剂（包括聚合物和树脂型）主要有用甲醛、三聚氰胺、双氰胺和磷酸等成分制得的HDP阻燃剂，用尿

素、双氰胺、甲醛和磷酸等成分制得的UDFP氨基树脂型阻燃剂等。此外，有机卤代烃一类自熄性阻燃剂也在发展中；②阻燃涂料。喷涂在木材表面，也分为无机和有机两类。无机阻燃涂料主要分为硅酸盐类和非硅酸盐类。有机阻燃涂料主要分为膨胀型和非膨胀型。膨胀型包括四氯苯酐醇酸树脂防火漆及丙烯酸乳胶防火涂料等；非膨胀型包括过氯乙烯及氯苯酐醇酸树脂等。

物理方法指从木材结构上采取措施的一种方法，主要是改进结构设计，或增大构件断面尺寸以提高其耐燃性；或加强隔热措施，使木材不直接暴露于高温或火焰下。如用不燃性材料包覆或围护构件，设置防火墙在木框结构中加设挡火隔板，利用交叉结构堵截热空气循环和防止火焰通过，以阻止或延缓木材温度的升高等。

工业发达国家的木材防火和阻燃处理以化学方法占主要地位；而中国以往则多以结构措施为主，近年来化学方法也有一定的发展。随着高层建筑和地下建筑的增多，航空及远洋运输事业的发展，以及古代建筑和文物古迹的维修保护等日益受到重视，木材防火和阻燃处理的应用和改进将成为迫切需要。

（2）木材防火处理

1）表面涂敷处理。表面涂敷，顾名思义，即在木材表面涂刷或喷淋阻燃物质，从而起到阻燃和防火的作用。该方法成本较低，简便易行，但对木材内部的防火则无能为力，并且成材不宜用阻燃剂进行处理。因为成材较厚，涂刷或喷淋只能在木材表面形成微薄的一层阻燃层，达不到应有的阻燃效果。如果处理单板，通过层积作用，使药剂保持量增加，能起到一定的阻燃作用。例如胶合板和单板层积材的阻燃处理，大多是先处理单板再处理层积材。近年来也有采用混入胶黏剂来达到阻燃目的的。

阻燃涂料有两种。一种是密封性油漆。这是一种聚合物，耐燃性很强，它能隔断木材与火焰的直接接触，在木材表面形成密封保护层，但它不能阻止木材的温度上升。当木材细胞空隙中的空气被加热膨胀后会破坏漆膜，使其丧失阻燃作用。另外，漆膜在环境因素的作用下会老化，需定期维护才有效。另一种是膨胀性油漆。这种油漆在木材着火之前很快燃烧，产生一种不燃性气体，而且气体很快膨胀，在木材表面形成保护层，使木材热分解形成的可燃气体难以被外部火源点燃，也就不能形成火焰燃烧，达到良好的阻燃效果。但这种油漆外观性能较差，而且必须经常维护，才能保持有效的阻燃作用。有的膨胀性油漆是以天然或人工合成的高分子聚合物为基料，添加发泡剂、助发泡剂和碳源等阻燃成分构成的，在火焰作用下可形成均匀而致密的蜂窝状或海绵状的泡沫层，这种泡沫层不仅有良好的隔氧作用，而且有较好的隔热效果。这种泡沫层疏软，可塑性强，经高温灼烧不易破裂。这种阻燃油漆造价高，但用量少。

阻燃油漆一般都是由基料、分散介质、阻燃剂、助剂、填料和溶剂等组成的。基料是主要成膜物质，它包括无机胶黏剂（硅酸盐、磷酸盐等）和有机胶黏剂（有机合成树脂）。阻燃剂是阻燃涂料的关键组分。目前，国外普遍采用聚磷酸铵和有机卤代磷酸酯为助剂，而国内仍以磷酸铵和偏磷酸铵为助剂。助剂在阻燃油漆中作为辅助成分，用量较少，但作用不容忽视，它可以大大改善涂料的柔韧性、弹性、附着力和稳定性等性

能。填料可以提高油漆的装饰性，更重要的是改善油漆的机械物理性能（耐候性、耐磨性）及化学性能（耐酸碱性、防腐性能等）。金红石型钛白粉是油漆中广为应用的白色填料。溶剂（水和有机溶剂）有利于各组分的分散，便于施工，可以得到均匀且连续的涂层。

2）深层溶液浸注处理。通过一定手段使阻燃剂或具有阻燃作用的物质，浸注到整个木材中或达到一定深度。该方法可分为常压和加压浸注两种，即浸渍法和浸注法。浸渍法适合于渗透性好的树种，而且要求木材应保持足够的含水率。无机复合材料就是利用这种方法，使具有阻燃作用的物质渗入到木材内，浸渍法的浸透深度一般可达几毫米。浸注法是用来处理渗透性差的木材的，常用真空加压法注入。加压浸注的阻燃剂浸入量及深度均大于常压浸注。且阻燃效果好，因此，在对木材的防火要求较高的情况下，应采用加压浸注。要想让木材或木质装修材料达到比较高的防火等级，必须经过几道工序的处理，才能让它达到阻燃的效果。加压浸注的施工工序：首先将木材放进处理罐中，然后抽真空，保持1.333kPa的压力，20min左右，注入阻燃剂药液，升压至1.5MPa并保持1～2小时。浸注法的注入深度因木材渗透性而异。但需注意的是，两种浸注方法在浸注处理前，都要尽量使木材达到充分干燥，并初步加工成型，以免在经过处理后再进行大量加工，破坏木料中已有的阻燃剂。另外，在配制木材阻燃剂时，应选用两种以上的成分复合使用，使其互相补充。

3）贴面处理。贴面处理即在木材表面贴具有阻燃作用的材料。如无机物或金属薄板等非燃性材料，或者经阻燃处理的单板，或者在木材表面注入两层熔化了的金属液体，形成所谓的“金属化木材”。无机材料贴面板用得较多的是石膏镶板。一根15cm×15cm×230cm的木柱，在10t荷载下包贴1cm厚石膏板，木材耐燃时间可增加0.5h；包贴2cm厚的石膏板可增加1h。

4.3.2　木材装饰材料的施工工艺

1．施工工具

施工工具包括冲击钻、电圆锯、打钉机、锤子、手电钻、锯台、槽刨、锯和刨子等，如图4-48所示。

2．木地板施工

（1）木地板施工种类

1）粘贴式木地板。在混凝土结构层上用15mm厚1：3水泥砂浆找平，用热沥青或其他材料将木地板直接粘贴在地面上（这种方法已经很少使用）。

2）架空式木地板。架空式木地板主要用于面层与基层距离较大的场合，或为某些原因要求架空地面的场合。这种施工方式是在地面先砌地垄墙（砖礅），加垫木后安装木搁栅，且木搁栅内考虑设置剪刀撑，再依次安装毛地板和面层地板。因家庭居室高度较低，这种架空式木地板不适用于家庭装饰。

3）实铺式木地板。实铺式木地板基层采用梯形截面木搁栅（俗称木楞），木搁栅的间距一般为400mm，利于稳定。实铺式木地板中并没有地垄墙，木搁栅是通过预埋地面的金

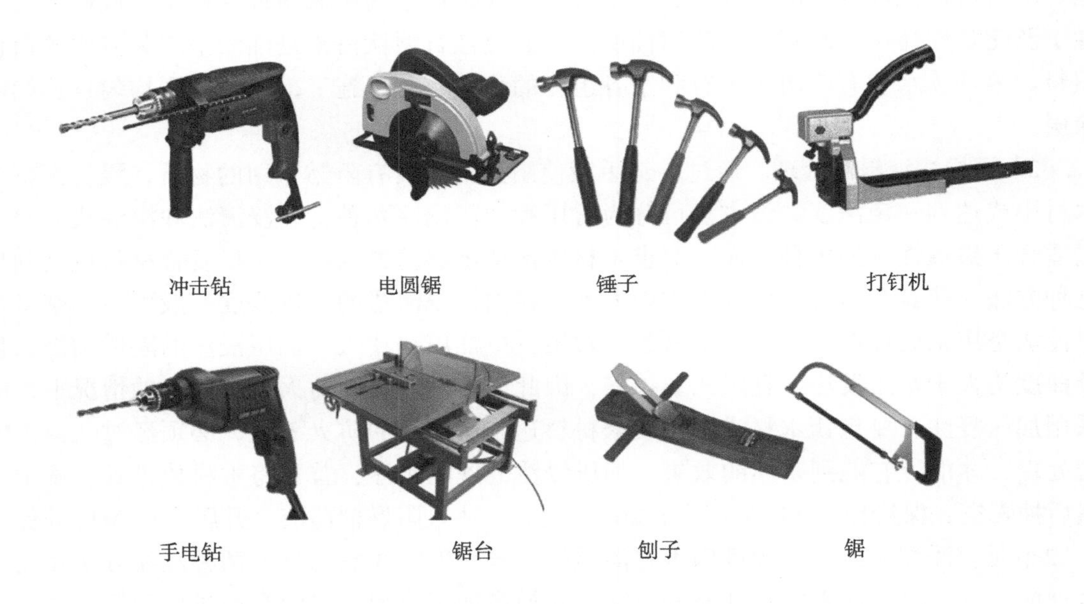

图4-48 施工工具

属附件加固之后在木搁栅之上铺钉毛地板和面层地板。为减低人行走时的空鼓声并改善保温隔热效果，中间可填一些轻质材料或在下面加橡胶垫层。

在木地板与墙的交接处用踢脚板压盖，为散发潮气，也可在踢脚板上开孔通风。

（2）施工准备

1）地面要求。地面应干净、干燥、平整和牢固，确保无尘土和其他污染物；地面湿度要小于2%；在2m^{2}范围内，地面高度差应小于5mm；地基应结实、无松动。

2）温度、湿度合适。避免在大雨天和阴雨天铺装实木地板，施工过程中应保持室内温度与湿度的稳定。如室内为地暖，铺装前3天温度应控制在18℃，直到铺完3天后，每天将温度增加5℃，但地表的最高温度不应超过28℃。

3）边角平整。门和门套下方应留出合适的木地板安装空隙（一般门下留15mm，门套下留12mm即可）。墙角等其他室内细节要边角平整，以保证地板铺装顺利进行。

（3）材料

木地板铺装施工工程所需的木龙骨和毛地板等规格应符合设计要求，严格掌握木地板所用木材的含水率，不应超过当地含水率。

（4）工艺流程

1）架空式施工工艺流程 基层清理→弹线、找平→砌地垄墙→加垫木（保温层）→设置木搁栅→防潮、防水处理安装毛地板、找平、刨光→钉木地板、找平、刨光→钉踢脚板→刨光、打磨→油漆→上蜡→成活。

2）实铺式施工工艺流程 清理基层→弹线→钻孔安装预埋件→安装木搁栅→防潮、防水处理→弹线、钉装毛地板→找平、刨光→钉木地板、找平、刨光→装踢脚板→刨光、打

磨→油漆→上蜡→成活。

（5）施工方法

1）基层处理。清理基层的灰尘、残浆和垃圾等杂物。基层表面应不起砂、不起皮、不起灰、不空鼓，无油渍，手摸无粗糙感，特别是靠立墙边缘。

2）弹线、找平。弹出互相垂直的定位线，并依拼花图案预铺。

3）砌地垄墙。在坚实的地基上用425#的1：3水泥砂浆或混合砂浆砌120mm或240mm高的砖体。两地垄墙之间距离不得大于2m。

4）钻孔安装预埋件。在混凝土地面上预埋ϕ6mm Ⅱ型铁鼻儿或木砖，也可用冲击钻打孔塞入木楔固定连接点。

5）加垫木（保温层）。在地垄墙与木搁栅之间加垫木，垫木使用前必须经过防火、防腐处理，其厚度一般为50mm。为增加保温效果也可以在木搁栅下加保温层。

6）安装木搁栅。木搁栅用来固定和承托面层。它的安装要中直、水平且牢固，找平之后可用100mm长的铁钉从木搁栅的两侧中部与垫木钉牢。架空式施工工艺中木搁栅要与地垄墙垂直，面积大小要根据地垄墙间距而定。

7）木搁栅防潮、防水处理。为防止木搁栅受潮腐烂，应对它进行防潮、防水处理，涂刷防潮、防腐漆或铺设防潮膜。现在市场上常用在木地板下加地垫的方式，使其紧贴地面铺设，起到找平、隔潮、防潮、减少震动、保护木地板的作用。地膜比较理想的厚度是0.22mm以上，且具有抗碱、防酸的性能，从而达到延长木地板使用寿命的目的。

8）安装毛地板。双层木地板的下层衬板叫做毛地板。毛地板可用松木板和杉木板制作，其宽度不应大于120mm，在铺毛地板前应将板下污物清除。

9）钉木地板。铺装完成后，清扫后弹铺钉线。确定弹铺钉线准确后，顺次展开。用50mm的钉子从凹榫边以倾斜方式钉入木板上。钉帽应砸扁，入板3 ~ 5mm。

10）刨光、打磨。地板铺装完毕，待其干燥后用400#砂纸打磨木材表面，磨平凸出部位、修补凹陷。

11）钉踢脚板。木踢脚板的常用规格为150mm × 20mm，背面应开槽。应在安装木踢脚板之前，应在墙面预埋木砖，用钉子将木踢脚板钉于木砖上固定。同时，木踢脚板背面应刷防腐剂，板面接槎应做暗榫或斜坡压槎，以确保各板材接槎牢固。安装踢脚板时，在注意上口平齐的同时，还要注意踢脚板和木地板之间的缝隙不要超过1mm。如果用钉子固定，钉子与钉子之间的间距不得超过40cm。钉踢脚板时要注意，木地板靠墙处要留出9mm的空隙，以利于通风。在地板和踢脚板相交处，如安装封闭木压条，则应在木踢脚板上留通风孔。

12）油漆、上蜡。清洗干净铺装地板后，刷地板漆，进行抛光上蜡处理。蜡至少要打3遍，每次都要用不带绒毛的软布或打蜡器轻擦抛光地板以使蜡油渗入木头。并且每遍打蜡干燥后，要用细砂纸打磨表面，擦拭干净再打第二遍。地板接缝处，可刷三遍聚酯胺地板蜡。

（6）工序衔接

1）先安装木地板，后安装门。如果需要先安装门，要预先留好地面的高度，计算方法是：木地板厚度+2.5mm地垫厚度+扣条厚度（依据材质而定）。

2）踢脚板应在木地板面层抛光后再做。面层的油漆和上蜡应在室内所有施工工序完成后再进行。

（7）注意事项

1）基层不平整，应用水泥砂浆找平后再铺贴木地板，铺贴要确保水泥砂浆地面不起砂、不空裂，基层干净，含水率不大于15%。

2）选择的地板应符合选材标准，应纹理清晰、有光泽、耐腐、不易开裂、不易变形。

3）木地板粘贴试涂胶时，要薄且均匀，相邻两块木地板高差不超过1mm。

4）同一房间的木地板应一次铺装完成，因此要备有充足的辅料，并及时做好成品保护，安装时挤出的胶液应及时擦掉，严防污染表面。

（8）验收

1）面层铺设应牢固，粘贴无空鼓。

2）木地板面层图案和颜色应符合设计要求，图案清晰，颜色一致，板面无翘曲。

3）面层的接头位置应错开、缝隙严密、表面洁净。

4）踢脚板表面应光滑，接缝严密，高度一致。

3．木面板施工工艺

（1）施工准备

1）墙身要提前做防潮处理，刷热沥青或铺油毡，以保证木面板干燥，减少变形。

2）安装木护墙、木筒子板处的结构面或基层面，应预埋好木砖或铁件。

3）面板表面应提前刨平且涂饰防腐剂。

4）胶合板面层刷清漆时，在施工前要挑选板材，相邻近的面板木纹和颜色应相似。

（2）材料

1）面板。木材的树种、材质等级和规格应符合设计图样的要求。龙骨料一般用红、白松烘干料，含水率不大于12%，材质不得有腐朽、超过1/3断面的节疤、壁裂、扭曲等疵病，并预先经防腐处理。面板一般采用胶合板，厚度不小于3mm，颜色、花纹要尽量相似；当用原木材作面板时，其含水率不大于12%，厚度不小于15mm；要求拼接的面板厚度不少于20mm，且纹理顺直、颜色均匀、花纹近似，不得有节疤、裂缝、扭曲、变色等疵病。

2）辅料。防潮卷材（油纸、油毡、防潮漆）、胶黏剂、防腐剂和钉子。

3）施工机具。电动机具有锯台、小台刨、手电钻和射枪；手持工具有木刨子（大、中、小）、槽刨、木锯、细齿锯、刀锯、斧子、锤子、平铲、冲子、螺丝刀、方尺、割角尺、小钢尺、靠尺板、线坠和墨斗等。

（3）工艺流程

基层清理→1：3水泥砂浆找平刮毛→铺防潮层→放线定位→电锤打孔→安装防腐木楔→钉木龙骨→刷防火漆→钉基层板→放线定位、预拼花→钉造型板→钉面板→钉装饰木

线条→补腻子→刷饰面漆→刷防火漆→成活。

（4）施工方法

1）基层处理。清理木面板的灰尘、油污和残浆。表面油污应用汽油或稀料擦洗干净并用砂纸磨平基层，防止基层出现突起钉子及颗粒等。

2）水泥砂浆找平、刮毛。对于基层有缺陷的部位应做砂浆找平工作，光滑水泥需用钢钎凿毛，并提前洒水湿润。

3）铺防潮层。钉装龙骨时，应先压铺防潮卷材或在钉装龙骨前涂刷防潮漆。

4）放线定位、电锤打孔。应根据设计图要求，进行弹线定位，确定平面位置、竖向尺寸，并预铺拼花图案，用电锤打孔。

5）安装防腐木楔、钉木龙骨。根据墙面的设计要求，在预定钻孔位埋制经防腐处理的木楔。木龙骨可预制，在现场进行整体或分块安装。木龙骨应根据房间四角和上下龙骨的位置，将四框龙骨找位，钉装必须找方、找直，将木龙骨固定到木楔上，其表面应刨平并做防腐处理。安装时用五线仪测定龙骨是否平、正、直。一般木龙骨尺寸为30mm×40mm×400mm，横龙骨间距为400mm，竖龙骨间距为500mm，如面板厚度在15mm以上时，横龙骨间距可扩大到450mm。同时，骨架与木楔间的空隙应垫木垫，每块木垫至少用两颗钉子钉牢，在钉装龙骨时预留出版面厚度。

6）钉基层板。将基层板钉在木龙骨上，基层板可用细木工板、九厘板、中密度板和五厘板。

7）钉造型板、饰面板、装饰木线条。全部进场的板材，使用前应按邻近使用位置观察木纹和颜色是否近似一致；面板安装前，应对木龙骨位置、平直度、钉设牢固情况及防潮构造要求等进行检查，合格后才能进行安装。并且面板尺寸、接缝、接头处与要构造相适应。当面板尺寸不符时要进行裁板配制，按木龙骨排列，在板上画线裁板。原木材板面应刨净，而胶合板和贴面板的板面严禁刨光。

8）补腻子。将合页槽、上下冒头、榫头和钉眼、裂缝、节疤以及边裱残缺处进行修补腻子，且按照规程和工艺 标准，用砂纸打磨到位。

9）涂刷防火漆、面漆。在木龙骨上和基层面板后涂刷防火漆，以提高木材防火阻燃的性能；在饰面板和装饰木线条上涂饰面漆，以起到保护和装饰效果。

10）成活，清理现场。

（5）工序衔接

骨架安装应在安装好门窗口及窗台板后进行，钉装面板应在室内抹灰及地面做完后进行。

（6）注意事项

1）工程量大的项目应先做出样板，经检验合格后，才能大面积进行作业。

2）面板接配时，必须考虑接头置于横龙骨处，涂胶并与龙骨钉牢。原木材的面板背面应做卸力槽，一般卸力槽间距为100mm，槽宽10mm，槽深4～6mm，以防板面扭曲变形。

（7）验收

1）板材的品种、材质等级、含水率和防腐措施等，必须符合设计要求和施工及验收规范的规定。

2）木制品与基层必须牢固，无松动。

3）面板割角整齐、尺寸正确，表面平直光滑，棱角方正，线条顺直，不露钉帽，无戗槎、刨痕、毛刺和锤印，面板接挂应平顺无错槎，与墙面紧贴，出墙尺寸一致。

第5章 陶瓷装饰材料及施工工艺

陶瓷是一种良好的建筑装饰材料，随着现代科学技术的发展，陶瓷在花色、品种和性能等方面都有了巨大的变化，为现代建筑装饰装修工程提供了越来越多的实用性装饰材料。

陶瓷材料是金属和非金属元素间的化合物，大多由黏土矿物、水泥和玻璃组成，最具代表性的陶瓷材料大多是氧化物、氮化物和碳化物等，这些材料是典型的电和热的绝缘体，且比金属和高分子更耐高温和腐蚀性环境。

现代装饰陶瓷已走出厨房与浴室，成为普通家庭住宅、景观道路铺装和建筑外墙常用的装饰材料之一，如图5-1、图5-2所示。

图5-1　装饰浴室效果

图5-2　装饰外墙及地板效果

5.1　陶瓷的基础概述

5.1.1　陶瓷的概述

传统的陶瓷是指以黏土及天然矿物为原料，经过粉碎混炼、成型和焙烧等工艺过程制得的各种制品，又称为普通陶瓷。广义的陶瓷是指用陶瓷生产方法制造的无机非金属固体材料和制品。

陶瓷实际上是陶器和瓷器的总称，也称烧土制品，是指以黏土为主要原料，经成型、焙烧而成的材料。陶瓷强度高，耐火、耐久、耐酸碱腐蚀、耐水、耐磨，易于清洗，加之生产简单，故而用途极为广泛，应用于从家庭到航天的各个领域。

陶瓷面砖产品总的发展趋势是：尺寸增大、精度提高、品种多样、色彩丰富、图案新颖、强度提高及收缩减少。施工对产品的要求是便于铺贴，黏结牢固，不易脱落。瓷砖的分类根据材料成型的不同可分成干压成型砖、挤压成型砖及可塑成型砖；根据用途的不同可分为外墙内墙砖、地砖及广场砖；根据施釉的不同可分为有釉砖、无釉砖；根据烧成的不同可分为氧化性瓷砖、还原性瓷砖；根据吸水率的不同可分为瓷质砖、炻瓷砖、细炻砖、炻质砖及陶质砖；根据使用部位的不同可分为室内墙地砖、玻化砖、抛光砖、亚光砖、釉面砖、印花砖、广场砖及草坪砖等。

5.1.2　陶瓷的原料与分类

1．陶瓷的原材料

陶瓷所用原料，首先应保证陶瓷制品的各结构物的生成，其次必须具有加工所需的各种工艺性能。陶瓷所需原则可归纳为三大类，即具有可塑性的黏土类原料、具有非可塑性的石英类原料（瘠性原料）和熔剂原料。

（1）黏土类原料

黏土是一种或多种呈疏松或胶状密实的含水铝硅酸盐矿物的混合物，是多种微细矿物的混合体，主要由黏土矿（含水铝硅酸盐类矿物）组成。此外还含有石英、长石、碳酸盐、铁和钛的化合物等杂质。其化学成分主要是二氧化硅、三氧化二铝和水。黏土的颗粒组成是指黏土中含有不同大小颗粒的百分比含量。常见的黏土矿物有高岭石、蒙脱石、水云母及少量水铝英石。根据杂质含量、耐火性，黏土可分为以下几种。

1）高岭土，是最纯的黏土，可塑性低，烧后颜色由灰色变为白色。

2）黏性土，是次生黏土，颗粒较细，可塑性好，含杂质较多。

3）瘠性黏土，较坚硬，遇水不松散，可塑性小，不易成可塑泥团。

4）页岩，性质与瘠性黏土相仿，但杂质较多，烧后呈灰、黄、棕、红等颜色。

5）易熔黏土，也称砂质黏土，含有大量的细砂和有机物等杂质，烧后呈红色。

6）难熔黏土，也称微晶高岭土和陶土，杂质含量少，较纯净，烧后呈淡灰、淡黄红等颜色。

7）耐火黏土，也称耐火泥，杂质含量少，耐火温度高达1580℃，烧后呈淡黄色到黄色不等。

由于黏土的自身特性，使黏土具有可塑性、结合性、离子交换性、触变性、收缩性、烧结性和耐火性等特点。

（2）石英类原料

瘠性原料即石英，主要成分为二氧化硅，在高温时发生晶型转变并产生体积膨胀，可部分抵消坯体烧成时产生的收缩，同时也能提高釉面的耐磨性、硬度、透明度及化学稳定性。

（3）熔剂原料

熔剂原料包括长石和硅灰石。长石在陶瓷生产中可降低陶瓷制品的烧成温度。它与石英等一起在高温熔化后形成的玻璃态物质是釉彩层的主要成分。硅灰石在陶瓷中使用较广，加入制品后，能明显地改善坯体收缩程度，提高坯体强度，并能降低烧结温度。此外，它还可防止釉面因气体析出而产生的釉泡和气孔。

2．陶瓷的分类

凡以陶土等为主要原料，经低温烧制而成的产品称为陶制品。陶制品的断面粗糙无光、不透明，有一定的吸水率，敲击声粗哑，其产品表面有施釉和不施釉的两种。凡以磨细岩粉，如瓷土粉、长石粉和石英粉等为主要材料，经高温烧制而成的产品称为瓷制品。瓷制品的坯体密实度好，基本不吸水，具有半透明性，产品的表面都涂布釉层。介于陶器（陶制品）与瓷器（瓷制品）之间的产品称为炻器，也称为半瓷器。炻器与陶器的区别在于陶器的坯体是多孔的，而炻器坯体的孔隙率很低，吸水率很小。同时炻器的坯体多数带有颜色，且无半透明性。

陶瓷制品可分为两大类，即普通陶瓷（传统陶瓷）和特种陶瓷（新型陶瓷）。普通陶瓷根据其用途不同又可分为日用陶瓷、建筑卫生陶瓷、化工陶瓷、化学陶瓷、电瓷及其他工业用陶瓷；特种陶瓷又可分为结构陶瓷和功能陶瓷两大类。

（1）陶制品

陶制品一般利用当地一种或几种黏土配制而成，其胎料是普通的黏土，具有很好的吸水率，热稳定性较低，陶器的烧成温度在900℃左右。陶制品主要分为黑陶、白陶和棕色陶三大类，根据材质的粗糙程度又可分为粗陶制品、细陶制品与精陶制品。陶制品的种类十分丰富，不仅包括碗、盘、壶、杯、碟、盆、罐等日常生活用品，还包括建筑使用的砖。

1）粗陶制品一般都比较粗糙，陶质不够细腻，其种类不多，烧制时火力也比较小，其成品质量低劣，比较粗拙，如图5-3所示。粗陶制品陶胎质粗松，断面吸水率高，坚固程度较差。

2）细陶制品品质较细腻，通常可施以白釉，并用红、绿、蓝彩绘一次烧成。细陶制品的品种比较丰富，有碗、盘、壶、杯、碟、盆、瓶等日常生活用品，如图5-4所示。但因其质地不够坚硬，也逐渐被坚固的瓷制品取代。

图5-3　粗陶制品

图5-4　细陶制品

3）精陶制品，在成色方面有白色和象牙黄色之分，精陶制品的胎质细腻，装饰讲究。精陶制品种类主要有碗、盘、壶、杯、碟等生活日用品，如图5-5所示，但因其产品强度低、易炸裂，逐渐被取代。

（2）瓷制品

瓷制品用瓷石或瓷土做胎，而作为制瓷原料的瓷石、瓷土或高岭土必须富含石英和绢云母等矿物质，烧制温度必须在1200℃以上。瓷制品的最大特点就是表面施有高温下烧成的釉面。其成品胎体坚硬，厚薄均匀，造型规整。瓷制品经过高温焙烧，胎体坚固致密，断面具有很强的拒水性，在敲击之后会发出清脆的金属声响。

图5-5　精陶制品

（3）装饰材料中陶砖与瓷砖的区别

陶砖和瓷砖最根本的区别就在于它们的吸水率不同。吸水率小于0.5%的为瓷砖，大于10%的为陶砖，介于两者之间的为半瓷砖。各种常见釉面砖、抛光砖和无釉锦砖是瓷质的，吸水率不大于0.5%；仿古砖、水晶砖、耐磨砖和亚光等是炻质砖，即半瓷砖，吸水率为0.5%～10%；瓷片、陶管、饰面瓦和琉璃制品等一般都是陶质的，吸水率大于10%。

5.1.3　陶瓷制品的表面装饰

釉的出现改善了陶瓷制品的多种缺陷。原来烧结的陶瓷坯体表面比较粗糙且无光，不仅影响了美观，也降低了使用寿命。而釉的使用，为朴素的陶瓷制品穿上了华丽的外衣。

（1）釉的基本概述

釉是覆盖在陶瓷制品表面的一层玻璃质薄层物质，它具备玻璃的特性，光泽、透明。这层玻璃物质使陶瓷具有不吸水、耐风化、易清洗以及面层坚实等特点。

釉的作用在于改善陶瓷制品的表面性能，提高制品的机械强度、电光性、化学稳定性和热稳定性。施釉后制品的表面平滑、光亮、不吸湿、不透气；同时在釉下装饰中，釉层还可以保护画面，防止彩料中有毒元素溶出，使釉着色、析晶、乳浊等；此外还能增加产品的艺术性，掩盖坯体的不良颜色和某些缺陷。

（2）釉的性质

1）釉料能在坯体烧结温度下成熟，一般要求釉的成熟温度略低于坯体烧成温度。

2）釉料要求与坯体牢固地结合，其热膨胀系数稍小于坯体的热膨胀系数。

3）釉料经高温熔化后，应具有适当的黏度和表面张力。

4）釉层质地坚硬、耐磕碰、不易磨损。

（3）釉的分类见表5-1所示

表5-1　釉的分类

分类方法	种　类
按坯体种类	瓷器釉、陶瓷釉、炻器釉
按烧成温度	易熔融釉（1100℃以下）、中温釉（1100~1250℃）、高温釉（1250℃以上）
按制备方法	生料釉、熔块釉、盐釉（挥发釉）、土釉
按外表特征	透明釉、乳浊釉、有色釉、光亮釉、无光釉、结晶釉、砂金釉、碎纹釉、珠光釉、花釉等
按化学组成	长石釉、石灰釉、滑石釉、混合釉、铅釉、硼釉、铅硼釉、食盐釉

5.2　釉面砖

5.2.1　釉面砖的品种和特点

釉面砖又称内墙面砖，是指正面施釉的瓷砖，用耐火黏土或瓷土经过低温烧制而成，多用于建筑物内墙面（如卫生间、厨房、公共设施）装饰。

1．釉面的分类

装饰釉面的种类决定了釉面陶瓷的装饰效果。根据釉料的装饰效果分类，釉面可以分为以下几种。

（1）光泽釉、半无光釉、无光釉

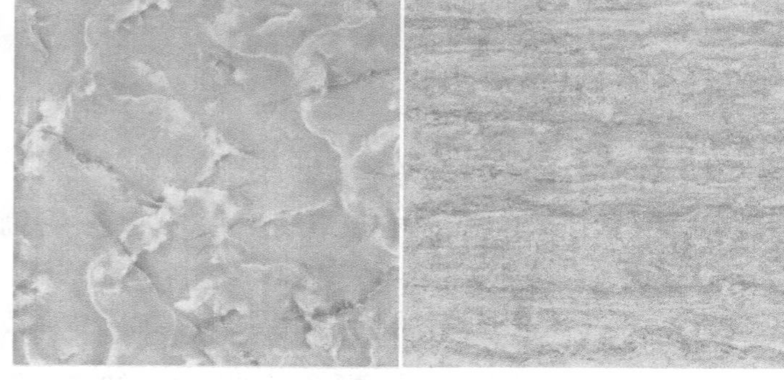

图5-6　左边为光泽釉，右边为无光釉

通过对光线吸收程度的不同，将釉面分为光泽釉、半无光釉和无光釉。这类釉面色彩丰富，釉色的种类也很多，光泽釉的釉色十分丰富，使陶瓷制品具有很强的反光性，经过600 ~ 900℃的熔烧，形成了犹如彩虹般光线衍射的装饰釉面。这类装饰釉面通过对釉面添加各种金属原料形成了铁红光泽釉、黄色光泽釉和驼色光泽釉等，如图5-6所示；而无光釉所形成的釉层效果是由于光线的漫反射造成的，这种反射作用降低了光泽度，能产生特殊的装饰效果。无光釉属于较高档的装饰釉面。半无光釉的特性则是介于两者之间。目前瓷砖釉面的发展趋势已经逐渐向半无光釉和无光釉系列发展，具有此类釉面效果的釉面砖色泽柔和、性能稳定且装饰效果好。

（2）碎纹釉

碎纹釉顾名思义是釉面形成了形状各异、大小不一的碎裂纹路，这种纹路似网状的龟裂纹。这类釉面烧制的装饰材料装饰效果很好。碎裂现象的产生有很多的方法，如采用急冷工艺可生成碎纹釉，用两种具有不同收缩率的釉料，将有高收缩率的釉料施于普通釉上，经过高温烧成后上层釉龟裂可以透见下层釉，甚至有的釉在经年放置后也能形成碎纹釉，如图5-7所示。

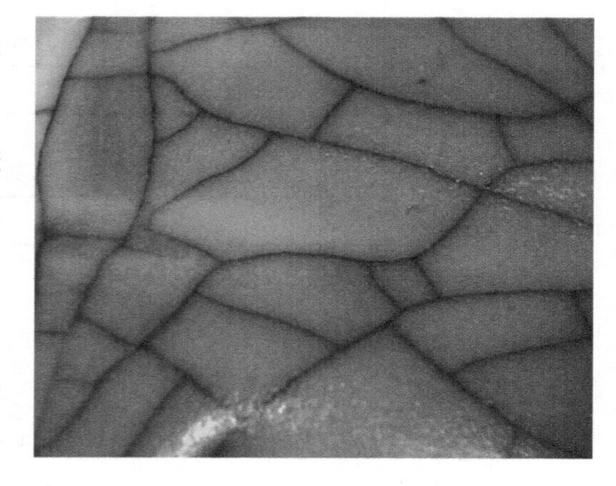

图5-7　碎纹釉

（3）彩色釉

彩色釉的釉面效果是由釉的化学组成、色料添加量、施釉厚度与均匀性、烧成时窑炉温度等因素决定的。釉面的颜色主要是采用多种金属氧化物作用而成，黑色氧化钴是釉料中最强烈的

着色剂，能形成鲜艳的蓝色；氧化铬在釉中可以形成红色、黄色、粉红色或棕色；二氧化锰可以形成黑色、红色、粉红色与棕色；钒与锆可以制成钒锆黄、钒锆蓝等成色稳定的色釉；氧化铁可形成淡蓝灰色、淡黄色、绿色、蓝色或黑色等，如图5-8所示。

图5-8 彩色釉

2．釉面砖的种类及主要特点

釉面砖由坯体和表面釉彩层组成，坯体呈白色，表面根据要求可喷施透明釉、乳浊釉、无光釉、花釉和结晶釉等艺术装饰釉。烧制后表面平滑、光亮，色泽丰富，图案繁多，具有装饰、防水、耐火、抗腐蚀和易清洗等功能。常用釉面砖的主要种类及特点见表5-2。

表5-2 常用釉面砖的主要种类及特点

种类		代号	特点
白色釉面砖		FJ	色纯、白、釉面光亮，便于清洁，大方
彩色釉面砖	有光彩色釉面砖	YG	釉面光泽晶莹，色彩丰富雅致
	无光彩色釉面砖	SHG	釉面半无光，不晃眼，色泽柔和
装饰釉面砖	花釉砖	HY	在同一砖上施以多种彩釉，经高温烧成，色釉互相渗透，花纹千姿百态
	结晶釉砖	JJ	晶花辉映，纹理多姿
	斑纹釉砖	BW	斑纹釉面，丰富生动
	大理石釉砖	LSH	具有天然大理石花纹，颜色丰富
图案砖	白地图案砖	BT	在白色釉面砖上装饰各种图案，经高温烧成。纹样清晰，色彩鲜明
	色地图案砖	YGT	经高温烧成，具有浮雕、缎光、绒毛、彩漆等效果
字画釉面砖	瓷砖画	DYGT	以各种釉面砖拼成各种瓷砖画，或根据已有画稿烧制成釉面砖，拼装成各种瓷砖画，清晰美观，永不褪色
	色釉陶瓷字	SHGT	以各种色釉、瓷土烧制而成，色彩丰富，光亮美观，永不褪色

5.2.2 釉面砖的规格要求及应用

1． 釉面砖的规格

经过近几年的发展，釉面砖的规格已由过去的108mm × 108mm、152mm × 152mm，发展到现今的200mm × 200mm、200mm × 280mm、250mm × 360mm和300mm × 300mm等规

格。同时一些异形配件砖由于规格尺寸的特殊性可按需要进行选配。

釉面砖的形状可分为通用砖（正方形砖、长方形砖）和异形砖（配件砖）。通用砖一般用于大面积墙面的铺贴，异形砖多用于墙面阴阳角和各收口部位的细部构造处理。异形砖有阳角条、阴角条、阳三角、阴三角、阳角座、阴角座、腰线砖、压顶条、压顶阴角、压顶阳角、阳角条和阴角条等。

2．釉面砖的技术要求

（1）规格尺寸偏差

由于釉面砖在烧制时存在着温度较高且有极小温差的问题，因而釉面砖的尺寸是允许有偏差的，尺寸允许偏差范围见表5-3。

表5-3　釉面砖尺寸允许偏差　　（单位：mm）

尺　寸		允许偏差
长度或宽度	≤152	±0.5
	>152、≤250	±0.8
	>250	±0.1
厚度	≤5	+0.4、-0.3
	>5	厚度的±8%

（2）外观质量

根据外观质量可将釉面砖分为优等品、一级品和合格品三个等级。表面缺陷允许范围应符合表5-4的要求。

表5-4　釉面砖表面缺陷允许范围

缺陷名称	优等品	一级品	合格品
开裂、夹层、釉裂	不允许		
背面磕碰	深度为砖厚的1/2	不影响使用	
剥边、落脏、釉泡、斑点、缺釉、棕眼、裂纹、图案缺陷等	距离砖面1m处目测缺陷不明显	距离砖面2m处目测缺陷不明显	距离砖面3m处目测缺陷不明显
色差	基本一致	不明显	不严重

3．釉面砖的应用

釉面砖常用于大型公共空间，如游泳池、医院、实验室和洗浴中心等，这些空间需要的釉面砖具有耐污性、耐腐蚀性和耐清洗性等特点。在一些民用住宅或高档宾馆的卫生间内，可选用具有图案、颜色或不同釉面效果的釉面砖，以提升整体空间的品位。

5.3　装饰陶瓷地砖

5.3.1　墙地砖的品种与特点

墙地砖以优质陶土为主要原料，掺入其他原配料，经过压制成型，再经1100℃左右煅

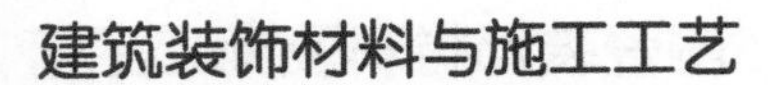

烧而成，多用于建筑物室内外地面、外墙面的陶质建筑装饰砖。

墙地砖的种类及主要特点

墙地砖品种较多，按其表面是否施釉可分为彩釉墙地砖和无釉墙地砖；按形状可分为正方形、长方形、六角形和扇面形等；按着色方法可分为自然着色、人工着色和色釉着色；按表面的质感可分为平面、麻面、毛面、磨光面、抛光面、纹点面等。

墙地砖与其他建筑材料砖相比，具有强度高、致密坚实、吸水率小、易清洗、防火、防水、防滑、耐磨、耐腐蚀和维护成本低等优点。

5.3.2 釉面墙地砖

1．彩釉墙地砖

彩釉墙地砖简称为彩釉砖，是以陶土为主要原料配料制浆后，经半干压成型、施釉和高温焙烧制成的。

彩釉砖结构致密，抗压强度较高，易清洁，装饰效果好，广泛应用于各类建筑物的外墙、柱的饰面和地面装饰，由于墙、地两用，又称为彩色墙地砖。

2．无釉墙地砖

无釉墙地砖简称为无釉砖，是以优质瓷土为主要原料的基料喷雾料，加一种或数种着色喷雾料（单色细颗粒），经混匀、中压、烧制而成的。无釉砖吸水率较低，包括无釉瓷质砖、无釉炻瓷砖和无釉细炻砖。

结合它们的各自特点，无釉瓷质砖适用于商场、宾馆、饭店、游乐场、会议厅和展览馆等的室内外地面和墙面的装饰，无釉的细炻砖和炻质砖是专用于铺地的耐磨砖。

5.3.3 其他墙地砖

随着人们对建筑装饰材料要求的不断提高和现代建筑装饰技术的革新，新型墙地砖层出不穷，相继出现了抛光砖、玻化砖、劈离砖、陶瓷透水砖、仿古砖、大颗粒瓷质砖、微晶玻璃陶瓷复合板和金属光泽釉面砖等新型墙地砖。

1．抛光砖

抛光砖是表面经过打磨而成的一种光亮的砖。抛光砖表面光洁、坚硬耐磨，适合在除洗手间和厨房以外的多数室内空间中使用。抛光砖可以做出各种仿石、仿木效果。抛光砖的种类繁多，包括雪花白、云影、金花米黄和仿石材等系列，如图5-9所示。

图5-9 抛光砖的品种

一般的抛光砖规格有400mm×400mm×6mm（长×宽×高）、500mm×500mm×6mm、600mm×600mm×8mm、800mm×800mm×10mm和1000mm×1000mm×10mm等。抛光砖主要应用于室内或公共空间内的墙面和地面，因其自身原因，抛光砖的耐污性较差，在施工前应打水蜡，可防止其他原因产生的污染，增加美感。

抛光砖的保养可用加少量氨水的肥皂水进行擦拭；也可用带有少许亚麻籽油的碎布，擦去抛光砖上的泥水；或者当抛光砖表面出现轻微划痕时，用牙膏涂在划痕周围，用干布用力反复擦拭，并用净布擦几下，即可消除划痕，达到光亮如新的效果。

2．玻化砖

玻化砖是一种强化的抛光砖，是采用高温烧制而成的全瓷砖。其表面光洁，这种瓷砖不需要抛光。随着陶瓷技术的日益发展，近年来，大规格的瓷质花岗岩和大理石玻化砖已经发展成为居室装饰的主流。这种陶瓷砖具有天然石材的质感，更具有高光度、高硬度、高耐磨、吸水率低、色差少以及规格多样化和色彩丰富等优点。玻化砖的种类有单一色彩效果、花岗岩外观效果、大理石外观效果和印花瓷砖效果之分，还有采用上釉玻化砖装饰法、粗面或上釉等多种新工艺的产品。

其中印花瓷砖采用特殊的印花模板新技术，烧制工艺是将色料在压制之前加到模具腔体中，放置于被压粉料之上并与坯体一起烧结，产生多色的变化效果。玻化砖也有缺陷，这种材料特有的微孔结构是它的致命缺陷，一般在铺设完玻化砖后，需要对砖的表面进行打蜡处理，若不打蜡，水易从砖面微孔渗入砖体，如图5-10所示。

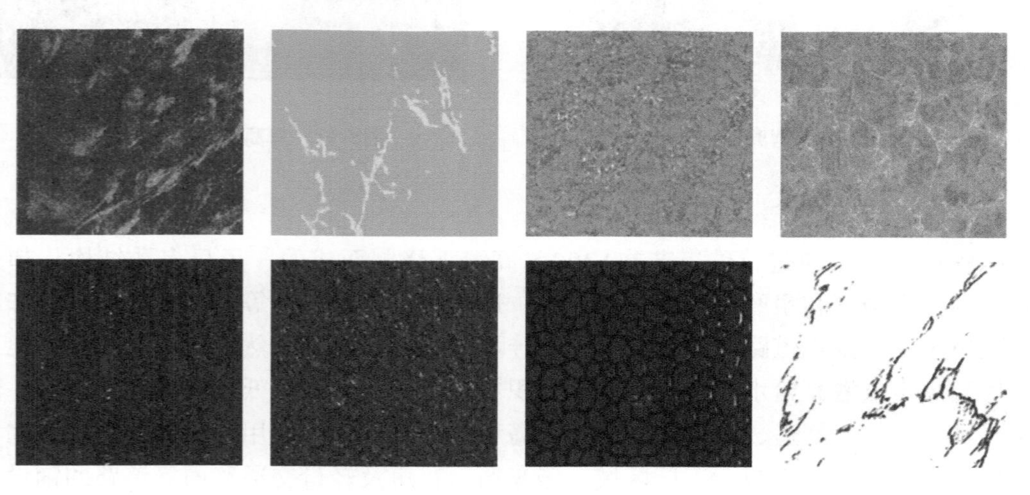

图5-10　玻化砖的品种

玻化砖常用规格有400mm×400mm、500mm×500mm、600mm×600mm、800mm×800mm、900mm×900mm和1000mm×1000mm。

玻化砖常应用于宾馆、写字楼、车站和机场等内外装饰，及家庭装修装饰中，如墙面、地面、饰板、家具和台盆面板等。

3．劈离砖

劈离砖又称劈裂砖，是一种用于内外墙或地面装饰的建筑装饰瓷砖，以软质黏土、页岩、耐火土和熟料为主要原料再加入色料等，经配料、混合细碎、脱水、练泥、真空挤压成型、干燥及高温焙烧而成。由于其成型时为双砖背联坯体，烧成后劈离开两块砖，故称劈离砖。

劈离砖按表面的粗糙程度可分为光面砖和毛面砖两种，前者坯料中的颗粒较细，产品表面较光滑和细腻，而后者坯料颗粒较粗，产品表面有凸出的颗粒和凹坑；按用途可分为墙面砖和地面砖两种：按表面形状可分为平面砖和异型砖等，如图5-11所示。

劈离砖质地密实、抗压强度高、吸水率小、耐酸碱、耐磨耐压、防滑防腐、表面硬度大、性能稳定、抗冻性好。劈离砖主要用于建筑内外的墙面装饰，也适用作车站、机场、餐厅和楼堂馆所等室内地面的铺贴材料。其中厚型砖多用于室外景观如甬道、花园及广场等露天地面的地面铺装材料，如图5-12所示。

图5-11　劈离砖

图5-12　劈离砖在建筑外墙的应用

4．陶瓷透水砖

陶瓷透水砖是通过特殊工艺在1200℃高温下烧制而成的，虽呈多孔结构，却是具有较高的力学强度和耐磨度、孔梯度结构、透水、保水及装饰等功能的生态道路和广场砖，适用于室外景观道路铺设。陶瓷透水砖可使45%以上的自然降水全方位渗入地下，能彻底解决定点灌溉给水率低，润湿土体积小的问题，从而降低土壤内的含盐量。陶瓷透水砖具有环保、舒适、色彩丰富、强度高和安全等特点。适用于城市建设中住宅、道路、广场、公园、植物园、工厂区域、停车场、花房及轻量交通路面等道路的铺设，如图5-13所示。

5．仿古砖

仿古砖实质上是一种釉面装饰砖，其表面一般采用亚光釉或无光釉，产品不磨边，砖面采用凹凸模具。其坯体有两种：一种是直接采用瓷质砖坯体原料，烧成后的吸水率在3%左右，即瓷质仿古砖；另一种是吸水率在8%左右，类似一次烧成水晶地板砖，即炻质仿古砖。它适用于各类公共建筑室内外地面和墙面及现代住宅的室内地面和墙面的装饰，如图5-14所示。

图5-13　陶瓷透水砖及其装饰效果

图5-14　仿古砖及其装饰效果

6．金属釉面砖

金属釉面砖采用了一种新的彩饰方法，通过在釉面砖表面热喷涂着色工艺，使砖表面呈现金、银等金属光泽。金属光泽釉面砖具有清新绚丽、金碧辉煌的特殊效果。这种面砖抗风化、耐腐蚀、持久长新，适用于高级宾馆、饭店以及酒吧、咖啡厅等娱乐场所的柱面和门面的装饰，处于当今国内市场的领先地位，如图5-15所示。

图5-15　金属釉面砖及其装饰效果

7．大颗粒瓷质砖

大颗粒瓷质砖是相对无釉瓷质砖的喷雾造粒的小斑点而言的。它使用专用的造粒机，把部分喷雾干燥的粉料加工成直径1～7mm的颗粒，用专门的布料设备进行布料，再压机成型，经干燥、焙烧而成。大颗粒瓷质砖具有花岗岩外观质感和陶瓷马赛克的色点装饰外观，有极好的耐磨、抗折、抗冻和防污等特性，适用于各类公共建筑室内外地面和墙面及现代住宅的室内地面和墙面的装饰，如图5-16所示。

图5-16　大颗粒瓷质砖及其装饰效果

8．麻面砖

麻面砖是以仿天然岩石色彩的原料进行配料，通过压制使其表面形成凹凸不平的麻面坯体，一次烧制成的炻质面砖。麻面砖的外表面与人工修凿过的天然岩石面极为相似，纹理清晰、粗犷高雅，有黑、灰、红、黄、白等多种颜色。通常有200mm×100mm、200mm×75mm和100mm×100mm等主要规格尺寸。

麻面砖具有强度高、质地密实、吸水率小、防滑和耐磨等特点。其中薄型麻面砖广泛应用于建筑物外墙装饰，而厚型麻面砖则较多的使用在广场、停车场、草坪、码头及人行道等的地面铺设，如图5-17所示。

图5-17　麻面砖

9．瓷制彩胎砖

瓷制彩胎砖是一种本色无釉的瓷制饰面砖，是以仿天然岩石的彩色颗粒土为原材料，经混合配料，压制成多彩坯体后，经高温一次烧制而成的瓷质制品。瓷制彩胎砖具有天然花岗岩的纹理，硬度和耐久度高，多为灰、棕、蓝、绿、黄、红等基色。

瓷制彩胎砖的表面有两种，即平面型和浮雕型，平面型又可分为磨光和抛光两种。表面经过抛光的彩胎砖叫抛光砖，在人流密度大的商场、影院和酒店等公共场所广泛使用。

10．仿天然石材墙地砖

仿天然石材墙地砖包括仿花岗岩墙地砖和仿大理石墙地砖，这类材料效仿天然石材的肌理效果可以假乱真，其中仿花岗岩墙地砖的装饰效果更加美观大方。仿花岗岩墙地砖是一种全玻化、瓷质无釉墙地砖，是国际上流行的新型高档建筑饰面材料。20世纪80年代中期意大利首先推出，它具有天然花岗岩的质感和色调，可代替价格日益昂贵的天然花岗岩。

仿天然石材墙地砖可用于会议室、宾馆、饭店、展览馆、图书馆、商场、舞厅、酒吧、车站、飞机场等的墙地面装饰。

11．装饰木纹砖

装饰木纹砖是一种表面呈现木纹装饰图案的高档陶瓷劈离砖新产品，其纹路逼真、易保养，是一种亚光釉面砖。它以线条明快和图案清晰为特色。木纹砖逼真度高，能惟妙惟肖地仿造出木头的细微纹路；而且木纹砖耐用、耐磨、不含甲醛、纹理自然，表面经防水处理，易于清洗，如有灰尘沾染，可直接用水擦拭；具有阻燃，不腐蚀的特点，是绿色及环保型建材，使用寿命长，无需像木制产品那样周期性地打蜡保养。适用于快餐厅、酒吧和专卖店等商业空间，也适用于居室空间如客厅、阳台、厨房、居室和洗手间等。

5.4 陶瓷锦砖

5.4.1 陶瓷锦砖的基础概述

陶瓷锦砖俗称陶瓷马赛克，马赛克（mosaic）一词来源于古希腊文，它由各种颜色、多种几何形状和一般长边不大于50mm的小块瓷片铺贴于牛皮纸上形成色彩丰富、图案繁多的陶瓷装饰制品。通常贴在牛皮纸上形成的一张成品叫做“联”。

1．陶瓷锦砖的品种

（1）按表面质地可分为有釉锦砖、无釉锦砖和艺术马赛克。

（2）按材质可分为金属马赛克、玻璃马赛克、石材马赛克和陶瓷马赛克。

（3）按形状可分为正方形、长方形、六角形和菱形等。

（4）按砖的色泽可分为单色和拼花。

（5）按用途可分为内外墙马赛克、铺地马赛克、广场马赛克、梯阶马赛克和壁画马赛克。

2．陶瓷锦砖的规格

陶瓷锦砖是由各种不同规格的数块小瓷砖粘贴在牛皮纸上或粘在专用的尼龙丝网上拼成联构成的。单块规格一般为25mm×25mm、45mm×45mm、100mm×100mm或95mm×95mm，单联的规格一般有285mm×285mm、300mm×300mm或318mm×318mm等种类。

5.4.2 陶瓷锦砖的特点及应用

1．陶瓷锦砖的特性

按照陶瓷锦砖的特性，其材质应属于瓷质砖的范围，吸水率应小于0.5%。陶瓷锦砖具有较强的抗冻性、破坏强度、断裂模数、抗热震性、耐化学腐蚀性、耐磨性、抗冲击性和耐酸碱性。陶瓷锦砖是由数块小瓷砖组成一联的，因此拼贴成联的每块小砖的间距，即每联的线路要求均匀一致，以达到令人满意的铺贴效果。

2．陶瓷锦砖的特点及用途

（1）特点

陶瓷锦砖不但质地坚实、色泽图案多样、吸水率极低、抗压性好、成本低廉，而且具有耐酸、耐碱、耐磨、耐水、耐压、耐冲击、易清洗和防滑等优点。

（2）用途

由于马赛克色彩表现丰富、色泽美观稳定，单块元素小巧玲珑，可拼成风格迥异的图案，如风景、动物和花草等，从而达到不俗的视觉效果。因此，陶瓷马赛克适用于喷泉、游泳池、酒吧、舞厅、体育馆和公园的装饰。同时，由于防滑性能优良，也常用于家庭卫生间、浴池、阳台、餐厅和客厅的地面装修。还广泛应用于工业与民用建筑的工作车间、实验室、走廊和门庭的墙地饰面，如图5-18所示。

图5-18　马赛克的装饰墙体效果

由于陶瓷马赛克砖体薄，自重轻，每个瓷片都能通过背后的缝隙坚固地帖服在砂浆中，因此不易脱落，即使少数砖块掉落下来，也不会有伤人的危险性，具有很好的安全性能。

5.5　装饰琉璃制品

5.5.1　装饰琉璃制品的概述

建筑装饰琉璃制品从古至今被广泛应用于古典式或具有民族风格的建筑物，它是以难熔黏土为主要原料制成坯泥，成型后经干燥、素烧、施琉璃彩釉釉烧而成。

装饰琉璃制品的特点和用途

（1）特点

由于其特殊的烧制工艺，在建筑装饰琉璃制品表面形成了釉层，在完善表面美观效果

的同时，也提高了表面的强度和防水能力。具体特点有质地细密、表面光润、坚实耐用、色彩夺目、形制古朴和民族气息浓厚等，是我国特有的建筑艺术制品之一。

（2）用途

琉璃制品造型复杂，制作工艺烦琐，成本造价高，因而主要应用于体现我国传统建筑风格的建筑群和具有纪念意义的建筑。如园林式建筑中的亭、台、楼、阁中，形成具有古代园林特色的风格。琉璃制品作为近代建筑的高级屋面材料，还应用于当代建筑的各个角落，用以体现古代与近代的完美结合。

5.5.2 装饰琉璃制品的分类

在古代建筑中，琉璃制品分为瓦制品和园林制品两类。其中琉璃瓦制品主要用于建筑的屋顶，起排水防漏、房屋构件和装饰点缀的作用，而园林制品多用于窗、栏杆等部件。

在现代建筑装饰中，琉璃制品主要有仿古代建筑的琉璃瓦、琉璃砖、琉璃兽以及琉璃花窗、栏杆等各种装饰制件，还有供陈设用的建筑工艺品，如琉璃桌、绣墩、鱼缸、花盆和花瓶等，如图5-19所示。

图5-19 建筑琉璃制品应用效果

装饰琉璃砖与琉璃瓦是高档的室内装饰材料。装饰琉璃砖工艺精细、外观精美、立体感强，可用于室内吊饰、墙面、吧台、顶棚、地面、背景、凹嵌、门牌和标牌等装饰部位，具有极高的观赏性。琉璃砖与琉璃瓦是以人造水晶为原料，凭借其雅致的风格品位和文化气质，为空间增色许多。装饰琉璃砖在光的投射下辉映出各种形态的图案，具有逼真的造型和自然色彩，充分体现了当今室内装饰推崇自然，追求返璞归真的设计趋势，成为空间环境艺术的组成部分，如图5-20所示。

图5-20 琉璃砖、琉璃瓦

5.6 装饰陶瓷的新品种

5.6.1 陶瓷装饰浮雕

随着建筑装饰规模的不断扩大，陶瓷装饰制品的总体发展趋势是尺寸多样、做工细腻、品种繁多、颜色丰富、图案新颖且坚实耐用，同时装饰陶瓷的使用范围和用量也随之加大，装饰陶瓷已经成为现今重要的建筑装饰材料。

陶瓷浮雕壁画是大型画，是以陶瓷面砖和陶板等建筑材料制作而成的现代建筑装饰，此类材料具有凹凸的浮雕效果，属新型高档装饰。陶瓷壁画并非将原画稿进行简单的复制，而是经过放大、制版、刻画、配釉、施釉和焙烧等多道复杂工序制作而成的，具有较高的艺术价值。

陶瓷浮雕壁画具有单块砖面积大、厚度薄、强度高、平整度好、吸水率低、抗冻性高、抗化学腐蚀和耐急冷急热等特点，适于镶嵌在商场、宾馆、酒楼以及会所等高层建筑物上，也可镶贴于公共活动场所，如图5-21所示。

图5-21 醴陵陶瓷浮雕壁画

5.6.2　陶土板

陶土板又称为陶板，是以天然陶土为主要原料，添加少量石英、浮石、长石及色料等其他成分，经过高压挤出成型、低温干燥及1200℃的高温烧制而成的，具有绿色环保、无辐射、色泽温和、不带有光污染等特点。经过烧制的陶土板经磨边切割，检验合格后即可供应市场。陶土板常规厚度为15～30mm不等，常规长度为：300mm、600mm、900mm和1200mm，常规宽度为200mm、250mm、300mm和450mm。陶土板可以根据不同的安装需要进行任意切割，以满足建筑风格的需要。陶土板的颜色可以是陶土经高温烧制后的天然颜色，通常有红色、黄色和灰色三个色系。

陶土板背后形成密闭的空气层，有很好的保温节能功效。双层陶土板具有空腔结构，安装时陶土板背部有一定的空间，可有效降低传热系数，起到保温和隔声的作用。可降低建筑能耗，节约能源，可作为大型场馆、公共设施及楼宇的外墙材料，还可用于大空间的室内墙壁，如办公楼大厅、地铁车站、火车站候车大厅、机场候机大厅、博物馆和歌舞剧院等，如图5-22所示。

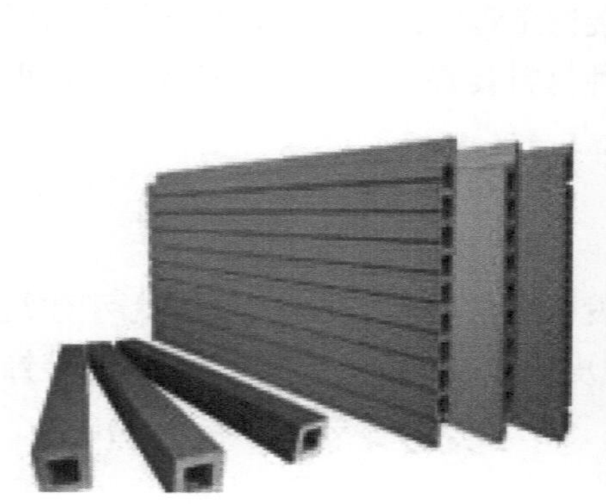

图5-22　陶土板及其装饰效果

5.6.3　软性陶瓷

软性陶瓷通过对普通泥土或黏土的改良再经高温烧结而成，其烧制的时间越久，质地越柔软，弹性也就更强。软性陶瓷具有手感柔软、富有弹性、防滑防潮和质地坚硬的特点，能够产生较强的立体效果，装饰性能优良。软性陶瓷的适用范围非常广泛，如部分建筑外墙、商业空间室内墙体、娱乐空间和健身场所地面装饰等，家庭装饰方面十分适用于儿童房和浴室等空间。

软性陶瓷的出现解决了陶瓷制造业存在的能耗高、污染严重以及过分依赖陶土资源的问题，是目前新兴的一种陶瓷装饰材料，如图5-23所示。

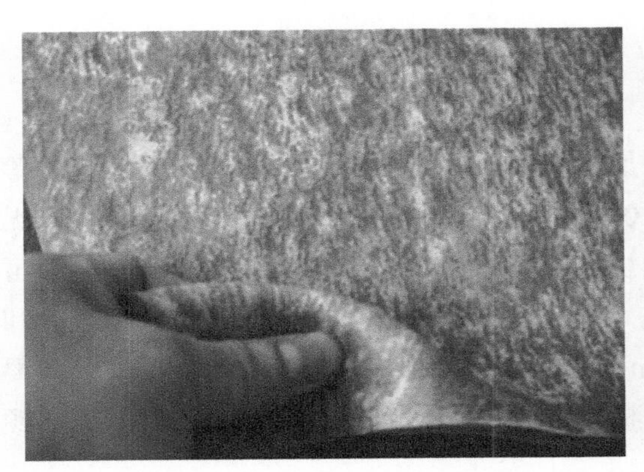

图5-23　软性陶瓷及其装饰效果

5.6.4　陶瓷彩铝

陶瓷彩铝表面采用PECC技术制作陶瓷化膜层，颜色丰富多彩。有各种单一颜色，也有色彩斑斓的花纹图案，有高光，也有亚光。陶瓷彩铝具有耐磨损、耐腐蚀和抗酸碱、抗老化、抗紫外线等优异性能。陶瓷彩铝的问世，突破了金属材料表面阳极氧化和静电喷涂等技术的局限，在陶瓷材料的生产行业中掀起了一场新的技术革命。

陶瓷彩铝还具有豪华气派的装饰效果，给人以典雅高贵的感观享受，可满足各类建筑的高品位需求。目前已有陶瓷彩铝门窗应用于室内装饰工程中，门窗内表面与外表面可采用不同颜色进行搭配，适合于不同的装饰环境。这种材料具有重量轻、强度高、变形小、稳定性高、耐久性强、利于定型和装饰性强等显著优点。

5.6.5　其他新材料

随着现代科学技术的发展，近年来我国自主开发研究并生产了一系列其他新型建筑陶瓷产品，如无硼一锆釉面砖、陶瓷彩色波纹贴面砖、皮革砖（如图5-24所示）、黑瓷装饰板以及一些利用工业废渣生产的建筑陶瓷制品等。

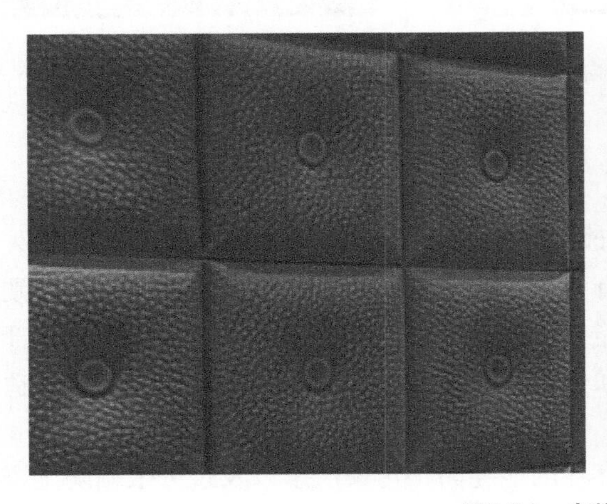

图5-24　皮革砖

陶瓷制品作为最古老的装饰材料之一，为现代建筑装饰装修工程带来了越来越多兼具实用性和装饰性的材料。随着现代科学技术的发展，装饰陶瓷制品在花色、品种和性能等方面都有了巨大的变化，在今后陶瓷制品仍是一种有发展前途并有竞争力的装饰材料。其发展趋势主要表现在以下几个方面：

（1）色彩向低调转变　陶瓷色彩由白色、米色、灰色和土色向深蓝及墨绿等色发展，这些低调的色彩将成为近些年及以后建筑装饰材料的主色调。

（2）形态向多样转变　圆形、十字形、长方形、椭圆形、六角形和五角形等形状的销量将逐渐增大。

（3）规格向大型转变　40mm以上的大规格瓷砖越来越时兴，将取代原来的小型瓷砖制品。

（4）感观向雅致转变　随着人们对艺术理解和欣赏能力的提高，质地细腻、风格雅致的建筑陶瓷饰品已成为国内外市场发展的新方向。

（5）釉面向复杂转变　今后陶瓷面砖的釉面将以全光面、半光面、半雾面及雾面为主。

5.7　装饰陶瓷的施工工艺

5.7.1　室内墙面瓷砖

本节所需要的施工工具如图5-25所示。

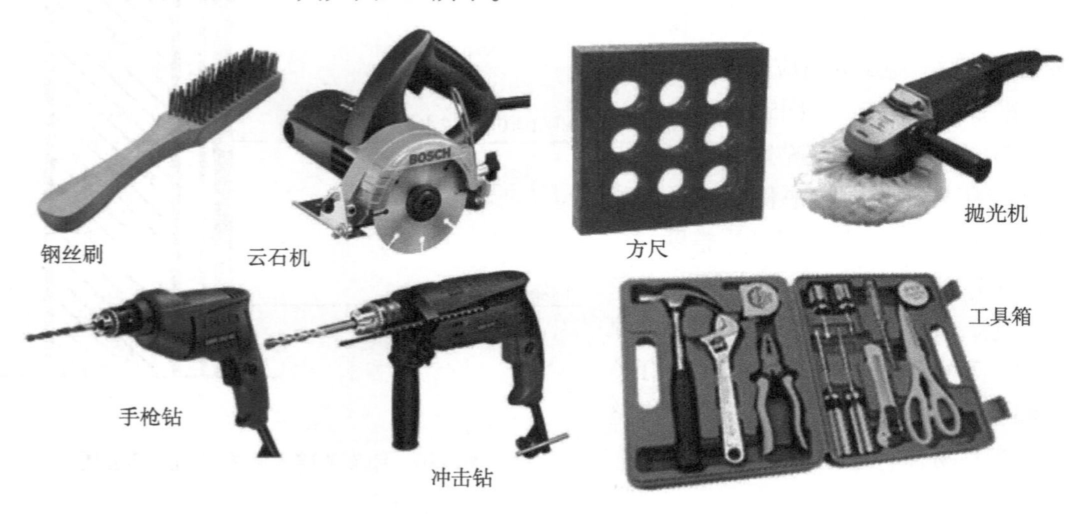

图5-25　主要施工工具

大桶、小水桶、半截桶、笤帚、平锹、筛子、窄手推车、钢丝刷、喷壶、橡皮锤、云石机、铁制水平尺、水平尺、小锤、木抹子、铁抹子、木垫板、墨斗、刮尺、靠尺、尼龙线、开刀、棉纱（擦布）、磅秤、方尺、铁板、孔径5mm筛子、窗纱筛子、手推车、钢板抹子（1mm厚）、开刀或钢片（20mm × 70mm × 1mm）、底尺［（3000 ~ 5000）mm × 40mm ×（10 ~ 15）mm］、大杠、中杠、小杠、灰槽、灰勺、米厘条、毛刷、鸡腿刷子、粉线包、小线、老虎钳子、小铲、合金钢錾子、小型台式砂轮、勾缝溜子、勾缝托灰板、托线板、线坠、盒尺、手枪钻、钉子、冲击钻、红铅笔、铅丝、抛光机、工具袋和工具箱等。

1．工艺流程

基层清扫处理→抹底子灰→选砖→浸泡→排砖→弹线→粘贴标准点→粘贴瓷砖→勾缝→擦缝→清理。

2．材料

（1）水泥　325号普通硅酸盐水泥或矿渣硅酸盐水泥。

（2）白水泥　325号白水泥。

（3）砂子　粗砂或中砂，用前过筛。

（4）瓷砖　材料表面应平整，颜色一致，每张长宽规格一致，尺寸正确，边棱整齐。

（5）石灰膏　应该用块状生石灰淋制，淋制时必须用孔径不大于3mm×3mm的筛过滤，并贮存在沉淀池中。

（6）生石灰粉　抹灰用的石灰膏可用磨细生石灰粉代替。

（7）纸筋　用白纸筋或草纸筋，使用前三周应用水浸透捣烂，使用时宜用小钢磨磨细。

（8）聚乙烯醇缩甲醛和矿物颜料等。

3．施工规范

（1）在对基层处理时，应全部清理墙面上的各类污物，并提前一天对铺设瓷砖进行浇水湿润。基层为新墙时，待水泥砂浆七成干后，施工人员应该进行排砖、弹线，准备粘贴面砖，如图5-26所示。

（2）正式粘贴前应粘贴标准点，用来控制瓷砖粘贴表面的平整度，操作时应随时用水平尺检查铺设面的平整度。

（3）瓷砖粘贴前必须在清水中浸泡2h以上，以砖体不冒泡为准，取出晾干待用。若施工铺贴时遇到管线、灯具开关和卫生间设备的支承件等，须将整块瓷砖套割吻合。

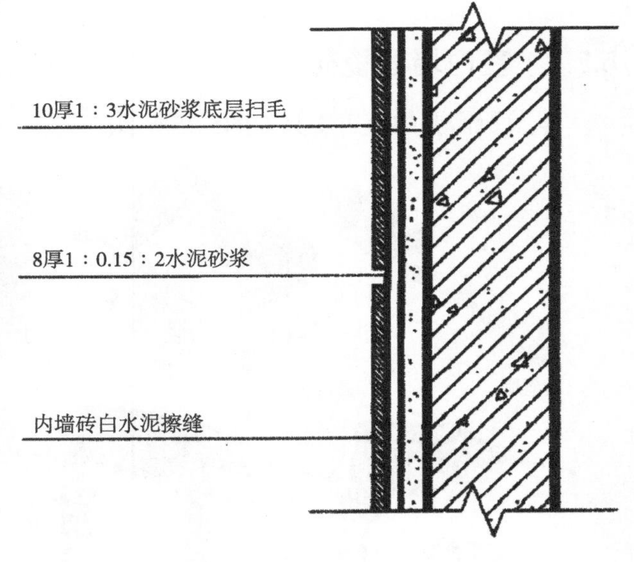

图5-26　墙面瓷砖内墙施工构造剖面图

（4）铺贴顺序

墙砖应从下向上铺贴，为美观起见，铺设墙体底层的砖应后贴，墙砖贴完后再贴地砖。因瓷砖自重较大，在铺贴整体墙面时建议一次不要铺贴至顶面，以防止墙砖塌落。

（5）养护

铺完砖24小时后，洒水养护，时间不应小于7天。

（6）适用陶瓷制品

适用的陶瓷制品包括仿古砖、釉面砖、金属光泽釉面砖、抛光砖、陶瓷腰线、仿天然

石材墙地砖和装饰木纹砖等各种陶瓷墙砖。

5.7.2 室内地面砖

1. 工艺流程

基层处理→找标高、弹线→铺找平层→弹铺砖控制线→铺砖→勾缝、擦缝→养护→踢脚板安装。

2. 材料

同墙面瓷砖。

3. 瓷砖的铺贴方法

瓷砖的铺贴方法根据施工材料的调配比例不同，分为干铺法与湿铺法两种。

（1）干铺法　将水泥和砂子以1：2.5的体积比配比并洒水搅拌均匀，形成干湿状的干性水泥砂浆，找出铺设的基准点，在基准点的位置拉水平线进行铺设，找平层用大杠刮平，再用抹子拍实。在铺地砖之前，先在基层表面均匀抹素一道水泥浆或在地砖背面抹刮一层素水泥浆，以增加砂浆与地砖的黏结强度。铺设时用橡皮锤敲击地砖，使其与地面压实，并且高度与地面标高线吻合，铺贴4块或8块以上时应用水平尺检查平整度，对高的部分用橡皮锤敲平，低的部分应起出地砖用砂浆垫高做平。一般房间应先里后外沿控制线进行铺设，即先从远离门口的一边开始，按照试拼编号，依次铺设，逐步退至门口。

（2）湿铺法　将水泥和砂子以1：2.5的体积比配比并加清水搅拌均匀，形成湿状的水泥砂浆。铺设之前先沿墙面弹出地面标高线，然后在房间四周做灰饼。灰饼表面应比地面标高线低一块地砖的厚度。铺设地砖时边铺砂浆边铺地砖，用橡皮锤敲平拔缝，其铺设做法与干铺法相同，不同之处是水泥砂浆水灰稠度不同。从铺设效果来看，干铺法较湿铺法要更加平整美观。

4. 瓷砖的排砖原则

（1）瓷砖铺设至门口时，应注意垂直方向分中，形成对称。

（2）如需要切割瓷砖铺设时也应尽量排在远离门口或大面积铺设区域，放在较隐蔽处。

（3）在铺贴走廊时，应尽量与走廊的砖缝对上，若无法对称可在门口用分色砖分隔。

（4）有地漏的房间应注意铺设基层的坡度和坡向。

（5）地砖的铺贴顺序应由内向外贴，如地面有坡度或有地漏，应注意按建筑室内排水方向找坡铺设。

（6）严格按水平标高线对地面铺贴进行控制，对地砖进行预先挑选，减少高低差。

5. 适用陶瓷制品

适用的陶瓷制品包括仿古砖、釉面砖、抛光砖、金属光泽釉面砖、仿天然石材砖和装饰木纹砖等各种陶瓷地砖。

5.7.3 室内陶瓷锦砖

1. 墙面施工方法

（1）施工前准备

所需施工的陶瓷锦砖应附有产品合格证，以保证产品质量。掉角、脱粒、开裂或衬纸

受潮损坏的、严重影响外观装饰的产品不能使用。陶瓷锦砖在现场要严禁散装和散放，防止受潮。

（2）材料

1）陶瓷锦砖。

2）不低于325号的普通水泥或白水泥。

3）粗砂与中砂。

（3）施工操作要点

1）基层处理。铺装的基层需要平整。因此要剔平墙面不平整凸出的混凝土，对大钢模施工的混凝土墙面应凿毛，使用施工工具中的钢丝刷将墙面全面刷一遍，然后在基层浇水润湿，等待铺贴。

2）基层打底灰。因为陶瓷锦砖的黏结层比较薄，所以对基层的底灰平整度要求比较严格。需要在弹线前对基层刷一道水泥素浆，随后抹一遍体积比为1：2.5或1：3的水泥砂浆，用抹子压实。

3）弹线。贴陶瓷锦砖前应放出施工大样，根据高度弹出若干条水平线以及垂直线。弹线时，应计算好陶瓷锦砖的张数，确保两线之间保持整张张数。

4）铺贴陶瓷锦砖。将陶瓷锦砖铺在平整的木垫板上，平放时砖面朝上，向锦砖的砖缝里灌白水泥素浆。若是彩色的陶瓷锦砖，则需要灌彩色水泥。灌完缝后，用含水量适当的刷子刷一遍，将四边余灰刮掉，紧接着对准横竖弹线，随后逐张往墙上贴。

5）揭纸与调缝。陶瓷锦砖铺贴30min后，用长毛刷蘸清水润湿牛皮纸，待纸面在15～30min之内完全湿透后自上而下将纸揭下。操作时，手执上方纸边两角，保持与墙面平行的协调一致的动作。检查缝隙的大小平直情况，如果缝隙大小不均匀，横竖不平直时，须用钢片拨正调整。

2．地面施工方法

（1）材料

1）陶瓷锦砖。

2）425号以上普通硅酸盐水泥，硅酸盐白水泥，应有出厂证明。

3）粗砂与中砂。

（2）工艺流程

基层清理→贴灰饼、标筋→做水泥砂浆找平层→做防水层→抹结合层砂浆→铺贴陶瓷锦砖→拍实→洒水、揭纸→拨缝→灌浆擦缝→清洁→养护。

（3）施工操作要点

1）基层处理。施工基底应清理干净，不应有砂浆块、白灰等杂物，要求施工基层保持平整整洁。

2）贴灰饼、标筋。弹好地面水平标高线（在墙面上），在墙四周做灰饼，有地漏的房间，以漏口处为最低处、门口处为最高处冲好标筋（间距可控制在1.5m）。

3）做水泥砂浆找平层。用干硬性砂浆，其干硬度以捏成团，落地即散为准。机械拌和，搅拌时间应不少于1.5min。铺砂浆前，先将该层浇水润湿，均匀刷素水泥浆一道，随即铺砂

浆，用刮尺压实刮平，用木抹子拍搓抹平。有地漏的房间要按设计要求的坡度做出泛水。

4）铺贴陶瓷锦砖。先应找好标准，一般两间连通的房间应由门口中间拉线，以此为标准。然后从里向外退着铺。也可以从门口开始，人站在垫木板上往里铺。有镶边的房间，应先铺镶边的部分。铺贴时，先在准备贴的范围内撒素水泥，一定要撒匀，并洒水润湿，同时用排笔蘸水将待铺的砖面刷湿，随即按控制线顺序铺贴，铺贴时还应用方尺控制方正。当铺贴快到尽头时，应提前量尺预排，早做调整，避免造成端头缝隙过大或过小，如果空隙较大应裁条嵌齐。

5）拍实。待整个房间铺满后，由一端开始，用橡胶锤和拍板依次拍平板实，拍至素水泥浆挤满缝隙为止。

6）洒水、揭纸。用喷壶洒水至纸面完全浸湿为宜，切不能过多或不足。过多会使瓷粒浮起；过少则未浸湿，不易揭纸。常温下湿纸后15～25min可以揭纸。揭纸的手法是，手扯纸边，向与地面平行方向揭，不可向上提揭。揭掉纸后，对留有纸毛处应用开刀清除纸毛。

7）拨缝、灌浆、擦缝。揭纸后应用开刀将不顺直和不齐的缝隙拨正、拨直。然后用白水泥浆或水泥色浆嵌缝灌浆、擦缝。

8）清洁、养护。在擦缝以后，应将马赛克表面的水泥砂浆即时擦净，防止砂浆凝结，污染地面。陶瓷锦砖铺完24h后进行养护。

3．适用陶瓷制品

以上施工工艺适用于陶瓷锦砖的施工铺设。

5.7.4　室外建筑外墙陶瓷锦砖

1．墙面玻璃马赛克排列形式

墙面粘贴马赛克的排砖和分格必须按照建筑施工图样上的横竖装饰线，竖向分格缝要求在窗台及窗口边都为整张排列，锯窗洞、窗台、挑檐和腰线等凸凹部分都要进行全面安排，需要注意的是分格出来的横缝应与窗台、门窗相平。

2．材料

（1）陶瓷锦砖。

（2）水泥　使用425号或以上普通水泥，存放过久的水泥不能使用。当采用白色或浅色玻璃马赛克时应采用白色水泥做结合层。

（3）乳液或107胶　无浑浊或污染变色现象。

（4）石灰膏　使用前一个月将生石灰焖淋，淋成石灰膏。

（5）砂子　粗砂或中砂，使用时应过筛。

3．工艺流程

马赛克镶贴方法有三种：软贴法、硬贴法和干灰洒缝湿润法。

（1）陶瓷锦砖软贴法的工艺流程为：基层处理→找平层抹灰→弹水平及竖向分格缝→马赛克刮浆→铺贴马赛克→拍板擀缝→湿纸→揭纸→检查调整→擦缝→清洗→喷水养护。

（2）陶瓷锦砖干灰洒缝湿润法的工艺流程。干灰洒逢湿润法是在铺贴时，在马赛克纸背面撒1：1细砂水泥干灰充盈拼缝，然后用灰刀刮平，并洒水使缝内干灰湿润成水泥砂

浆，再按软贴法其余流程铺贴于墙面。

不同的镶贴方法的差别在于弹线与粘贴顺序不同。硬贴法的不足之处是由于在基底上刮结合层，会使找平层的弹线分格被水泥素浆遮盖。

4．施工操作要点

（1）基层处理　基层为混凝土墙面，将凸出墙面的混凝土剔平。混凝土基层太光滑应进行毛化处理即凿毛，以后用比例为1：1的水泥与细砂掺水调制成砂浆。若施工基层为砖墙面，抹底子灰前应先将基层清扫干净，检查、处理好窗台、窗套和腰线等损坏与松动部分，浇水湿润墙面。

（2）抹底子灰　抹底子灰一般分两次操作，第一层抹薄层，用抹子压实。第二层用相同配合比的砂浆按标筋抹平，用短刮杠刮平，低凹处填平补齐，最后用木抹子搓出麻面，然后根据气温情况，终凝后浇水养护。

（3）施工基层弹线　根据设计方案与建筑物墙面总高度、门窗洞口和马赛克品种规格定出分格缝宽，弹出若干水平线，同时加工分格条。

（4）镶贴马赛克　粘贴马赛克一般自下而上进行。在抹黏结层之前应在湿润的底层上刷水泥浆一遍，同时将每联马赛克铺在木垫板上（底面朝上），缝中灌1：2比例的干水泥砂，并用软毛刷刷净底面浮砂，刮抹一层比例为1：0.3的水泥砂浆之后再进行粘贴如图5-27所示。

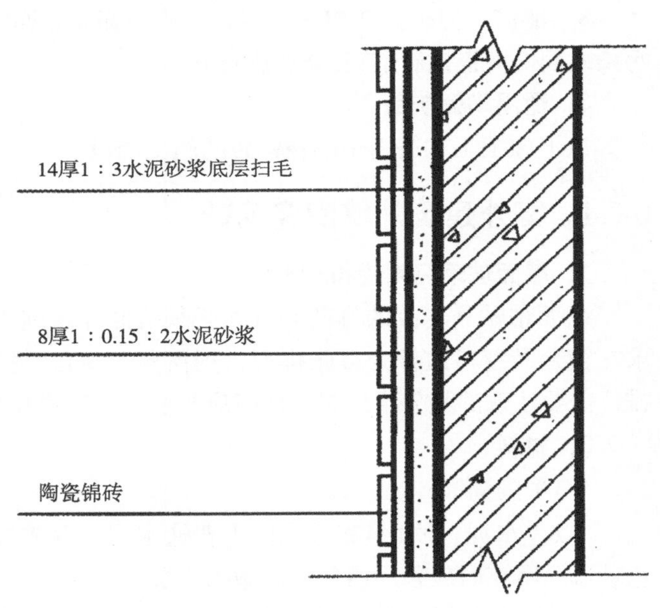

图5-27　陶瓷锦砖的施工构造剖面图

（5）揭纸与拨缝　锦砖镶贴完后在砂浆初凝结前用清水喷湿护面纸，用双手轻轻将纸揭下。揭纸时用力方向应尽量与墙面平行，同嘲用金属拨扳调整弯扭的缝隙，使锦砖间距均匀，并在锦砖面上垫木板轻拍压实敲平。

（6）擦缝与清洁　待整个施工墙面铺贴完后，等待粘贴层凝结，用刮板往缝里刮满、刮实、刮严白水泥稠浆，再用麻丝和擦布将表面擦净。

5．施工中常见问题及预防措施

（1）勾完缝后如砂浆没有及时擦净会造成墙面污染，或由于其他工种和工序造成墙面污染等，可用棉丝蘸稀盐酸刷洗，然后用清水冲净。

（2）施工中若分格缝不匀，会导致墙面的不平整，这主要是由于施工前没有认真按图纸尺寸去核对结构施工的实际情况，且施工时对基层处理又不够认真造成的。若贴灰饼控制点少会造成墙面不平整。由于弹线排砖不细，每张陶瓷锦砖的规格尺寸不一致，施工过程中选

砖不细或操作不当等，也会造成分格缝不匀，应选相同尺寸的陶瓷锦砖镶贴在一面墙上。

（3）砂浆配合比不准，稠度控制不好，砂子含泥量过大；或在同一施工面上采用几种不同配合比的砂浆，因而产生不同的干缩，都会造成空鼓。应认真严格按照工艺标准操作，重视基层处理和自检工作，发现空鼓的应随即返工重贴。整间或独立部位宜一次完成。

（4）阴阳角不方正，主要是由于打底子灰时，不按规矩吊直或套方所致。

（5）基层表面偏差较大，基层处理或施工不当。如每层抹灰跟得太紧；陶瓷锦砖勾缝不严，又没有洒水养护，各层之间的黏结强度很差，面层就容易产生空鼓，并脱落。

5.7.5　室外陶瓷地砖

1．步行道及便道的铺设

陶瓷制品的地面荷载性弱，因此劈离砖、草坪砖、麻面砖等材料适用于广场地面、人行道、便道、停车场等室外空间地面的铺设。人行道的陶瓷制品铺设需要具有较强的视觉导向性，为人们增强方向指示感，此类地面应注意的是地面材料拼花以简洁、大方、美观为主，另外需要考虑采用具有防滑效果的地面铺设材料，以保证人员使用的安全性。在人行道上需考虑盲人专用通道，用盲道砖进行指引，如图5-28所示。

2．广场地面的铺设

室外广场承担着一个城市的公共休憩空间的职责。城市广场又包括交通广场、纪念性广场、市政广场和宗教广场等不同功能的城市公共空间。这些空间涵盖了人们的休闲、聚集及交流等功能。这些空间的铺装材料主要用劈离砖和麻面砖等陶质瓷砖进行铺设。

广场材料的铺设需要考虑到人的交通流线、人与车的交通组织、人与人之间的交流等问题，因此需要通过多种材料之间的交替穿插来完成。比如陶瓷制品与花岗岩、鹅卵石和防腐木栈道等多种材料的搭配使用来实现公共空间的实用性、美观性和安全性，如图5-29所示。

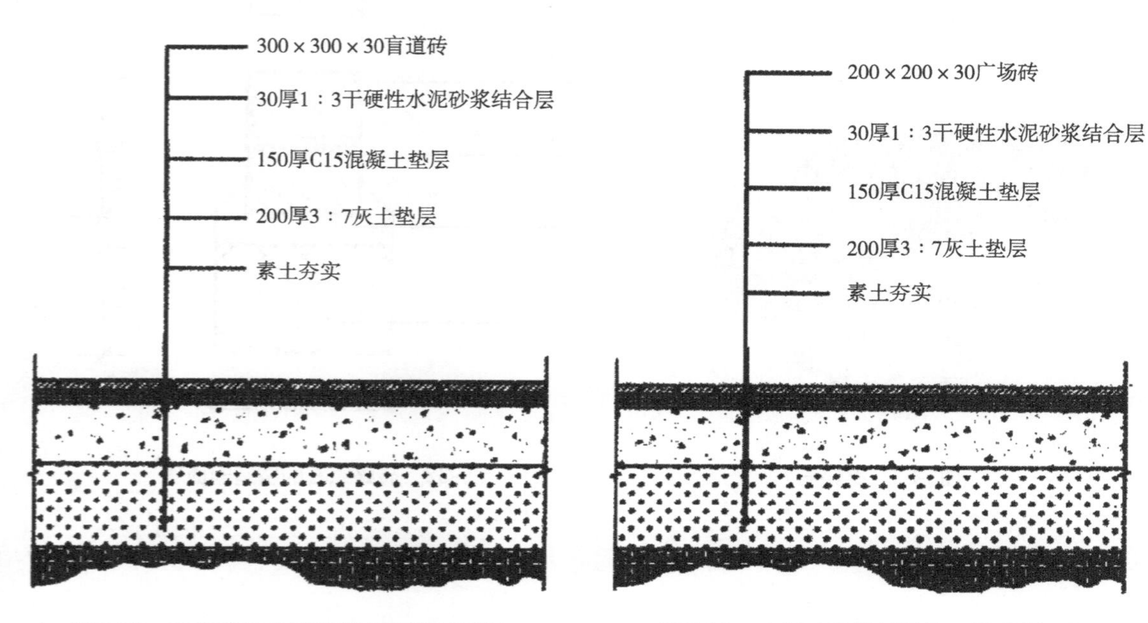

图5-28　盲道砖及其铺设施工构造剖面图

图5-29　广场砖及其铺设施工构造剖面图

3．台阶踏步路缘石的铺设

在室外景观环境中，对于倾斜度大的地面以及庭园局部间发生高低差的地方，需要设置踏步。踏步可使地面产生立体感，减少地面的起伏不平，使庭园有宽广的感觉。踏步的设置可使景观两点间的距离缩短，缩短行走路线。踏步阶梯分规则式阶梯和不规则式阶梯两种，砖砌踏步以陶砖或红砖按所需阶梯高度和宽度整齐砌成。楼梯踏步的基础构造可用石块或混凝土砌成，踏步的表面需要考虑防滑性。踏步的宽度一般为28～45cm，踢面台阶的垂直面一般在10～15cm为宜，台阶的坡度不应超过40°，如图5-30所示。

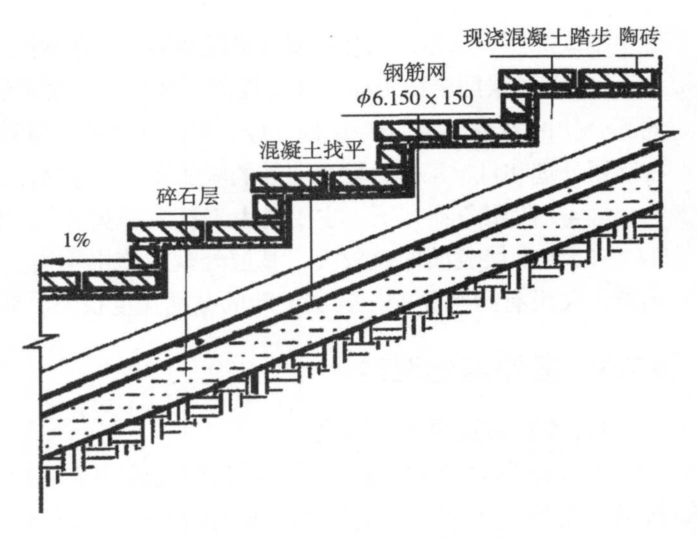

图5-30　台阶踏步的构造剖面图

4．路缘石的铺设

道路绿地的边缘石简称为路缘石，是公路两侧路面与路肩之间的条形构造物，是设置在路面边缘与横断面其他组成部分分界处的标石。路缘石的尺寸通常为99cm×15cm×15cm，高于路面10cm。人行道与路面之间一般都要设置路缘石，同时交通岛和安全岛也需要设置路缘石。路缘石的形式有立式，斜式和平式等，如图5-31、图5-32所示。

图5-31　路缘石

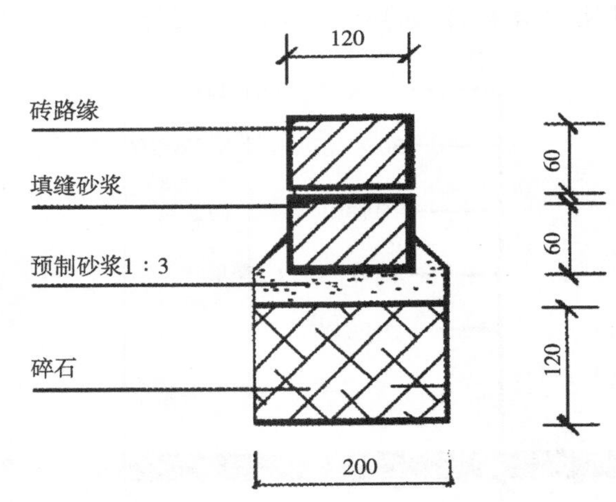

图5-32　砖路缘石的构造剖面图

第6章 玻璃装饰材料及施工工艺

在约公元前3700年以前，古埃及人已制出玻璃装饰品和简单玻璃器皿，当时只有有色玻璃。1873年，比利时最先制出了平板玻璃。此后，随着玻璃生产的工业化和规模化，各种用途和各种性能的玻璃相继问世。

玻璃在建筑中可以透光，可作为表面照明相邻空间的隔望，通风，能消除幽闭恐怖感觉，还有哲学心理学方面的用途，如图6-1所示。随着玻璃制造技术的发展，玻璃进一步满足了人们对建筑空间的不同需求。

图6-1 玻璃在装饰中的效果

6.1 玻璃的基础概述

6.1.1 玻璃的原料及组成

“光线是建筑的美化者”，随着人们生活水平的提升，玻璃越来越多地被应用在了建筑装饰之中，玻璃的主要成分、原料及作用如下：

（1）主要化学成分 二氧化硅、氧化钙、氧化钠以及少量的氧化镁和氧化铝等。这些氧化物可以改善玻璃的性能并由此来满足不同的建筑内外需求。

（2）主要原料 纯碱、石灰石、石英砂和长石等。加工玻璃时，先将原料进行粉碎，按适当的比率混合，经过1550~1600℃的高温熔铸成型后，再急冷而制成固体材料。

（3）特点 玻璃具有良好的物理化学性能和技术性能，有较高的机械强度和硬度，化学稳定性、热稳定性、透光性好。

（4）用途　玻璃的用途较为广泛，涉及交通运输、建筑工程、机电、仪表、化工、国防以及人们日常生活等领域。

6.1.2　玻璃的分类

玻璃通常按主要化学成分分为氧化物玻璃和非氧化物玻璃。非氧化物玻璃的品种和数量很少，主要有硫系玻璃和卤化物玻璃。氧化物玻璃又分为硅酸盐玻璃、硼酸盐玻璃和磷酸盐玻璃等。硅酸盐玻璃指基本成分为二氧化硅的玻璃，其品种多，用途广。

通常按玻璃中二氧化硅以及碱金属和碱土金属氧化物的不同含量，又分为石英玻璃、高硅氧玻璃、钠钙玻璃、铝硅酸盐玻璃、铅硅酸盐玻璃和硼硅酸盐玻璃；玻璃按性能特点又分为平板玻璃、装饰玻璃、节能玻璃、安全玻璃和特种玻璃等；按生产工艺可分为普通平板玻璃、浮法玻璃、钢化玻璃、压花玻璃、夹丝玻璃、中空玻璃、彩色玻璃、吸热玻璃、热反射玻璃、磨砂玻璃、电热玻璃和夹层玻璃等。

6.1.3　玻璃的工艺及施工注意事项

1. 玻璃的生产工艺

（1）原料预加工　将块状原料粉碎，使潮湿原料干燥，对含铁原料进行除铁处理，从而保证玻璃的质量。

（2）配合料制备。

（3）熔制　玻璃配合料在池窑或坩埚内进行高温加热，使之形成无气泡、均匀，并符合成型要求的液态玻璃。

（4）成型　将液态玻璃加工成所需的形状，如平板、各种器皿等。

（5）热处理　通过淬火、退火等工艺，消除玻璃内部的应力，产生分相或晶化，改变玻璃的结构状态。

2. 玻璃施工和使用中的注意事项

（1）玻璃在运输过程中，务必要注意固定并加软护垫。一般建议采用竖立的方法运输。运输车辆在行驶过程中也应该注意保持中慢速，以保证稳定的行驶状态。

（2）玻璃安装的另一面需要封闭的，应注意在安装前清洁好表面。最好使用专用的玻璃清洁剂，待其干透后检验没有污痕方可安装，安装时最好使用干净的建筑手套。

（3）玻璃要使用硅酮密封胶进行固定安装，在窗户等施工中，还需要与橡胶密封条等配合使用。

（4）在施工完毕后，要注意加贴防撞标志，一般可以用不干贴、彩色电工胶布等予以提示。

6.2　平板玻璃

平板玻璃是指未经过其他特殊加工的平板状玻璃制品，又称净片玻璃或白片玻璃。具

有透光、隔热、隔声、耐磨和耐气候变化的特点，有的还有保温、吸热和防辐射等特性，因而广泛应用于镶嵌建筑物的门窗、墙面与室内装饰中。普通平板玻璃与浮法玻璃都是平板玻璃，只是在生产工艺和品质上有所不同。

1．平板玻璃的分类及其规格

由于生产工艺的差异，平板玻璃的生产方法主要有垂直引上法、平拉法、压延法和浮法。随之生产出的是普通平板玻璃和浮法玻璃。平板玻璃的规格按厚度通常分为2mm、3mm、4mm、5mm和6mm，亦有生产8mm、10mm和12mm的。一般2mm、3mm厚的适用于民用建筑物，4～6mm厚的适用于工业和高层建筑。

由于生产工艺和品质的不同，平板玻璃又分为普通平板玻璃和浮法玻璃。

普通平板玻璃亦称窗玻璃，是用石英砂岩粉、硅砂、钾化石、纯碱和芒硝等原料，按一定比例配制，经熔窑高温熔融，通过垂直引上法、平拉法或压延法生产出来的透明无色的平板玻璃。普通平板玻璃按外观质量分为特选品、一等品和二等品三类。

浮法玻璃是用海砂、石英砂岩粉、纯碱和白云石等原料，按一定比例配制，经熔窑高温熔融，玻璃液从池窑连续流至并浮在金属液面上，厚度均匀、平整，经火抛光的玻璃带，冷却硬化后脱离金属液，再经退火切割而成的透明五色平板玻璃。具有玻璃表面平整光滑，厚度非常均匀，光学畸变很小的特点。浮法玻璃按外观质量分为优等品、一级品和合格品三类。

普通平板玻璃外观质量等级根据波筋、气泡、砂粒、划痕、线道和疙瘩等缺陷的多少来判定。浮法玻璃外观质量等级根据光学变形、气泡、雾斑、划痕、线道和夹杂物等缺陷的多少来判定。

2．平板玻璃的主要用途

平板玻璃有两个方面的用途。3～5mm的平板玻璃一般是直接用于门窗的采光，8～12mm的平板玻璃可用于隔断；另外一个重要用途是可作为钢化、镀膜、夹层和中空等玻璃生产的原片。

6.3　装饰玻璃

6.3.1　彩绘玻璃

彩绘玻璃也称喷绘玻璃。彩绘玻璃是一种应用广泛的高档玻璃。它是用特殊颜料直接着色于玻璃，或者在玻璃上喷雕成各种图案再加上色彩制成的，可逼真地复制原画，而且画膜附着力强、耐候性好，可进行擦洗。根据室内彩度的需要，选用彩绘玻璃可将绘画、色彩和灯光融于一体。如把山水、风景、滨海和丛林等画用于门庭、中厅，可将自然的生机与活力剪裁入室内，给人以自然的美感体验，如图6-2所示。

图6-2　彩绘玻璃

6.3.2 釉面玻璃

釉面玻璃是一种饰面玻璃。它是在浮法玻璃的表面喷涂或印刷一层半透明或不透明的彩色釉料，在焙烧炉中加热到色釉的熔融温度，使色釉与玻璃表面牢固地黏结在一起，经过退火或者加热钢化等不同处理方式后制成的玻璃产品。采用的喷涂玻璃原片有普通平板玻璃、压延玻璃、磨光玻璃或者玻璃砖等。彩色釉面玻璃具有比普通浮法玻璃高数倍的强度和良好的耐热性，它耐酸、耐碱，不受大气侵蚀，还具有色彩多样、耐磨和不吸水等特点，并有反射和不透视等特性。可以用在建筑物的内外墙装饰，防腐、防污要求较高部位的装修。彩色釉面玻璃可安装在建筑物的外墙上，如窗与窗之间的外窗，从而衬托和美化建筑物幕墙的色彩。同时，也可提高建筑物的隔热保温性能，节省能源消耗。

图6-3 釉面玻璃

除此之外，釉面玻璃还可以用于室内装潢，如室内隔墙可以采用不透明或半透明的彩色图案釉面玻璃，使之与墙面或家具色彩相衬，将房间营造出所喜欢的温馨和雅静等种种氛围，如图6-3所示。

退火釉面玻璃机械性能与同规格的平板玻璃相同，可以切裁加工，但是钢化釉面玻璃不能进行切裁加工。

6.3.3 压花玻璃

1. 压花玻璃的定义与分类

压花玻璃又称花纹玻璃和滚纹玻璃，如图6-4所示，也称轧花玻璃，英文名称为patterned glass或rolled glass。它是采用压延方法制造的一种平板玻璃，制造工艺分为单辊法和双辊法。单辊法是将玻璃液浇注到压延成型台上，台面可以用铸铁或铸钢制成，台面或轧辊刻有花纹，轧辊在玻璃液面碾压，制成的压花玻璃再送入退火窑。双辊法生产压花玻璃又分为半连续压延和连续压延两种工艺，玻璃液通过水冷的一对轧辊，随辊子转动向前拉引至退火窑，一般下辊表面有凹凸花纹，上辊是抛光辊，从而制成单面有图案的压花玻璃。

压花玻璃的透视性，因花纹、距离的不同而各异。按其透视性可分为近乎透明可见的、稍有透明可见的、几乎遮挡看不见的和完全遮挡看不见的。按其类型分为压花玻璃、压花真空镀铝玻璃、立体感压花玻璃和彩色膜压花玻璃等。压花玻璃与普通透明平板玻璃

图6-4　压花玻璃

的理化性能基本相同，仅在光学上具有透光不透明的特点，可柔和光线，并具有保护私密的屏护作用和一定的装饰效果。压花玻璃适用于建筑的室内间隔，卫生间门窗及需要光线又需要阻断视线的各种场合。

2．压花玻璃的检验方法

（1）玻璃尺寸偏差（包括偏斜）、缺角、弯曲度、边部凸出和残缺的检验方法，按《平板玻璃》（GB 11614—2009）有关规定进行。

（2）玻璃厚度用直径50mm板规在四边中点测量。

（3）对玻璃的线道、热圈、夹杂物、气泡、皱纹、伤痕、裂纹和压口等进行检查时，将玻璃垂直放置，在自然光线下，观察者距玻璃0.6m，目光与玻璃面垂直进行观察。

（4）图案偏斜分三种形式，如图6-5所示，用金属直尺测量长度h。

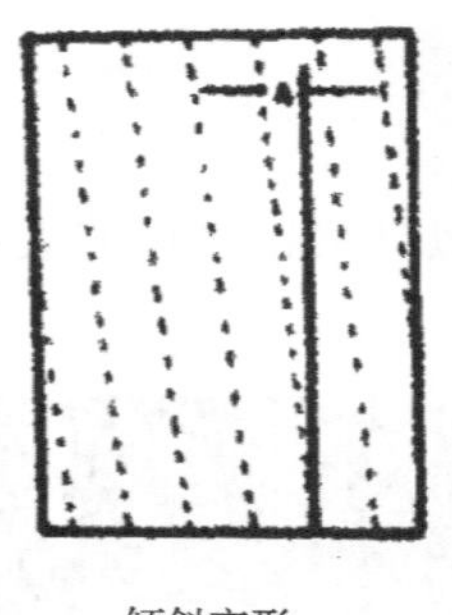

倾斜变形

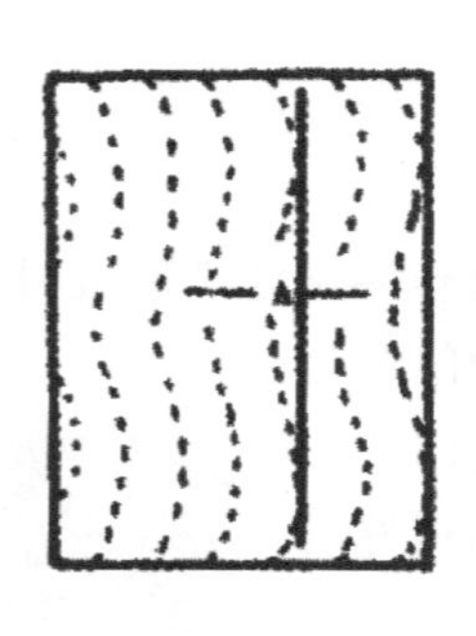

波状变形

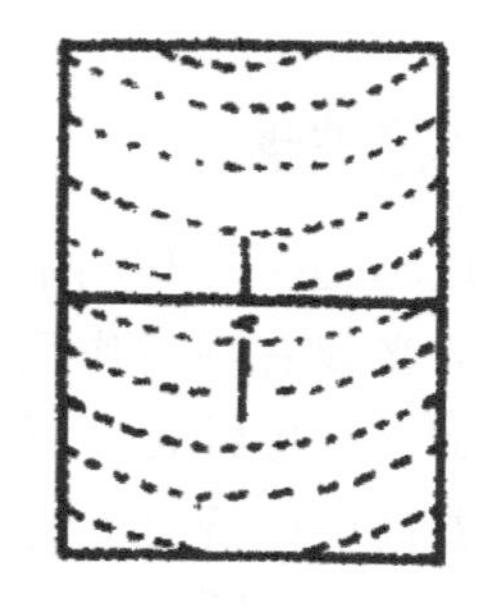

弓形变形

图6-5　图案偏斜图

6.3.4　磨砂、喷砂玻璃

1．磨砂玻璃

磨砂玻璃又称为毛玻璃，它是将平板玻璃的表面经机械喷砂、手工研磨或用氢氟酸溶蚀等方法处理成均匀毛面，在普通平板玻璃上面再磨砂加工而成。一般厚度多在9mm以下，以5mm或6mm厚居多。由于表面粗糙，只能透光而不能透视，多用于不受干扰或有私密性需要的房间，如浴室、卫生间和办公室的门窗等，也可用做黑板、灯具等，如图6-6所示。

2．喷砂玻璃

喷砂玻璃包括喷花玻璃和砂雕玻璃。它是经自动水平喷砂机或立式喷砂机在玻璃上加工成水平或凹雕图案的玻璃产品，也可在图案中加上色彩称为喷绘玻璃，或与电脑刻花机配合使用，深雕浅刻，形成光彩夺目、栩栩如生的艺术精品。喷砂玻璃用高科技工艺使平面玻璃的表面造成侵蚀，从而形成半透明的雾面效果，具有一种朦胧的美感性能，基本上与磨砂玻璃相似，不同的是改磨砂为喷砂。在居室的装修中，主要用在表现界定区域却互不封闭的地方，如在餐厅与客厅之间，可用喷砂玻璃制成一道精美的屏风，如图6-7所示。

图6-6　磨砂玻璃装饰效果

图6-7　喷砂玻璃装饰效果

6.3.5　冰花玻璃

冰花玻璃是一种利用平板玻璃经特殊处理形成具有形似自然花纹理的玻璃。冰花玻璃对通过的光线有漫射作用，作为门窗玻璃，犹如蒙上一层纱帘，看不清室内的景物，却有着良好的透光性能，起到很好的装饰效果，如图6-8所示。

冰花玻璃可用无色平板玻璃制造，也可用茶色、蓝色、绿色等彩色玻璃制造。其装饰效果优于压花玻璃，给人以清新之感，是一种新型的室内装饰玻璃。可用于宾馆、酒楼等场所的门窗、隔断、屏风和家庭装饰。目前最大规格尺寸为2400mm×1800mm。冰花玻璃主要用于镶嵌玻璃门窗，高档装饰镜，隔断屏风等。

图6-8　冰花玻璃

6.3.6　镜面玻璃

高级银镜玻璃（即镜面玻璃），是采用现代先进制镜技术，选择特级浮法玻璃为原片，经镀银、敏化、镀铜和涂保护漆等一系列工序制成的。其特点是成像纯正、反射率高、色泽还原度好，影像亮丽自然，即使在潮湿环境中也经久耐用，是铝镜的换代产品。其使用范围也大大超出了铝镜产品，如图6-9所示。

图6-9　镜面玻璃

6.3.7　镭射玻璃

镭射玻璃是国际上十分流行的一种新型建筑装饰材料。它以平顺玻璃为基材，采用高稳定性的结构材料，将玻璃表面经特殊工艺处理形成光栅，在复色可见光源的照射下，呈现出色彩绚丽的七色光束或各种图案，随着光源入射角或视角不同产生五光十色的变幻，具有迷人的浪漫色彩，给人以神奇、华贵和迷人的感受。其绚丽的装饰效果是其他材料无法比拟的，如图6-10所示。

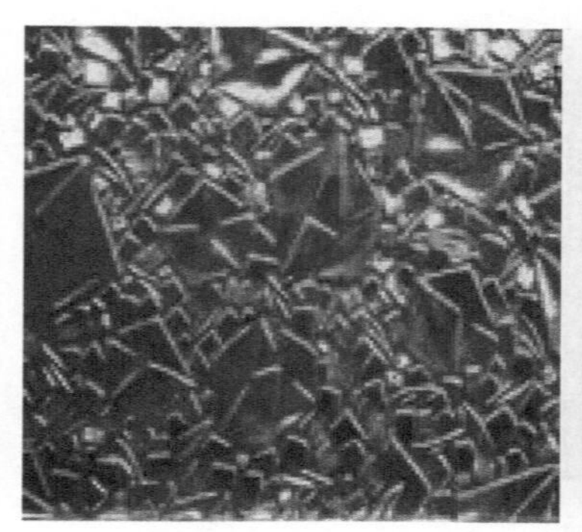

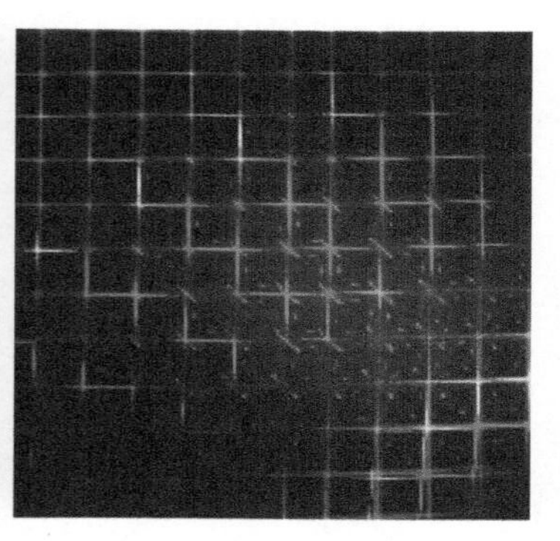

图6-10　镭射玻璃

镭射玻璃大体上可分为两类：一类是以普通平板玻璃为基材制成的，主要用于墙面、窗户和顶棚等部位的装饰：另一类是以钢化玻璃为基材制成的，主要用于地面装饰。此外，还有专门用于柱面装饰的曲面镭射玻璃，以及专门用于大面积幕墙的夹层镭射玻璃和镭射玻璃砖等。镭射钢化玻璃地砖的抗冲击、耐磨和硬度等性能均优于大理石，与花岗岩相近。镭射玻璃的耐老化寿命是塑料的10倍以上。在正常使用情况下，其寿命大于50年。

目前国内生产的镭射玻璃的最大尺寸为1000mm × 2000mm。在此范围内有多种产品可供选择，如表6-1所示。

表6-1 镭射玻璃的种类及特性

种 类	特 点	功能用途
单层无铝箔	背面无复合材料	室内装饰
单层有铝箔	背面复合铝箔	室外装饰
单层镭射玻璃	背面复合0.5~1.00mm铝板	建筑外墙装饰
夹层镭射玻璃	多种颜色、半透明、半反射夹层	室外装饰
夹层钢化地砖	多种颜色、半透明、半反射夹层	地面装饰
安全夹层柱面	各种花色图案夹层	圆形柱面装饰

6.3.8 玻璃马赛克

玻璃马赛克又称玻璃锦砖或玻璃纸皮砖，是一种小规格的彩色饰面玻璃，如图6-11所示。历史上，马赛克泛指镶嵌艺术作品，后来指由不同色彩的小块镶嵌而成的平面装饰。它是以玻璃为基料并含有未溶解微小晶体的乳浊或半乳浊玻璃制品，内含气泡和石英砂颗粒，正面光泽滑润细腻；背面带有较粗糙的槽纹，以便于用砂浆粘贴。颜色有红、蓝、黄、白、黑等几十种，主要包括彩色玻璃马赛克和压延法玻璃马赛克，可分为透明、半透明和不透明三种，还有带金色、银色斑点或条纹的。常用作办公楼、礼堂、医院和住宅等建筑物内外墙面装饰，能镶嵌出各种艺术图案和大型壁画，也可用于厨房、浴室和卫生间的地面装饰。

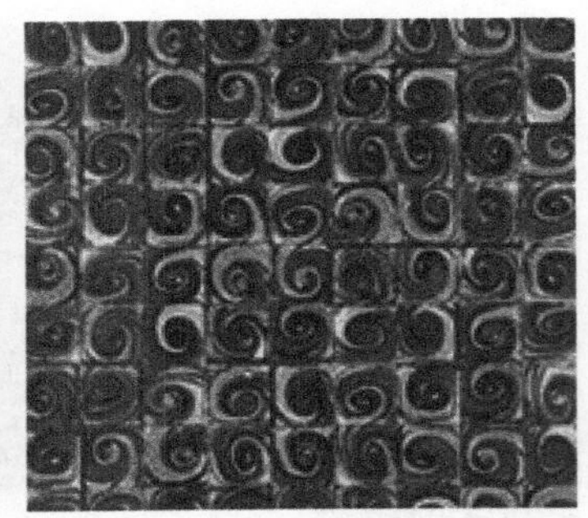

图6-11 玻璃马赛克

1. 马赛克规格尺寸

表6-2中列出了马赛克的规格尺寸。

表6-2 马赛克的规格尺寸 （单位：mm）

马赛克规格	马赛克厚度
20×20	4~6
30×30	
40×40	

2. 玻璃马赛克的特点

（1）色泽绚丽多彩，典雅美观　不同色彩图案的马赛克可以组合拼装成各色壁画，装

饰效果十分理想。

（2）化学稳定性、冷热稳定性好 质地坚硬，具有耐热、耐寒、耐候、耐酸碱、抗压强度高和抗拉强度好等特性。由于玻璃马赛克的断面比普通陶瓷有所改进，黏结较好，不易脱落，耐久性较好。因而不变色、不积尘、容重轻、黏结牢、经久常新；并且其价格较低，施工也较为方便。

6.3.9 热熔玻璃

热熔玻璃又称水晶立体艺术玻璃，是目前开始在装饰行业中出现的新家族。热熔玻璃源于西方国家，近几年进入我国。以前，我国市场上均为国外产品，现在国内已有玻璃厂家引进国外热熔炉生产的产品。热熔玻璃以其独特的装饰效果成为设计单位、玻璃加工业主和装饰装潢业主关注的焦点。

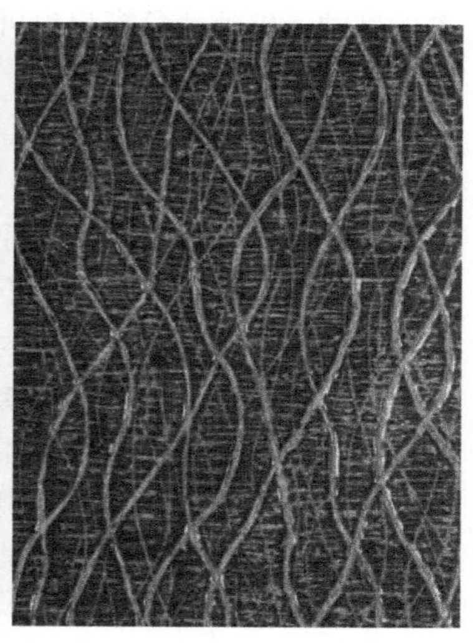

图6-12 热熔玻璃

热熔玻璃跨越现有的玻璃形态，充分发挥了设计者和加工者的艺术构思，把现代或古典的艺术形态融入玻璃之中，使平板玻璃加工出各种凹凸有致和色彩各异的艺术效果，如图6-12所示。

热熔玻璃产品种类较多，目前已经有热熔玻璃砖、门窗用热熔玻璃、大型墙体嵌入玻璃、隔断玻璃、一体式卫浴玻璃洗脸盆、成品镜边框和玻璃艺术品等，其应用范围因其独特的玻璃材质和艺术效果而十分广泛。热熔玻璃是采用特制热熔炉，以平板玻璃和无机色料等作为主要原料，设定特定的加热程序和退火曲线，在加热到玻璃软化点以上，经特制模压成型后退火而成。必要的话，再进行雕刻、钻孔和修裁等后道工序加工。

6. 3 .10 乳白玻璃

乳白玻璃是含有高分散晶体的白色半透明玻璃，又称乳浊玻璃。由于晶粒的折射不同，在光线照射下使玻璃呈现乳浊。乳浊程度取决于析出晶粒的分散度以及晶粒与主体玻璃之间的折射率。一般适用于室内玻璃隔断、屋顶灯箱和灯具等，如图6-13所示。

图6-13 乳白玻璃灯

6.3.11 电致变色玻璃

电致变色玻璃是两层玻璃之间夹有液晶材料，在电场的控制下，液晶的排列方向发生变化，达到玻璃的透明与不透明的光相调节的目的。其装饰特性是玻璃的透明与否随着人的意志而定，人可随时改变室内光环境和建筑的色彩与外观。电致变色玻璃窗可在施加电压时变暗，去掉电压时变成透明。相当于装有电控装置的窗帘一样，非常隐蔽方便。切断电源，呈现磨砂玻璃状态，避免拉窗帘的麻烦。电致变色窗户也可以调节为不同的可见度。主要用于保密场所，也适用于广告牌、显示屏、门窗和室内隔断。

电致变色窗户也是在两块玻璃之间夹入特定材料制成的。下面是一个基本的电致变色窗户系统内部的材料以及它们的排列顺序：玻璃或塑料板、导电氧化物、电致变色层，如氧化钨、离子导体/电解液、离子库、另一层导电氧化物、另一块玻璃或塑料板，如图6-14所示。

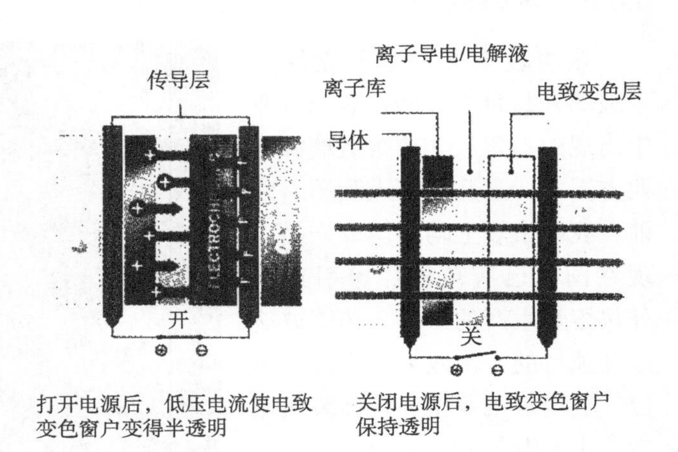

图6-14 电致变色智能节能玻璃窗变色原理

6.3.12 玻璃砖

玻璃砖又称特厚玻璃，分为实心砖和空心砖两种。实心玻璃砖是用熔融玻璃采用机械模压制成的矩形块状制品，如图6-15所示。空心玻璃砖是由两个半块玻璃砖坯组合而成，具有中间空腔的玻璃制品，周边密封，空腔内有干燥空气并存在微负压，砖内外可以压铸出多种样式的条纹，如图6-16所示。

图6-15 玻璃砖

图6-16 空心玻璃砖

按内部结构分类，空心玻璃砖可分为单空腔和双空腔两类，后者在空腔中间有一道玻璃肋。空心玻璃砖具有较高的隔热、隔声性，能控光、防结露和减少灰尘透过。

空心玻璃砖有115mm、145mm、240mm和300mm等规格，可以用彩色玻璃制作，也可以在其内腔用透明涂料涂饰。空心玻璃砖的容重较低（800kg/m^3）。导热系数较低（0.46 W/m^2·K），有足够的透光率（50%～60%）和散射率（25%）。其内腔制成不同花纹，可以使外来光线扩散或使其向指定方向折射，具有特殊的光学特性。

玻璃砖是一种较高档的装饰材料，可用作写字间、办公楼、宾馆和别墅等建筑物内部隔断、门厅、柱子和吧台等不承受负荷的墙面装饰，也可用于建造透光隔墙、淋浴隔断、楼梯间、门厅、通道等和需要控制透光、眩光和阳光直射的场合。

玻璃砖除成型方法不同外，其制作工艺基本和平板玻璃一样。

6.4 节能玻璃

6.4.1 吸热玻璃

建筑能耗占总能耗的比例将要超越工业、交通、农业等其他行业，成为能耗的首位，建筑节能已成为提高全社会能源利用效率的首要方面。吸热玻璃是能吸收大量红外线辐射能，并保持较高可见光透过率的平板玻璃。

生产吸热玻璃的方法有两种：一种是在普通钠钙硅酸盐玻璃的原料中加入一定量的有吸热性能的着色剂；另一种是在平板玻璃表面喷镀一层或多层金属或金属氧化物薄膜。

吸热玻璃有灰色、茶色、蓝色、绿色、古铜色、青铜色、粉红色和金黄色等。我国目前主要生产前三种颜色的吸热玻璃。厚度有2mm、3mm、5mm和6mm四种。吸热玻璃还可以进一步加工制成磨光、钢化、夹层或中空玻璃。吸热玻璃具有如下特点。

（1）吸收太阳光辐射　6mm蓝色吸热玻璃能挡住50%左右的太阳辐射能。普通玻璃及蓝色吸热玻璃的太阳能透热率见表6-3。

表6-3　普通玻璃及蓝色吸热玻璃的太阳能透热率

品种	透过热值/（W/m^2）	透热率（%）
空气（暴露空间）	879	100
普通玻璃（3mm）	726	82.56
普通玻璃（6mm）	663	75.53
蓝色吸热玻璃（3mm）	551	62.70
蓝色吸热玻璃（6mm）	423	49.20

（2）吸收可见光　6mm普通玻璃可见光透过率为78%，同样厚度的古铜色玻璃仅为26%。吸热玻璃能使刺目的阳光变得柔和，起到反眩作用。特别是在炎热的夏天，能有效地改善室内光照，使人感到舒适凉爽。

（3）吸收太阳光中的紫外线　能有效减轻紫外线对人体和室内物品的损害。特别是有

机材料，如塑料和家具油漆等，在紫外线作用下易产生老化及褪色。

（4）具有一定的透明度　能清晰地观察室外的景物。

6.4.2　热反射玻璃

热反射玻璃就是通常所说的镀膜玻璃。热反射玻璃对太阳辐射能具有较高反射能力而又保持良好透光性。通常在玻璃表面镀1～3层膜组成。其遮阳系数为SC=0.2～0.6。镀膜玻璃就是在玻璃表面涂敷一层金属、合金或金属氧化物，使玻璃呈现出不同色彩，如图6-17和图6-18所示。

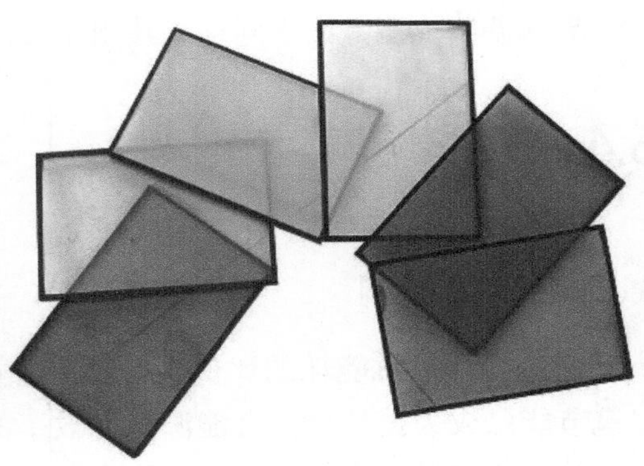

图6-17　镀膜玻璃

由于膜层强度较差，镀膜玻璃一般都制成中空玻璃。镀膜玻璃的表面镀了一层薄膜，所以能改变玻璃对太阳辐射的反射率和吸收率，保持可见光的透射率，减少进入室内的太阳能辐射，提高远红外线的反射率，减少室内热量的散失。用于装饰时，玻璃表面可反映周围的景物，衬托出蓝天白云，可以节约空调的能耗和费用，也可以作为侧窗、阳台和汽车挡风的玻璃。

图6-18　镀膜玻璃在建筑外墙的应用

资源的紧缩，污染的恶化，温室效应的出现，使人类开始越来越自觉地审视自身的行为，对赖以生存的环境更加重视。资源的可持续生产，物质世界的循环再利用成为本世纪必须解决的重要问题。大多数的建筑能耗是通过窗玻璃外散的，镀膜玻璃节能、高效，它犹如有感知的玻璃，可以智能地控制太阳光辐射、光线的透入程度以及热量的传导，是倡导绿色环保节能的必要建筑材料。

节能降耗的镀膜玻璃的广泛应用，在倡导绿色可持续发展的今天，有着不可忽视的重要意义。

1．分类

热反射玻璃从颜色上分有灰色、青铜色、茶色、金色、浅蓝色、棕色、古铜色和褐色等，从性能结构上分有热反射、减反射、中空热反射和夹层热反射玻璃等。

2．性能特点

（1）对太阳辐射热有较强的反射能力　普通平板玻璃的辐射热反射率为7%～8%，而热反射玻璃可达30%左右。

（2）具有单向透像的特性　热反射玻璃表面的金属膜极薄，使它在迎光面具有镜子的特性，而在背光面则又像窗玻璃那样透明。当人们站在镀膜玻璃幕墙建筑物前，展现在眼前的是一幅连续的反映周围景色的画面，却看不到室内的景象，对建筑物内部起到遮蔽及帷幕的作用，因此建筑物内可不设窗帘。

但当进入内部时，人们看到的是内部装饰与外部景色融合在一起，形成一个无限开阔的空间。热反射玻璃具有以上两种可贵的特性，为建筑设计的创新和立面设计的灵活性提供了优异的条件。

6.4.3　中空玻璃

中空玻璃由两层或两层以上普通平板玻璃构成。四周用高强度和高气密性复合胶黏剂，将两片或多片玻璃与密封条、玻璃条密封，中间充入干燥气体，框内充以干燥剂，以保证玻璃片之间空气的干燥度。其特性，因留有一定的空腔，从而具有良好的保温、隔热和隔声等性能。主要用于采暖、空调、消声设施的外层玻璃装饰。光学性能、导热系数、隔声系数均应符合国家标准。高性能中空玻璃除在两层玻璃之间封入干燥空气之外，还要在外侧玻璃中间空气层侧，涂上一层热性能好的特殊金属膜，它可以阻隔太阳光中的紫外线射入到室内的能量。有较好的节能、隔热和保温效果，能改善居室内环境。外观有8种色彩，富有极好的装饰艺术价值，如图6-19和图6-20所示。

图6-19　中空玻璃

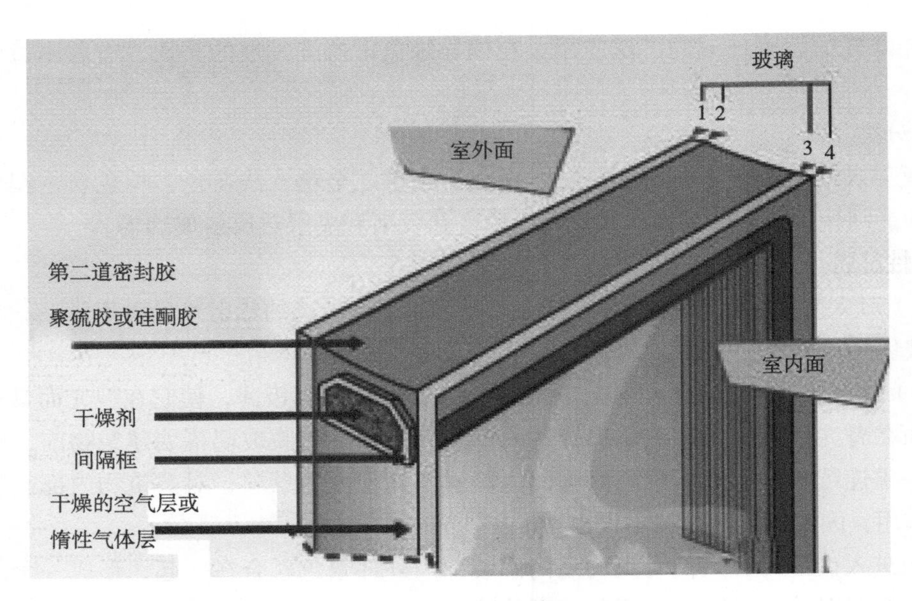

图6-20　中空玻璃结构

中空玻璃具有隔声、隔热、节能、保温、防寒、防霜露和降低辐射的特点，主要用于宾馆、饭店、医院以及室内需要恒温、恒湿和隔声条件的空间。双层中空玻璃常用规格见表6-4。中空玻璃、单片玻璃以及其他墙体材料的传热系数见表6-5。

表6-4　双层中空玻璃常用规格

种类/mm	构造		尺寸/mm	质量/（kg/m²）
	玻璃厚度/mm×片数	空气层厚/mm		
10厚单层中空玻璃	2厚钢化玻璃×2	6	500×400	10.5
12厚单层中空玻璃	3厚钢化玻璃×2	6	1200×600	15.5
	3厚普通玻璃×2	6	900×600	15.5
14厚单层中空玻璃	4厚钢化玻璃×2	6	1633×1100	20.5
	4厚普通玻璃×2	6	1300×900	20.5
16厚单层中空玻璃	5厚钢化玻璃×2	6	1700×900	25.5
	5厚普通玻璃×2	6	1500×900	25.5
22厚单层中空玻璃	5厚钢化玻璃×2	12	1600×1100	25.8

表6-5　中空玻璃、单片玻璃以及其他墙体材料的传热系数

材质名称	传热系数/（W/m²·K）	厚度/mm
中空玻璃	3.59	3+A6+3
中空玻璃	3.22	3+A12+3
中空玻璃	3.17	3+A12+5
单片平板玻璃	6.84	3
单片平板玻璃	6.72	5
单片平板玻璃	6.69	6
混凝土墙	3.26	100
木板	2.67	20
砖墙	2.09	270

6.4.4 低辐射镀膜玻璃

低辐射镀膜玻璃是镀膜玻璃的一种。低辐射镀膜玻璃又称LOW—E玻璃。LOW—E玻璃是镀膜玻璃家族中重要的成员，是在优质的浮法玻璃基片表面上用磁控溅射的方法，镀制一层至多层特殊的金属、金属氧化物或金属氮化物薄膜，由此形成各种视觉效果和具有不同光学和热学性能特点的镀膜玻璃。该产品集装饰、控制光线、调节热量、节约能源和改善环境等多种功能为一体，如图6-21所示。

图6-21 低辐射镀膜玻璃

太阳光的热能主要是可见光热（短波热）和不可见光热（长波热，即红外线），可见光占46%，红外线占52%，另有2%为紫外线。夏天，LOW—E玻璃可以令可见光热（阳光）注入室内，同时把外部的不可见光热（红外辐射热）阻挡在外；冬天，LOW—E玻璃则可以使可见光热传递到内部，同时把室内的不可见光热反射回室内，极好地保持了室内温度。不仅提高了空调的效用，使热能不易流失，同时保持了光线的充足介入，不影响正常的采光功能。

LOW—E玻璃不仅具有较好的透光率、安全性、隔声性和舒适性，而且具有防雾功能，即便室内外温差大也不容易结雾。

1．性能特点

（1）热学性能　具有良好的夏季隔热和冬季保温的特性，能有效地降低能耗。

（2）美学性能　膜层均匀、色彩丰富，并且有极佳的装饰效果。

（3）具有隐形性能或单向透视功能　由于膜层的反射率高，人在室外1m远的地方便看不到室内的人和物，室内的人却可以清楚地看到室外景物。

（4）吸热玻璃、反射玻璃与LOW—E玻璃的透射曲线对比，如图6-22所示。

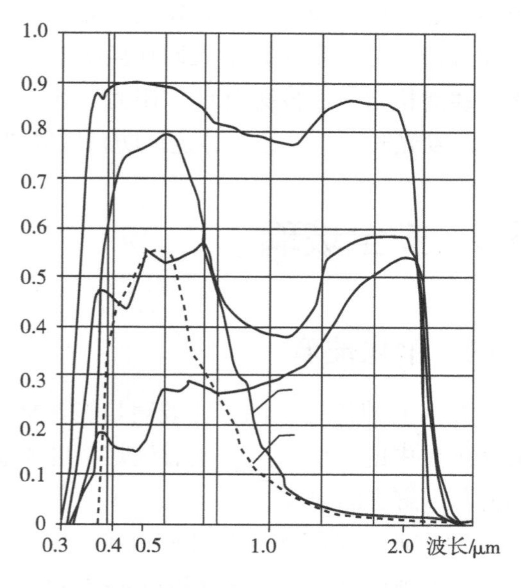

图6-22 吸热玻璃、反射玻璃与LOW—E玻璃的透射曲线对比

2．种类

主要有高透型LOW—E玻璃、遮阳型

LOW—E玻璃、双银型LOW—E玻璃和可钢化型LOW—E玻璃等。产品颜色有无色透明、海洋蓝、浅蓝、翡翠绿和金色等几十种，能满足各种建筑物的不同需求。

6.4.5 其他特异玻璃

1. 光致变色玻璃

光致变色玻璃是在玻璃基料中加入感光剂卤化银或在玻璃与有机层中加入钼和钨的感光化合物，又称为光敏玻璃或变色玻璃。光致变色玻璃的装饰特性是玻璃的颜色和透光度随日照强度自动变化。日照强度高，玻璃的颜色深，透光率低；反之，日照强度低，玻璃的颜色浅，透光率高。用光致变色玻璃装饰建筑物，可使室内光线柔和、建筑物色彩斑斓，变幻莫测，与建筑物的日照环境协调一致。一般用于建筑物幕墙等。

2. 泡沫玻璃

泡沫玻璃是一种以玻璃碎屑为原料，经发泡炉发泡后脱模退火而成的一种多孔轻质玻璃，其孔隙率可达80%～90%，气孔多为封闭型，孔径一般为0.1～5.0mm。具有防火、防水、无毒、耐腐蚀、防蛀、不老化、无放射性、绝缘、防电磁波、防静电、机械强度高，以及与各类泥浆黏结性好的特性。是一种性能稳定的建筑外墙和屋面隔热、隔声和防水材料。

泡沫玻璃可以运用于烟道、窑炉和冷库的保温工程，各种气、液、油输送管道的隔热、防水、防火工程，以及地铁、图书馆、写字楼、歌剧院和影院等各种需要隔声、隔热设备的场所。

3. 自发光玻璃

自发光玻璃，是EVA结构的夹胶玻璃，原料玻璃为清玻璃，中间所夹的原料为自发光物体。它在亮处吸光，暗处发光。能吸收日光、灯光和环境杂散光等各种可见光，在黑暗处即可自动持续发光，给人们在黑暗中以更多的信息指示。无需电源，无毒、无放射性、化学性能稳定。激发条件低，阳光、普通照明光和环境杂散光都可作为激发光源。发光亮度高，发光时间长，远远超过消防疏散的要求。

6.5 安全玻璃

6.5.1 钢化玻璃

在人们的传统记忆中，玻璃是脆性材料，总是与易碎联系在一起。随着玻璃在屋顶及交通工具中的广泛应用，既要满足特殊质感的追求又要满足安全性能的客观要求成为当今人们急需解决的问题。

钢化玻璃是将玻璃加热到700℃左右，然后急速冷却，使玻璃表面形成压应力而制成的。其外观质量、厚度偏差和透光率等性能指标几乎与玻璃原片无异。

1. 规格

钢化玻璃的规格如表6-6所示。

表6-6　钢化玻璃的规格　（单位：mm）

最小规格	最大规格	厚度
200×200	2200×1200	2~12

2．特性

钢化玻璃是普通平板玻璃经过再加工处理而成的一种预应力玻璃。钢化玻璃相对于普通平板玻璃来说，具有两大特征：

（1）强度是普通平板玻璃的数倍，抗拉强度是普通平板玻璃的3倍以上，抗冲击强度是普通平板玻璃的5倍以上；

（2）不容易破碎，即使破碎也会以无锐角的颗粒形式碎裂，大大降低了对人体的伤害。

6.5.2　夹丝玻璃

夹丝玻璃又称防碎玻璃。它是将普通平板玻璃加热到红热软化状态时，再将预热处理过的铁丝或铁丝网压入玻璃中间而制成的一种玻璃产品。它的特性是抗折强度高，抗冲击能力强，耐温度剧变的性能比普通玻璃好，并且防火性能优越，可遮挡火焰，高温燃烧时不炸裂。破碎时不会造成碎片伤人。

另外，玻璃割破后有铁丝网阻挡，还有防盗功能。适用于公共建筑的走廊、防火门、楼梯、厂房天窗及各种采光屋顶等。

6.5.3　热弯玻璃、弯钢化玻璃

普通热弯玻璃是将浮法玻璃原片加热至软化温度后，靠玻璃自重或外界作用力将玻璃弯曲成型并经自然冷却而成的玻璃成品。弯钢化玻璃是将普通玻璃根据一定的弯曲半径通过加热和急冷处理后，由于表面强度成倍增加，使玻璃原有平面形成曲面的安全玻璃。

1．热弯玻璃的特点

曲面形状中间无连接驳口，线条优美，达到整体和谐的意境。可根据要求做成各种不规则弯曲面。

2．弯钢化玻璃的特点

破碎后成类似蜂窝状的小钝角颗粒，对人体不会造成重大伤害，具有安全性。强度一般是普通玻璃的4～5倍，具有高强度和良好的热稳定性，能承受的温度是普通玻璃的3倍，可承受300℃温差变化。曲面形状中间无连接驳口，能满足建筑业对玻璃外形艺术美的追求。

3．应用领域

热弯玻璃多用于家具、橱柜、双曲面及锥体形；在建筑中，弯钢化玻璃多应用于弧面造型玻璃幕墙、采光顶棚、观光电梯、室内弧形玻璃隔断、玻璃护栏、室内装饰和家

具等。

6.5.4 夹胶玻璃、钛化玻璃

1．夹胶玻璃

夹胶玻璃是一种在两片或多片玻璃之间夹以PVB薄膜，经高温高压处理而成的一种玻璃，如图6-23所示。

图6-23 夹胶玻璃

它可由高级浮法玻璃、各色镀膜玻璃、钢化玻璃、热增强玻璃和热弯玻璃等制成。其特点是遇重力撞击破裂时，碎片被强韧的中间膜胶结，不会飞溅，且破裂后，不易被异物穿透，可以减少玻璃碎片对人身和财产的伤害。它具有透明、机械强度高、防紫外线、隔热、隔声、防弹和防暴等特性，并有耐光、耐热、耐湿、耐寒等特殊功能。夹胶玻璃还可起到降低噪声、节约能源、有效吸收太阳光中的紫外线，防止室内设施褪色的作用。可广泛用于防弹、防盗、橱窗、柜台、水族馆天窗、长廊、车子和窗玻璃等方面。

夹胶玻璃的厚度一般为6～10mm，规格为800mm×1000mm或850mm×1800mm。

2．钛化玻璃

钛化玻璃也称永不碎铁甲箔膜玻璃，是将钛金箔膜紧贴在任意一种玻璃基材之上，使之结合成一体的新型玻璃。钛化玻璃具有高抗碎能力，高防热及防紫外线等功能。不同的基材玻璃与不同的钛金箔膜，可组合成不同色泽、不同性能和不同规格的钛化玻璃。钛化玻璃常见的颜色有无色透明、茶色、茶色反光和铜色反光等。

6.5.5 防弹玻璃

防弹玻璃是一种对枪弹具有特定阻挡能力的由多层玻璃和胶片组成的特殊玻璃，可以达到阻挡子弹穿透以及碎片飞溅伤人的目的。

防弹玻璃实际上是夹层玻璃的一种，它由多层玻璃和胶片叠合制成，总厚度一般在20mm以上，要求较高的防弹玻璃总厚度可以达到50mm以上。防弹效果与防弹玻璃的结构因素有关。防弹玻璃的总厚度与防弹效果成正比。防弹玻璃结构中的胶片厚度与防弹效果有关，如1.52mm胶片的防弹效果优于0.76mm胶片的。防弹效果与玻璃强度有关，采用钢化玻璃制作的防弹玻璃，其防弹效果优于普通玻璃制作的防弹玻璃。

防弹玻璃的使用安全效果主要有两个判断标准，第一是子弹不得贯穿，若贯穿即丧失了对子弹的阻挡作用；第二是背面玻璃不能掉渣，因为碎碴的飞溅也可能伤及人身。防弹玻璃广泛适用于银行、珠宝金行柜台、运钞车以及其他有特殊安全防范要求的区域。

6.6　其他新型玻璃

6.6.1　微晶玻璃

微晶玻璃又称为玻璃陶瓷，它是由晶相和玻璃组成的，质地致密均匀、无气孔、不透气且不吸水。由于晶化，机械强度高于玻璃、陶瓷和天然石材，能作为建筑物内墙贴面、墙基贴面、分隔墙和屋顶等墙面装饰，也可用于地面、电梯内部和路面标志等交通频繁区域，可代替贵重石材、不锈钢和有色金属等建筑材料。外观豪华，光洁如镜，优美典雅，是当今流行的一种新型高档装饰材料，如图6-24和图6-25所示。

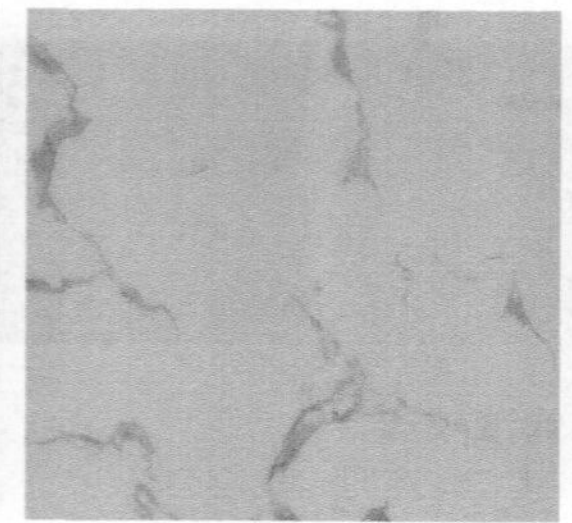
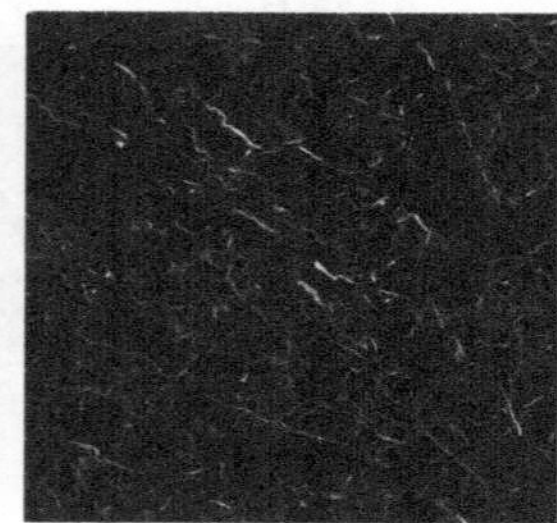

图6-24　微晶玻璃

图6-25　微晶玻璃的应用效果

6.6.2 烤漆玻璃

烤漆玻璃是在浮法玻璃的表面，经过一系列的加工后呈现不同色彩的一种装饰玻璃。烤漆玻璃主要应用于墙面、背景墙的装饰，并且适用于任何场所的室内外装饰。烤漆玻璃具有极强的装饰效果和良好的市场前景，如图6-26～图6-28所示。

图6-26 烤漆玻璃

图6-27 烤漆玻璃做的形象墙

图6-28 烤漆玻璃柜门

烤漆玻璃有装饰性、耐水性、耐酸碱性和耐候性等特性。

（1）装饰性 烤漆玻璃具有超强的装饰性，绚丽鲜艳的颜色无论应用在室内还是室外，在视觉上都会让人觉得耳目一新。

（2）耐水性 烤漆玻璃的漆面具有防水性能，无论在水中浸泡多久，漆面都始终如一，不会退掉。

（3）耐酸碱性 烤漆玻璃不会受到酸碱的侵蚀，这是普通装饰玻璃无法做到的。

（4）耐候性 烤漆玻璃不受环境以及地域的影响，一年四季都可以保证良好的可装性。

6.6.3 聚晶玻璃

聚晶玻璃具有独特的视觉效果，颜色和光泽度好。它有良好的防潮性、抗腐性、抗酸性、抗碱性及耐热性，玻璃背面层无需保养可永久耐潮湿。聚晶工艺能在同一面板上做成几种不同颜色，也可通过热弯造成曲折及半圆形，并可进行钢化处理，增加安全性能。

聚晶玻璃可部分用来代替花岗岩和大理石等，也可与陶瓷砖、云石、花岗岩、镜子、织物、木板和油漆等一同使用。聚晶玻璃适合垂直及水平横线装饰用途，如墙体表面、厨房、浴室出入口处、楼梯间、大堂砌图点缀、桌台表面装饰，以及招牌、屏风、壁炉和直柱周围的装饰。

6.6.4 镶嵌玻璃

由各种优质金属嵌条、中空玻璃密封胶、钢化玻璃、浮法玻璃和彩色玻璃，经过雕刻、磨削、碾磨、焊接、清洗、干燥与密封等工艺制造的高档艺术镶嵌玻璃，广泛应用于家庭、宾馆、饭店和娱乐场所。

1．特性

（1）样式新颖别致。

（2）隔热、隔声保暖。

（3）抗氧化，并具极强的抗撞击性。

（4）温差大，不挂霜。

2．用途

可用于艺术门、窗、隔断和屏风等高档装饰。

3．重要的镶嵌材料

（1）金属条　铜条、锌条（含发黑锌条）和铅条等。

（2）密封材料　史维高胶条、超级间条及进口高级热熔玻璃密封胶。

（3）玻璃　一级（制镜级）浮法玻璃及各类国产或进口的压花玻璃、浮法玻璃和斜纹玻璃，各种花型的磨边玻璃，优质钢化玻璃。

6.7 玻璃幕墙

6.7.1 框架式

框架式玻璃幕墙是将车间内加工完成的构件，运到工地，按照施工工艺逐个将构件安装到建筑结构上，最终完成幕墙安装。框架式玻璃幕墙按照外视效果分为全隐式、半隐式和明框式三种。按照装配方式分为压块式、挂接式两种，如图6-29所示。

（1）压块式框架玻璃幕墙也叫元件式框架玻璃幕墙。板块采用浮动式连接结构，吸收变位能力强。采用定距压紧式压块，能保证每一玻璃板块压紧力均匀，玻璃平面变形小，

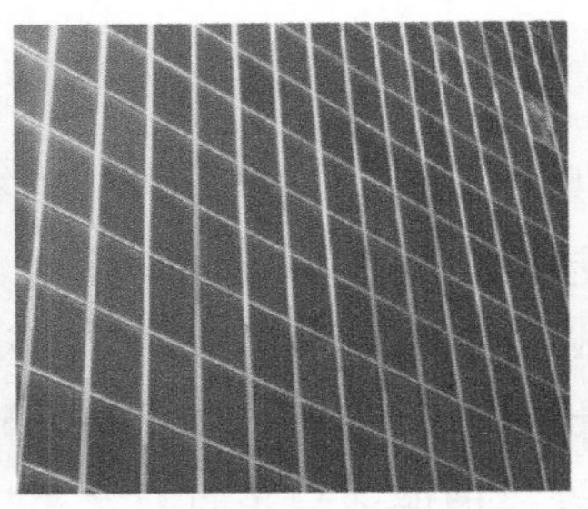

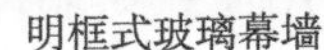
明框式玻璃幕墙　　半隐式玻璃幕墙　　全隐式玻璃幕墙

图6-29　玻璃幕墙

镀膜玻璃的外视效果良好。硬性接触处采用弹性连接，幕墙的隔声效果好。能够实现建筑上的平面幕墙和曲面幕墙效果。拆卸方便，易于更换，便于维护。

（2）挂接式框架玻璃幕墙也叫小单元式框架玻璃幕墙。安装简捷，易于调整。连接采用浮动式伸缩结构，可适应变形。适用于平面幕墙形式。硬性接触处采用弹性连接，幕墙的隔声效果好。

6.7.2　点支式

由玻璃面板、点支撑装置和支撑结构构成的玻璃幕墙称为点支式玻璃幕墙，如图6-30和图6-31所示。

图6-30　点支式玻璃幕墙的应用效果

图6-31　点支式玻璃幕墙爪件

点支式玻璃幕墙的全称为金属支承结构点式玻璃幕墙。具有施工简捷和通透性好的特性，迎合了人们回归自然、享受阳光的需求。虽然点支式玻璃幕墙在我国使用时间不长，但其发展相当迅猛。点支式玻璃幕墙已发展成一个独特的建筑幕墙大家族，不仅传统的玻璃肋点支式玻璃幕墙、单梁支点式玻璃幕墙和桁架点支式玻璃幕墙在不断发展，拉杆点支式玻璃幕墙和自平衡杆点支式玻璃幕墙的发展更是惊人。同时点支式玻璃幕墙的使用范围

拓展到其他幕墙技术不能达到理想效果的部位，点支式玻璃结构也拓展到楼梯、栏板等领域。点支式玻璃结构与张拉膜相结合创造了一种新的建筑形式。

1．特性

（1）通透性好　玻璃面板仅通过几个点连接到支撑结构上，几乎无遮挡，使透过玻璃的视线达到最佳，视野达到最大，将玻璃的透明性应用到极限。

（2）灵活性好　在金属紧固件和金属连接件的设计中，为减少并消除玻璃板孔边的应力集中，玻璃板与连接件处于铰接状态，使得玻璃板上的每个连接点都可自由地转动，并且还允许有少许的平动，用于弥补安装施工中的误差，所以点支式玻璃幕墙的玻璃一般不产生安装应力，并且能顺应支撑结构受荷载作用后产生的变形，使玻璃不产生过度的应力集中。同时，采用点支式玻璃幕墙技术可以最大限度地满足建筑造型的需求。

（3）安全性好　由于点支式玻璃幕墙所用玻璃全都是钢化的，属安全玻璃，并且使用金属紧固件和金属连接件与支撑结构相连接，耐候密封胶只起密封作用，不承重，即使玻璃意外破坏，钢化玻璃破裂成碎片，形成所谓的“玻璃雨”，也不会出现整块玻璃坠落的严重伤人事故。

（4）工艺感好　点支式玻璃幕墙的支撑结构有多种形式，支撑构件加工精细、表面光滑，具有良好的工艺感和艺术感。

（5）环保节能性好　点支式玻璃幕墙的特点之一是通透性好，因此在玻璃的使用上多选择无光污染的白玻璃、超白玻璃和低辐射玻璃等，尤其是中空玻璃的使用，使节能效果更加明显。

2．与一般玻璃幕墙的主要区别

（1）结构形式不同　点支式玻璃幕墙是采用计算机设计的现代结构技术和玻璃技术相结合的一种全新建筑空间结构体系，幕墙骨架主要由无缝钢管、不锈钢拉杆（或再加拉索）和不锈钢爪件所组成，它的面玻璃在角位打孔后，用金属接驳件连接到支承结构的全玻璃幕墙上。而一般玻璃幕墙则多为平面框式和竖向杆件受力体系的结构。

（2）玻璃固定形式不同　点支式玻璃幕墙的玻璃是通过不锈钢爪件穿过玻璃上预钻的孔得以固定的，而一般玻璃幕墙，如全隐式或半隐式都是用结构胶黏结固定在框架上的。

（3）构件加工方法不同　点支式玻璃幕墙的主要金属构件，均需车钻、冲压机床的精密加工，成批工厂化生产，现场安装精度高且质量好。而一般玻璃幕墙的铝合金多在施工现场就地依赖电动机具制作，加工略嫌粗糙，精度不高，效能低。

（4）玻璃品种与规格不同　点支式玻璃幕墙所用的玻璃多为低辐射或白钢化中空玻璃，对解决城市光污染有一定效果，玻璃规格限制不是那么严格。而一般玻璃幕墙常采用镀膜反射玻璃，玻璃规格一般偏小。

6.7.3　其他新型玻璃幕墙

1．玻璃肋胶接式全玻璃幕墙

吊挂式玻璃幕墙分吊挂式全玻璃幕墙和混合式全玻璃幕墙，后者由于面板吊挂，肋板采用固定金属竖框，不具备典型的吊挂式条件。

吊挂式全玻璃幕墙，玻璃面板采用吊挂支承，玻璃肋板也采用吊挂支承，幕墙玻璃的重量都由上部结构梁承载，因此幕墙玻璃自然垂直，板面平整，反射映像真实。更重要的是，在地震或大风冲击下，整幅玻璃能在一定限度内作弹性变形，避免了应力集中造成玻璃破裂。由此看来，改变支承形式增强了抗震抗风能力是结构上的成功，但是由于结构承重部分的改变，对于新的承重结构细部及工艺提出了更高的要求。

2．新型玻璃幕墙

双层通风玻璃幕墙是一种新型玻璃幕墙，为了保证幕墙的安全性和密闭性，幕墙的开窗面积较小，而且规定采用上悬窗，并应设有限位滑撑构件。新型可呼吸的双层玻璃幕墙可较好地解决幕墙的通风及热工性能。

双层通风玻璃幕墙是一种会呼吸的玻璃幕墙。其内外墙之间约有60cm距离，除安装了可根据光照和温度自动开启闭合的百叶窗外，两层中间是可循环流通的空气。有了这层空气层，冬天建筑物的室内温度至少可提高5 ℃左右。

这种新型的双层玻璃幕墙是这样呼吸的：最外层的玻璃幕墙徐徐向前倾斜，室外的空气源源不断地补充进内、外墙间的中间层。几秒钟后，外墙又回复至原位，此时内层的玻璃幕墙则向室内方向徐徐倾斜，充溢在中间层的新鲜空气随着漏开的缝隙进入室内。

呼吸式玻璃幕墙具极佳的抗辐射、隔热和隔声的效能。中间层是空气，利用空气的循环就可达到最佳的隔热和通风的效果，还不会妨碍热量的散发。值得一提的是，这种极大地减少建筑能耗的新型玻璃幕墙没有光污染，值得推广。

6.8 玻璃材料装饰的施工工艺

6.8.1 玻璃门的安装

1．施工准备

（1）材料要求　玻璃门的型号规格应符合设计要求，五金配件配套齐全，并有出厂合格证。固定玻璃板必须和玻璃门厚度相同，且必须符合设计要求，有出厂合格证。辅助材料、密封胶和万能胶等应符合设计要求和有关标准规定。

（2）作业条件　墙、地面的饰面已施工完毕，现场已清理干净，并经验收合格。门框的不锈钢或其他饰面已完成，门框顶部用来安装固定玻璃板的限位槽已预留好。把安装固定厚玻璃的木底托用钉子或万能胶固定在地面上，接着在木底托上方中的一侧，钉上用来固定玻璃板的木条，然后用万能胶将该侧不锈钢或其他饰面粘在木底托上，铝合金方管可用木螺丝固定在埋入地面下的防腐木砖上。

把开闭活动门扇用的地弹簧和定位销按设计要求安装在地面预留位置和门框的横梁上。

从固定玻璃板的安装位置的上部、中部和下部量三个尺寸，以最小尺寸为玻璃板的裁切尺寸。如果上、中、下量得的尺寸一样，则裁玻璃时其裁切宽度应小于实测尺寸

2mm，高度应小于实测尺寸4mm。玻璃板裁好后，应在周边进行倒角处理，倒角宽度为2mm。

（3）施工工具　如图6-32所示。

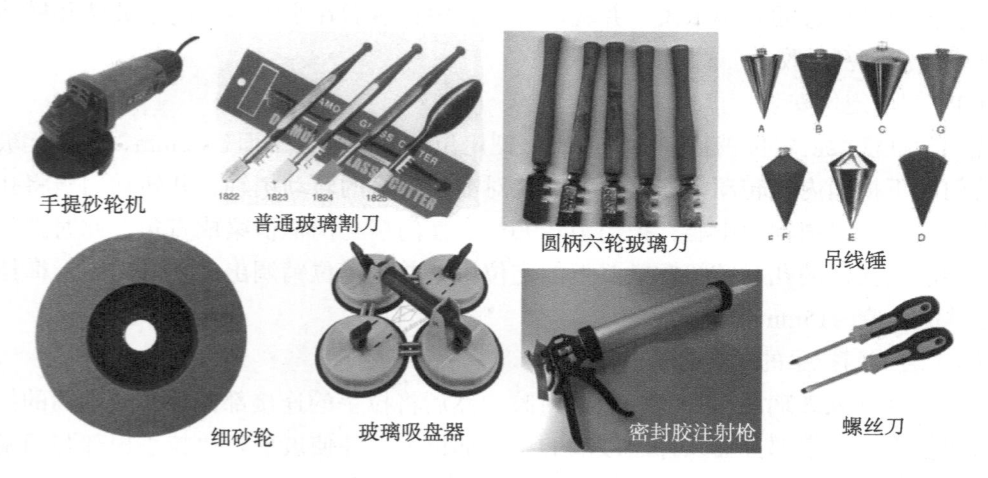

图6-32　施工工具

2. 施工方法

（1）固定玻璃的安装

1）用玻璃吸盘器把裁切好、倒好角的玻璃吸紧，然后手握吸盘器把玻璃板抬起，插入门框顶部的限位槽内后放到底托上，并调整好安装位置，使玻璃板边部正好盖住门框立柱的不锈钢或其他饰面的对口缝；接着在木底托上钉另一侧木条，把玻璃板固定在木底托上。在木条上涂刷万能胶，将该侧不锈钢饰面或其他饰面粘卡在木方上。

2）在门框顶部限位槽处、底托固定处、玻璃板与门框立柱接缝处注入密封胶。注胶时紧握注射枪压柄的手用力要均匀，从缝隙的端头开始，顺着缝隙均匀且缓慢移动，使密封胶在缝隙处形成一条表面均匀的直线。最后用塑料片刮去多余的密封胶，并用干净抹布擦去胶痕。

3）安装固定玻璃板必须用两块或多块来对接，对接缝应留2～3mm的距离；玻璃的边必须倒角，对接的玻璃定位并固定后，用注射枪将密封胶注入缝隙中；注满后用塑料片在玻璃两侧刮平密封胶，用干净布擦去胶迹。

（2）活动门扇的安装

1）用吊线锤测量地弹簧与门框横梁上定位销中心是否在同一直线上，若不在同一直线上，必须及时处理，使其在同一直线上。

2）在门框的上下横档内画线，并依线和地弹簧安装说明书固定转动销的销孔板及地弹簧的转动轴连接板。

3）门扇玻璃四周应倒角处理，并加工好安装门把的孔洞，应注意门扇玻璃的高度尺寸必须包括安装上下横档的尺寸。一般门扇玻璃的裁切尺寸应小于实测尺寸5mm，以便于调节（通常在购买厚玻璃时要求把门扇玻璃加工好）。

4）把上下横档分别安装在玻璃门扇的上下边，并实测门扇高度。如果门扇高度不够，可在上下横档内的玻璃底下垫木夹板条；如果门扇高度超过安装尺寸，可切除门扇玻璃的多余部分。

5）在确定好门扇高度之后，即可固定上下横档。在门扇玻璃与金属上下横档内的两侧空隙处，同时从两边插入小木条，并轻轻打入其中；然后在小木条、门扇玻璃和横档之间的缝隙中，注入密封胶。

（3）门扇定位安装

先用门框横梁上定位销自身的调节螺钉把定位销调出横梁平面1～2mm，再竖起玻璃门扇，将门扇下横档内的转动销连接件的孔位对准地弹簧的转动销轴，并转动门扇将孔位套入销轴上，然后以销轴为中心，把门扇转90°，使门扇与门框横梁成直角。此时把门扇上横档的转动连接件的孔对准门框横梁上的定位销，并把定位销调出，插入门扇上横档转动销连接件的孔位内15mm。

（4）玻璃门拉手的安装

先将拉手插入玻璃的部分涂一点密封胶，然后将拉手的连接部位插入玻璃门的拉手孔内，再将拉手的固定部分套入伸出玻璃的连接部位上，并使玻璃两边拉手根部与门扇玻璃贴紧后，再上紧固定螺钉，以保证拉手没有丝毫松动现象。拉手连接部位插入玻璃门拉手孔时不能很紧，应略有松动。如果太松，可在插入部分裹上软质胶带。

3．检验方法

（1）活动门扇洞口对角线差，3mm，用钢卷尺检查。

（2）门扇对口缝关闭时平整，1mm，用深度尺检查。

（3）固定玻璃对缝处平整，1mm，用深度尺检查。

（4）固定玻璃对接缝，3mm，用楔形塞尺检查。

（5）门扇与固定玻璃或门框立柱、地面间缝，门扇对口缝，8mm，用楔形塞尺检查。

（6）门扇与门框横梁间留缝，3mm，用楔形塞尺检查。

（7）玻璃门的垂直度2mm，用1m托线板检查。

（8）玻璃门的水平度，1.5mm，用1m水平尺和楔形塞尺检查。

4．成品保护

（1）玻璃门安装时，应轻拿轻放，严禁相互碰撞。避免扳手等工具碰坏玻璃门。

（2）安装好的玻璃门应避免硬物碰撞，避免硬物擦划，保持清洁，不污染。

（3）玻璃门材料进场后，应在室内竖直近墙排放，并靠放稳当。

5．施工注意事项

（1）门框横梁上固定玻璃的限位槽应宽窄一致，纵向顺直；一般限位槽宽度大于玻璃厚度2～4mm，槽深10~20mm，以便安装玻璃时顺利插入；在玻璃两边注入密封胶，把玻璃安装牢固。

（2）在木底托上钉固定玻璃板的木条时，木条应距玻璃4mm，以便饰面板能包住木条的内侧，便于注入密封胶，确保外观大方，内在牢固。

（3）活动门扇设有门扇框，门扇的开闭是由地弹簧和门框上的定位销实现的。地弹簧和定位销与门扇的上下横档一定要铰接好，并确保地弹簧与定位销中心在同一垂线上，以

便玻璃门扇开关自如。

（4）由于玻璃较厚，玻璃板较重，因此固定玻璃板或玻璃门抬起安装时，必须2～3人同时进行，以免摔坏或碰坏玻璃。

6.8.2　镜面玻璃墙的施工工艺

1．施工工具

施工工具如图6-32所示。

2．施工工艺

（1）镜面玻璃墙面的构造与固定方法

1）在玻璃上钻孔，用铜螺钉和镀铬螺钉把玻璃固定在木骨架和衬板上。

2）用塑料、硬木和金属等材质的压条压住玻璃。

3）用环氧树脂把玻璃粘在衬板上。

（2）镜面玻璃安装工艺流程

清理基层→立筋→铺钉衬板→固定玻璃。

（3）施工方法

1）清理基层。在砌筑墙和柱前先埋入木砖，一般木砖间距以500mm为宜，埋入的位置应与镜面的横向尺寸和竖向尺寸相对应。为防止潮气使木衬板变形或使镜面镀层脱落，基层的抹灰面上要刷热沥青或其他防水材料，或在木衬板与玻璃之间夹一层防水层。

2）立筋。用铁钉将直径40mm或50mm的小木方构成的墙筋固定在木砖上。双向立筋多适用于安装小块镜面，安装大块镜面可以用单向立筋，横、竖墙筋的位置与木砖一致，做到横平竖直，以便于衬板与镜面的固定。立筋应用长靠尺检查平整度。

3）铺钉衬板。衬板为5mm的胶合板或15mm厚木板，将其钉在墙筋上，钉头应没入板内。板与板的间隙应设在立筋处，板面应无翘曲和起皮等现象且平整清洁。

4）镜面安装。镜面依照设计形状和尺寸裁切好后，进行固定。通常的固定方法有五种：嵌钉固定、螺钉固定、黏结固定、托压固定和黏结支托固定。

3．注意事项

（1）匀面玻璃厚度应为5～8mm。

（2）安装时严禁用力撬动和锤击，不合适时取下重新安装。

6.8.3　普通玻璃、玻璃砖分隔墙施工工艺

1．普通玻璃隔墙的安装

（1）施工工具　如图6-32所示。

（2）施工准备　依照设计的不同要求选用不同的玻璃品种和规格。

（3）施工方法

1）工艺流程为：弹线→固定下部→固定上部。

2）施工方法为：①操作时，先按图纸尺寸在墙上弹出垂线，并在地面及顶棚上弹

出隔墙的位置线；②根据已弹出的位置线，按照设计规定的下部做法（砌砖、板条、罩面板）完成下部玻璃隔墙，并与两端的砖墙锚固；③做上部玻璃隔墙时，先检查木砖是否已按规定埋设。然后按弹线，先立靠墙立筋，并用钉子与墙上木砖钉牢，再钉上、下槛及中间楞木。

2．玻璃砖分隔墙施工要点

（1）玻璃砖应砌筑在配有两根ϕ6～ϕ8增强钢筋的基础上。基础高度不应大于150mm，宽度应大于玻璃砖厚度20mm以上，如图6-33所示。

A.备水泥10kg，细沙10kg，建筑胶水0.3kg，水3kg。

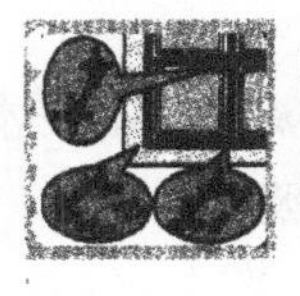
B.十字定位架可以剪成“T”形和“L”形，以适应各种部位的需要。

C.用砂浆砌玻璃砖。由下而上，一块一块，一层一层叠加，每块之间用定位架固定。

D.砌筑完毕，扭掉定位架上的板块。

E.刮去多余的砂浆，勾勒出砖与砖之间的缝隙。勾缝材料为纯白水泥、水和建筑胶水。

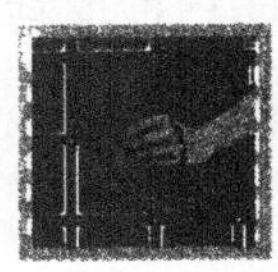
F.及时擦掉玻璃表面的砂浆和污垢，清洗干净。最终是在缝隙里刷上防水材料即可。

图6-33　玻璃砖标准施工流程图

（2）玻璃砖分隔墙顶部和两端应用金属型材，其槽口宽度应大于砖厚度10～18mm以上。

（3）当隔断长度或高度大于1500mm时，在垂直方向每两层设置一根钢筋（当长度、高度均超过1500mm时，设置两根钢筋）；在水平方向每隔三个垂直缝设置一根钢筋。钢筋伸入槽口不小于35mm。用钢筋增强的玻璃砖隔断高度不得超过4m。

（4）玻璃分隔墙两端与金属型材两翼应留有宽度不小于4mm的滑缝，缝内用油毡填充；玻璃分隔板与型材腹面应留有宽度不小于10mm的胀缝，以免玻璃砖分隔墙损坏。

（5）玻璃砖最上面一层砖应伸入顶部金属型材槽口10～25mm，以免玻璃砖因受刚性挤压而破碎。

（6）玻璃砖之间的接缝不小于10mm，且不大于30mm。

（7）玻璃砖与型材、型材与建筑物的结合部应用弹性密封胶密封。

6.8.4　全玻璃幕墙（肋玻璃）施工工艺

落地全玻璃幕墙采用吊挂式。6984mm高全玻璃幕墙面板采用19mm厚浮法清玻璃，玻璃肋采用19mm厚浮法清玻璃；5100mm高全玻璃幕墙面板采用15mm厚浮法清玻璃，玻璃肋采用15mm厚钢化清玻璃。吊挂式玻璃幕墙工程施工特点为配套化程度高和施工速度快。故必须做到构件配套供应，及时运输到位。施工人员要听从统一指挥，做到分工明确、配合默契、安全措施健全。

1．工艺流程

（1）工艺流程　预埋件的安装→测量放线→玻璃吊夹及钢槽的安装→立面玻璃（包括

玻璃肋）安装→玻璃板缝注胶→清洗。

（2）施工工具　如图6-32所示。

2．施工方法

（1）预埋件的安装　作为承重的主体结构，在建筑结构设计上应能满足大玻璃幕墙承载需要，混凝土强度等级不低于C300对于达不到要求的主体结构应采取必要的加强措施，其承载能力及加强措施应得到原结构设计师的认可。

作为支承钢结构与主体结构相连的预埋件应在主体结构混凝土施工时埋入，预埋件钢板厚度不小于8mm，采用ϕ12mm以上的钢筋，锚筋长度不小于250mm。埋入后的钢板外表面应与混凝土外表面平齐，其位置尺寸允许偏差不大于20mm，与理论墙面不平行度的允许偏差不大于10mm。假如埋件预先未埋入，应采取可靠的方法处理。主受力钢板在楼板处用穿墙螺栓，在大梁处用植筋法处理埋件。

（2）测量放线　根据图纸和控制轴线，用经纬仪和光学测距仪量出幕墙安装控制点、控制轴线和标高，作醒目的标志线；吊夹及钢结构的定位测量必须准确，做好记录，作为工厂加工制作的依据。

（3）玻璃吊夹及钢槽的安装　钢槽必须选用正规厂家生产的优质材料，并有该批材料的材质单和合格证。材质一般选用焊接性能优良的0235钢，表面热镀锌、钢槽与钢角码焊接时的焊缝均为构造焊缝，满焊，焊角高5mm。焊缝要求美观、整齐，不得有虚焊、漏焊和裂纹。玻璃吊夹选用正规厂家生产的不锈钢夹具。现场其他焊接处焊接质量应符合国家焊接质量检验的规定，所有焊接处理后均需清理，除锈后刷两遍防锈漆。

（4）玻璃及玻璃肋安装　玻璃安装前应先检查玻璃的规格是否正确。玻璃的安装采用大型吸盘，配合吊车和电葫芦进行，搭设专用安装平台。安装由上而下进行，一边装玻璃一边卸下配重机构。玻璃按设计轴线进行调整定位，应保证玻璃吊夹能承受玻璃重量，调整完后锁紧螺栓。整个安装过程必须用仪器测量。玻璃的控制误差为玻璃边线±1mm，相邻玻璃面高低差±0.5mm。再将钢槽与镀锌埋件用支座连接在一起，用钢刷及布清洁钢槽表面及槽底的泥、灰尘、杂物。底部钢槽内装入氯丁橡胶垫块（每块玻璃至少放2块，对应于玻璃宽度距边1／4处），然后把玻璃肋缓缓插入钢槽之间，调整位置及垂直度。正负误差不大于2mm。大玻璃应选用国产优质玻璃，磨边等深加工应达到国家标准的优等品要求。按设计玻璃规格编号，自左而右安装玻璃。先用扣件把玻璃装好，用吸盘机吊到所要位置；初装后用小木块、拉尺和经纬仪调整一致，然后用水平尺调整平整度，满足要求后将玻璃牢牢固定，并在上下方各填充ϕ10mm的泡沫条。玻璃安装完成后，逐个复检每个挂点的节点连接质量，发现问题及时调整。符合要求后用二甲苯进行清洗，再注胶。

（5）玻璃板缝注胶　在玻璃缝边缘贴上皱纹纸后，均匀注胶并进行自检；胶干后清除皱纹纸，并在玻璃上贴醒目警戒标志，清理现场。

3．幕墙的防火防雷设计与施工

幕墙自身应形成防雷体系，而且与主体建筑的防雷装置可靠连接。

幕墙与主体建筑的楼板间和内隔墙交接处的空隙中，必须采用岩棉、矿棉和玻璃棉等难燃烧材料填缝，并采用厚度1.5mm以上的镀锌耐热钢板（不能用铝板）封口。接缝处与螺丝口应该另用防火密封胶封堵。对于幕墙在窗间墙和窗槛墙处的填充材料应该采用不燃烧材料，除非外墙面采用耐火极限不小于1h的不燃烧体时，该材料才可改为难燃材料。如果幕墙不设窗间墙和窗槛墙，则必须在每层楼板外沿设置高度不小于0.8m的不燃烧实体墙裙，其耐火极限应不小于1h。

第7章 金属装饰材料及施工工艺

金属作为建筑装饰材料，有着源远流长的历史。从北京颐和园中的铜亭，到山东泰山顶上的铜殿；从云南昆明的金殿，到武当山的“大金顶”、江陵的“小金顶”；其闪亮的光泽、坚硬的质感、特有的色调和挺拔的线条，让建筑呈现出与众不同的效果。

在现代建筑中，金属材料更是以它独特的性能赢得了建筑师的青睐。从高层建筑的金属铝门窗到居家庭院的围墙、栅栏和阳台，金属材料无处不在，如图7-1、图7-2所示。

图7-1 法国埃菲尔铁塔

图7-2 首都国际机场T3航站楼

随着现代科技的不断发展，各种新型的金属装饰材料不断出现，如图7-3所示，越来越多的装饰手法不断产生，使建筑设计、室内设计和环境景观设计的成果不断地以最新颖、最特别的姿态展现在人们面前。

图7-3 中国国家大剧院

7.1 金属装饰材料的基础概述

7.1.1 金属装饰材料的基础

金属装饰材料是指由一种金属元素构成或由一种金属元素和其他金属或非金属元素构成的装饰材料的总称。金属装饰材料主要有强度高、塑性好、材质均匀致密、性能稳定、易于加工和视觉效果好等的优点。用于建筑装饰的金属材料主要有金、银、钢、铝、铜及其合金，特别是钢和铝合金更以其优良的性能、较低的价格而被广泛使用。其主要的分类方式有：

1．按材料性质分类

金属装饰材料按材料性质可分为黑色金属装饰材料、有色金属装饰材料和复合金属装饰材料。

（1）黑色金属装饰材料是指铁和铁合金形成的金属装饰材料，如碳钢、合金钢、铸铁和生铁等。

（2）有色金属装饰材料是指铝及铝合金、铜及铜合金、金和银等。

（3）复合金属装饰材料是指金属与非金属复合材料，如塑铝板和不锈钢包覆钢板等。

2．按装饰部位分类

金属装饰材料按装饰部位可分为金属天花装饰材料、金属墙面装饰材料、金属地面装饰材料、金属外立面装饰材料、金属景观装饰材料及金属装饰品。

（1）金属天花装饰材料是指用于顶棚装饰的金属装饰材料，主要有铝合金扣板、铝合金方板、铝合金格栅、铝合金格片、铝塑板天花、铝单板天花、彩钢板天花、轻钢龙骨和铝合金龙骨制品等。

（2）金属墙面装饰材料是指用于墙面装饰的金属装饰材料，主要有铝单板内外墙板、铝塑板内外墙装饰板、彩钢板内外墙板、金属内外墙装饰制品和不锈钢内外墙板等。

（3）金属地面装饰材料是指用于地面装饰的金属装饰材料，主要有不锈钢装饰条板、压花钢板和压花铜板等。

（4）金属外立面装饰材料是指用于建筑外立面装饰的金属装饰材料，主要有铝单板、铝塑板、钛锌板、金属型材、铜板、铸铁、金属装饰网、配合玻璃幕墙的铝合金型材和钢型材等。

（5）金属景观装饰材料是指用于室外景观工程中的金属装饰材料，主要有不锈钢、压型钢板、铝合金型材、铜合金型材、铸铁材料和铸铜材料等。

（6）金属装饰品是指用金属及金属合金材料制作的，用于室内外、能起到装饰作用的制品，主要有不锈钢装饰品，不锈钢雕塑，铸铜、铸铁雕塑，铸铜、铸铁饰品，金属帘，金属网和金银饰品等。

3．按材料形状分类

金属装饰材料按材料的形状可分为金属装饰板材、金属装饰型材和金属装饰管材等。

（1）金属装饰板材是指平板类的，指金属及金属合金、金属材料及非金属材料制成的金属装饰材料，主要有钢板、不锈钢板、铝合金单板、铜板、彩钢板和压型钢板等。

（2）金属装饰型材是指金属及金属合金材料经热轧等工艺制成的异型断面的材料，主要有铝合金型材、型钢和铜合金型材等。

（3）金属装饰管材指金属及金属合金经加工制成的有矩形、圆形、椭圆形和方形等截面的材料，主要有铝合金方管、不锈钢方管、不锈钢圆管、钢圆管、方钢管及铜管等。

7.1.2 金属装饰材料的力学性质与工艺性能

1. 金属装饰材料的力学性质

（1）抗拉性能

拉伸是金属材料主要的受力形式，因此，抗拉性是表示金属材料性质和选用金属装饰材料最重要的指标，金属材料受拉直至破坏一般经历四个阶段。

1）弹性阶段。在此阶段，金属材料的应力和应变成正比关系，产生的变形是弹性变形。

2）屈服阶段。随着拉力的增加，应力和应变不再是正比关系，金属材料产生了弹性变形和塑性变形。当拉力达到一定值时，即使应力不再增加，塑性变形仍明显增长，金属材料出现了屈服现象，此点对应的应力值被称为屈服点或称屈服强度。

3）强化阶段。拉力超过屈服点以后，金属材料又恢复了抵抗变形的能力，故称为强化阶段。强化阶段对应的最高应力称为抗拉强度或强度极限。抗拉强度是金属材料抵抗断裂破坏能力的指标。

4）颈缩阶段。超过了抗拉强度以后，金属材料抵抗变形的能力明显减弱，在受拉试件的某处，会迅速发生较大的塑性变形，出现颈缩现象，直至断裂。

（2）冲击韧性

冲击韧性是指在冲击荷载作用下，金属材料抵抗破坏的能力。金属材料的冲击韧性受下列因素影响：

1）金属材料的化学组成与组织状态。

2）金属材料的轧制、焊接质量。

3）金属材料的环境温度。

4）金属材料的时效。

2. 金属装饰材料的工艺性能

（1）冷弯性能

冷弯性能是指金属材料在常温下承受弯曲变形的能力。金属材料在弯曲过程中，受弯部位会产生局部不均匀塑变形，这种变形在一定程度上比伸长率更能反映金属材料的内部组织状况、内应力及杂质等情况。

（2）可塑性

建筑工程中，金属材料绝大多数是采用各种连接方法连接的。这就要求金属材料要有良好的可塑性。

（3）水密性

金属材料的咬合方式为立边单向双重折边并依靠机械力量自动咬合，板块连接紧密，水密性强，能有效防止毛雨入侵。不需要用化学嵌缝胶密封防水，免除了胶体老化带来的污染和漏水问题。

（4）耐腐蚀性

金属材料的耐腐蚀性比较差，一般要经过防腐处理才能提高金属装饰材料的耐腐蚀性。

7.2 黑金属装饰材料

7.2.1 建筑钢材

1．碳素结构钢（非合金结构钢）

（1）牌号

国家标准规定，碳素结构钢（简称碳素钢）的牌号由代表屈服点的符号（O）、屈服点值（195、215、235、27，单位为MPa）、质量等级（A、B、C、D）和脱氧程度（F、b、Z、TZ）构成。其中A、B为普通质量钢；C、D为磷、硫杂质控制较严格的质钢。脱氧程度符号F代表沸腾钢；b代表半镇静钢；Z和TZ分别表镇静钢和特殊镇静钢，可不标，如图7-4所示。

例如0235—A·F，表示屈服点值为235MPa、质量为A级的沸腾钢。

（2）选用

建筑工程中主要应用的碳素钢是Q235号钢。它之所以应用普遍，主要是由于其机械强度、韧性和塑性及加工等综合性能好，而且冶炼方便，成本较低。Q215号钢机械强度低、可塑性大，受力后变形大，经加工及处理后可代替0235使用。在选用钢的牌号时，还必须熟悉钢的质量。通常平炉钢和氧气转炉钢较好；质量等级为D、C的钢优于B、A的钢；特殊镇静钢和镇静钢优于半镇静钢，更优于沸腾钢。

图7-4 碳素钢厂房

2．低合金高强度结构钢

（1）牌号

这种钢的牌号由代表屈服点的0、屈服点数值、质量等级符号（A、B、C、D、E）三个部分按顺序排列构成。

（2）性能

低合金结构钢比碳素结构钢强度高，塑性和韧性要好，尤其是抗冲击、耐低温和耐腐蚀能力强，并且质量稳定，可节省钢材。在钢结构中，常采用低合金结构钢轧制的型钢、钢板和钢管来建造桥梁、高层及大跨度钢结构建筑。在预应力钢筋混凝土中，二、三级钢筋即是由普通质量低合金钢轧制的。

7.2.2　不锈钢

不锈钢是指在钢中加入大量的铬元素，且形成钝化状态，具有不锈特性的钢材。一般不锈钢的含铬量在12%以上。含铬量越高，钢的耐腐蚀性越好。除铬外，不锈钢中还含镍（Ni）、锰（Mn）、钛（Ti）和硅（Si）等元素，它们都影响着不锈钢的强度、塑性、韧性及耐腐蚀性。不锈钢的耐腐蚀性原理是由于铬元素比铁元素的性质活泼。在不锈钢中，铬首先和环境中的氧发生化合反应，生成一种与钢基体牢固结合的致密的氧化铬膜层，称为钝化膜。钝化膜能使合金钢得到保护，不致锈蚀。

（1）不锈钢的分类

1）按照化学成分，不锈钢可分为铬不锈钢、铬镍不锈钢和高锰低铬不锈钢等。

2）按照耐腐蚀特点，不锈钢可分为普通不锈钢和耐酸不锈钢。

3）按照经900～1100℃高温淬火处理的反应和微观组织，不锈钢可分为淬火后硬化的马氏体不锈钢、淬火后不硬化的铁素体不锈钢及高铬镍型不锈钢。

4）按制品类别，不锈钢可分为不锈钢薄板、不锈钢型材、不锈钢异型材和不锈钢管材等。

（2）不锈钢制品的装饰特点

不锈钢与所有的其他金属装饰部件一样，具有金属的光泽和质感，特别是不锈钢不易锈蚀，因此可以较长时间地保持最初的装饰效果。同时，不锈钢的强度高、硬度大，在施工过程中不易变形。

装饰用不锈钢制品主要是不锈钢薄板，且厚度大多在2mm以下。根据不同的设计要求，不锈钢饰面板可加工成光面不锈钢板（镜面不锈钢板）、砂面不锈钢板、拉丝面不锈钢板、腐蚀雕刻不锈钢板、凹凸不锈钢板和弧形板等。不锈钢表面的光泽度是根据其反射率来决定的。反射率达到90%的称为镜面不锈钢，反射率达到50%的称为亚光不锈钢。近几年装饰行业使用的亚光不锈钢的反射率都在24%～28%之间。还可根据设计对不锈钢板进行腐蚀处理，腐蚀深度一般为0.015～0.5mm。经腐蚀处理后的不锈钢装饰效果比较好。

（3）彩色不锈钢板

彩色不锈钢板是在普通不锈钢板上进行技术及艺术加工，使其表面具有各种绚丽色彩的钢板。彩色不锈钢板具有抗腐蚀性强、机械性能高、彩色面层耐久以及色泽不会随光线变换等特点，且彩色面层能耐200℃的高温，耐腐蚀性超过一般不锈钢。

彩色不锈钢板可用于建筑厅堂的墙壁、顶棚、电梯轿箱、柱面和车厢等的装饰。

（4）不锈钢的规格

1）不锈钢薄板。不锈钢薄板是指厚度小于2mm的不锈钢板。它广泛用于装饰装潢行业，如不锈钢包柱、不锈钢门、不锈钢窗、不锈钢操作台和不锈钢橱窗等。不锈钢板的宽度一般为500～1000mm，长度一般为2000～3000mm，厚度一般有0.35mm、0.4mm、0.5mm、1.0mm、1.2mm、1.4mm、1.5mm、1.8mm和2.0mm等。

2）镜面不锈钢板。镜面不锈钢板是指有一定光泽度的不锈钢板。它具有光洁豪华、坚固耐用、永不生锈以及容易清洗等特点，广泛用于宾馆、商场、办公楼和机场等建筑的柱、墙、顶棚、橱窗和柜台等的装饰。镜面不锈钢分8k和8s两种，厚度一般为0.6～1.5mm，宽度一般为1219mm，长度一般为2438mm和3048mm两种。

3）不锈钢管材。不锈钢管材有圆管、方管和矩形管三种，它们主要用做门拉手、五金配件和楼梯扶手等部件，也可作为水管。不锈钢管的壁厚一般有0.5mm、0.6mm、0.8mm、1.0mm、1.2mm、2.0mm、2.5mm、3.0mm、3.5mm、4.0mm、5.0mm和6.0mm等。

圆形管外径一般有12.7mm、19mm、22mm、38mm、45mm、50mm、80mm、102mm、108mm和114mm等。

方管的规格一般有10mm×10mm、20mm×20mm、38mm×38mm、40mm×40mm、50mm×50mm、60mm×60mm和80mm×80mm等。

矩形管的规格一般有20mm×10mm、25mm×13mm、40mm×20mm、50mm×25mm、60mm×30mm、80mm×45mm、90mm×45mm和100mm×45mm等。

4）彩色不锈钢板材。彩色不锈钢板的厚度一般有0.2mm、0.3mm、0.4mm、0.5mm、0.6mm和0.8mm等，长×宽一般为2000mm×1000mm和1000mm×500mm两种。不锈钢可用在各种场合，如图7-5所示。

不锈钢盲道钉

不锈钢玻璃门

不锈钢雕像

不锈钢雨篷

图7-5　不锈钢的各种应用

7.2.3 彩色钢板

为了提高普通钢板的防腐性能，增加装饰效果，往往在钢板表面涂饰一层保护性的装饰彩膜，这样的钢板称为彩色钢板。彩色钢板按形状可分为彩色压型钢板、彩色涂层钢板、彩色条板、扣板、方形平面板及特殊加工的板材。尺寸及颜色可根据设计要求生产。

1．彩色压型钢板

彩色压型钢板是以镀锌钢板为基材，经成型轧制，并在表面涂饰各种防腐蚀涂层与彩色烤漆而制成的轻型维护结构材料，如图7-6所示。它属于轻型板材，具有质量轻、抗震性能好、耐久性强、色彩鲜艳、易加工及施工方便等优点。适用于建筑的屋盖、墙板及墙面装贴。

图7-6 彩色压型钢板

彩色压型钢板是由彩色镀锌钢板、单向螺栓及配件和防水嵌缝胶泥等组合而成的。

2．彩色涂层钢板

彩色涂层钢板是在热轧或镀锌钢板表面添加有机涂层而成的。涂层可分为有机涂层、无机涂层和复合涂层三种，可配置各种不同的花纹和色彩。彩色涂层钢板具有良好的装饰性，涂层附着力强，可长期保持鲜艳的色彩，加工性能好，可切、弯曲、钻孔、铆接和卷边等。彩色涂层钢板有一涂一烘、二涂二烘两类产品，上表面涂有聚酯硅改性树脂，下表面涂有环氧树脂、聚酯树脂、丙烯酸酯和透明清漆等。彩色涂层钢板具有耐污染、耐热和耐低温等多种性能，可作为建筑外墙板、屋面板和护壁板等。

3．彩色条板、扣板及方形平面板

由于彩色钢板颜色品种繁多、易清洁且美观，并且根据内材的不同，可具有不同的特质。它在外观和性能上均有着传统建材无可比拟的优越性，无需二次装修，因此为越来越多的建筑设计师和建筑单位所青睐。彩色钢板广泛应用于厂房、仓库、净化间、冷库和冷藏箱，特别是应用于对空间环境要求特别高的电子和医药行业净化室的隔墙、顶棚及门窗等。

彩色条板、扣板及方形平面板以普通钢板为基材，表面经防腐处理后，涂饰各类油漆。条板及方形平面板一般可用螺丝固定在背后的龙骨上，扣板则不用螺丝固定，它利用自身断面卡在龙骨上。扣板多用于室内墙面和顶棚的处理，如图7-7所示。

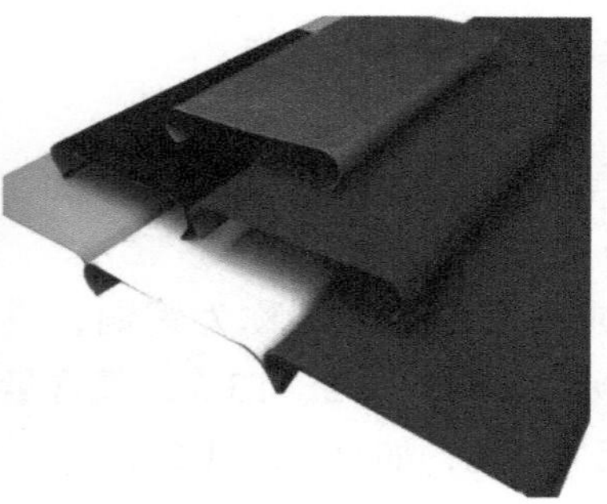

图7-7 彩钢扣板

彩色条板、扣板及方形平面板施工方便，具有耐污染、耐热和耐低温等特点，并且装饰效果好。条板与扣板的尺寸规格一般为：3000mm × 120mm、3000mm × 75mm和3000mm × 150mm等。

7.3 有色金属装饰材料

7.3.1 铜及铜合金

有色金属是指除黑色金属以外的金属，如金、银、铜、铅、锡等金属及其合金。有色金属按密度可分为有色重金属和有色轻金属两大类。有色重金属一般是指密度在4.5g/cm^{3}以上的金属，如金、银、铜、铅、锡、锌等，在装饰工程中主要使用铜及铜合金。有色轻金属是指密度在4.5g/cm^{3}以下的金属，如镁、铝、钙、钾、钛等，在装饰工程中主要使用铝及铝合金。

1．紫铜

铜是古代就已经知道的金属之一。一般铜的表面会形成一层紫红色氧化铜的薄膜，所以纯铜也称为紫铜。它的密度为8.92g/cm^3，熔点为1083℃，沸点为2576℃，具有良好的导热、导电和耐腐蚀性，导由性为64%，耐腐蚀性为23%，结构强度为12%，装饰性系数为1%，而且延展性好。利用其延展性及锻铜工艺，可制作锻铜雕塑及浮雕。由于其强度较低，所以不能作为结构材料。铜加入锌则为黄铜，加入锡即成青铜，如图7-8、图7-9所示。

图7-8　铜制雕塑

图7-9　铜制雕像

2．铜及铜合金的分类和焊接特点

（1）分类

1）纯铜。纯铜常被称为紫铜，具有良好的导电性、导热性和耐腐蚀性。纯铜用T（铜）表示，如T1、T2、T3等，氧含量极低。氧含量不大于0.01%的纯铜称为无氧铜，用TU（铜无）表示，如TU1、TU2等。

2）黄铜。以锌为主要合金元素的铜合金称为黄铜。如果只是由铜、锌组成的黄铜就

称为普通黄铜。如果是由两种以上的元素组成的多种合金就称为特殊黄铜，如由铅、锡、锰、镍、铁、硅组成的铜合金。特殊黄铜（特种黄铜）有较强的耐磨性能，其强度高、硬度大、耐化学腐蚀性强，切削加工的机械性能也较突出。由黄铜所拉成的无缝铜管，质软、耐磨性能强，可用于热交换器和冷凝器、低温管路和海底运输管等；可制造板料、条材、棒材、管材和铸造零件等。黄铜中含铜62%～68%，塑性强，可制造耐压设备等。普通黄铜用（H）表示，如H180、H70、H168等。

3）青铜。以前把铜与锡的合金称为青铜，现在则把除了黄铜以外的铜合金称为青铜。常用的有锡青铜、铝青铜等。青铜用Q（青）表示。

（2）焊接特点

铜及铜合金的焊接特点有：

1）难熔合、易变形。

2）容易产生热裂纹。

3）容易产生气孔。

铜及铜合金焊接主要采用气焊、惰性气体保护焊、埋弧焊和钎焊等方法。铜及铜合金导热性能好，所以焊接前一般应预热，并采用大线能量焊接。气焊时，紫铜采用中性焰或弱碳化焰，黄铜则采用弱氧化焰，以防止锌的蒸发。

3．铜及铜合金装饰制品

欧洲采用铜板制作屋顶和漏檐已有传统。北欧国家中甚至用它做墙面装饰。铜耐大气腐蚀性能很好、经久耐用且可以回收；有良好的加工性，可以方便地制作成复杂的形状；而且还有美观的色彩，因而很适合于房屋装修。它在教堂等古建筑物屋顶上的应用已有悠久历史，于1966年开放的水晶宫运动中心，就曾用60t铜做成波浪形的屋顶。据统计，做屋顶用的铜板，在德国平均每人每年消费0.8kg，美国为0.2kg。此外，家居用品如门把手、锁、百叶、灯具、墙饰以及厨房用具等都离不开它；另外，还应用于铜柱、铜塔、铜殿、铜家具、金属装饰工程、铜建筑工程、铜城雕工程、铜景区工程、铜寺庙装饰工程以及铜工艺美术品等。铜制品不但经久耐用，消毒卫生，而且能散发出高雅的气息，深受人们喜爱，如图7-10～图7-13所示。

图7-10　金星铜修复的峨眉金顶

图7-11　铜浮雕

图7-12　铜门

图7-13　大连星海广场铜地景浮雕

7.3.2 铝及铝合金

铝是银白色有光泽金属，密度为2.702g/cm^3，熔点为660.37℃，沸点为2467℃。铝具有良好的导热性、导电性和延展性，电离能5.986 eV，虽是较活泼的金属，但在空气中其表面会形成一层致密的氧化膜，使之不能与氧和水继续作用。在高温下能与氧反应，放出大量热。

1．分类

铝按其化学成分可分为纯铝及铝合金。

（1）纯铝

纯铝按其纯度可分为高纯铝、工业高纯铝和工业纯铝三类。焊接主要使用工业纯铝。工业纯铝的纯度为99.7%、98.9%，其牌号有L1　L2、L3、L4、L5、L6六种。

纯铝很软，强度不大，有着良好的延展性，可拉成细丝和轧成箔片，大量用于制造电线、电缆，无线电工业以及包装业。它的导电能力约为铜的2/3，但由于其密度仅为铜的1/3，因而将等质量和等长度的铝线和铜线相比，铝的导电能力约为铜的2倍，且价格较铜要低。所以，野外高压线多用铝做成，既节约了大量成本，又缓解了铜材的紧张局面。

铝的导热能力比铁大3倍，工业上常用铝制造各种热交换器和散热材料等，家庭使用的许多炊具也由铝制成。与铁相比，它还不易锈蚀，延长了使用寿命。铝粉具有银白色的光泽，常和其他物质混合用作涂料，刷在铁制品的表面，保护铁制品免遭腐蚀，而且美观。由于铝在氧气中燃烧时能发出耀眼的白光并放出大量的热，又常被用来制造一些爆炸混合物，如铵铝炸药等。冶金工业中，常用铝热剂来熔炼难熔金属。例如，将铝粉和氧化铁粉混合，引发后即发生剧烈反应，常用此法来焊接钢轨。光洁的铝板具有良好的光反射性能，可用来制造高质量反射镜和聚光碗等。铝还具有良好的吸音性能，根据这一特点，一些演播室、现代化大型建筑外立面及室内的顶棚等有的采用了铝及铝合金制品。

（2）铝合金

在纯铝中加入合金元素就得到铝合金。为了克服纯铝较软的特性，可在铝中加入少量镁、铜，就可制成坚韧的铝合金，这样铝合金既保持了铝量轻的特性，同时机械性能明显提高（屈服强度可达210～500MPa，抗拉强度可达380～550MPa），因而大大提高了其使用价值，不仅可用于建筑装修，还可用于结构方面。人们根据不同的需要，研制出了许多铝合金，在许多领域起着非常重要的作用。比如，在某些金属中加入少量铝，便可大大改善其性能。青铜含铝4%～15%，该合金具有很强的耐腐蚀性，硬度与低碳钢接近，且有着不易变暗的金属光泽，常用于珠宝饰物和建筑工业中，也用于制造机器的零件和工具。在铝中加入镁，便制成铝镁合金，其硬度比纯的镁和铝都大许多，而且保留了其质轻的特点，常用于制造飞机的机身、火箭的箭体以及门窗、建筑室内外装饰工程和船舶制造等。

根据铝合金的加工工艺特性，可将它们分为形变铝合金和铸造铝合金两类。形变铝合金塑性好，适宜于压力加工。

形变铝合金按照其性能特点和用途可分为防锈铝（LF）、硬铝（LY）、超硬铝（LC）和锻铝（LD）四种。铸造铝合金按加入的主要合金元素，可分为铝硅系（Al-Si）、铝铜系

（Al-Cu）、铝镁系（Al-Mg）和铝锌系（Al-Zn）四种。

2．常用铝及铝合金装饰制品

（1）铝合金门窗

20世纪80年代末，门窗是以铝为主的合金型材制作的铝合金门窗，虽然解决了钢窗的一些缺点，但型材本身为金属材料，冷热传导快，没有从根本上解决密封和保温等问题。即使配上中空玻璃，但整窗K值也只能达到4.5 W/（m^2·K）左右。

20世纪90年代中后期，门窗市场出现断桥铝合金隔热门窗，是当时门窗市场上的高档产品。型材设计中间采用高强度绝缘绝热合成材料，表面处理采用粉末喷涂、氟碳喷涂及树脂热印等高新技术，可以满足建筑设计及室内装修设计对色彩的需求。断桥铝合金隔热门窗的突出优点是质量轻、强度高、水密性和气密性好，防火性佳，耐腐蚀、使用寿命长，装饰效果好，环保性能好。断桥式铝塑复合窗的原理是利用塑料型材将室内外两层铝合金既隔开又紧密连接成一个整体，构成一种新的隔热型的铝型材。用这种型材做门窗，彻底解决了铝合金传热快、不符合节能要求的缺点。

（2）铝及铝合金装饰板

1）铝单板。铝单板幕墙由原质铝板加工而成，表层采用氟碳喷涂，能耐受紫外线照射、温度变化和大气侵蚀，具有良好的抗弯强度及优良的抗风压性能，并且能够二次开发使用。铝型材表面经氟碳喷涂，具有颜色众多、性能出色、使用寿命长、美观大方、环保及永不褪色等优点，在现代建筑外立面和装修工程中被广泛应用，如图7-14所示。

2）铝塑板。铝塑板（又称铝塑复合板）以铝板作表层，聚乙烯作中层，经过一系列的高科技工艺复合而成，具有隔声、防火、防水、耐腐蚀、防震性强、可减轻建筑负荷、密度小、刚性强、易加工、高档华丽和耐持久等特点，如图7-15所示。铝塑复合板本身所具有的独特性能，决定了其用途广泛，它可以用于大楼外墙、帷幕墙板、旧楼改造翻新、室内墙壁及顶棚装修、广告招牌、展示台架和净化防尘工程等。

图7-14　铝单板在建筑外墙的应用

图7-15　铝塑板

铝塑复合板在国内已大量使用，属于一种新型建筑装饰材料。自20世纪80年代末90年代初从韩国和我国台湾地区引进，铝塑复合板便以其经济性、可选色彩的多样性、便捷的施工方法、优良的加工性能、绝佳的防火性及高贵的品质，迅速受到人们的青睐。铝塑

复合板是由多层材料复合而成的，上下层为高纯度铝合金板，中间层为无毒低密度聚乙烯（PE）芯板，其正面还粘贴一层保护膜。用于室外时，铝塑复合板正面可涂覆氟碳树脂（DvDF）涂层，用于室内时其正面可采用非氟碳树脂涂层。铝塑复合板是易于加工、成型的好材料，更是追求效率、争取时间的优良产品，它能缩短工期、降低成本。铝塑复合板可以切割、裁切、开槽、带锯、钻孔、加工埋头，也可以冷弯、冷折、冷轧，还可以铆接、螺丝连接或胶合黏结等。

3）铝合金花纹板。铝合金花纹板采用防锈铝合金坯料，用具有一定花纹的轧辊轧制而成。其花纹美观大方，筋高适中而不易磨损，防滑性能好，耐腐蚀性好；通过表面处理可获得美丽的色彩，装饰效果好。因其加工方便，易裁剪和安装，被广泛应用在建筑物的室内墙面装饰工程及楼梯踏板的防滑处理上，如图7-16所示。

4）铝合金波纹板。铝合金波纹板采用强度高、耐腐蚀性好的防锈铝制成，颜色有很多种，装饰效果比较好。铝合金波纹板外立面系统适用于各种建筑物外墙，具有别具一格的建筑曲线美感，将通风、防水、保温和隔声等建筑功能融为一体。材料选择防腐蚀性能强，使用寿命长的铝镁锰合金，系统使用寿命可达50年以上。

5）铝合金孔板。铝合金孔板采用各种铝合金平板经机械加工孔而成。孔型及孔径可根据设计需要而定，一般有圆孔、方孔、条孔、三角孔和多角形孔等。铝合金孔板具有耐腐蚀性好、吸声效果好、光洁度高、材质轻、造型美观、装饰效果好和立体感强等优点，大量应用于建筑室内外装饰及吸声效果要求高的工程中，如图7-17所示。

图7-16　铝合金花纹板

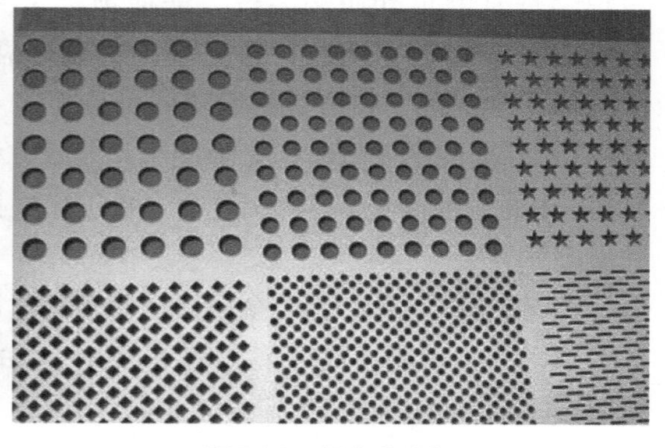

图7-17　铝合金孔板

6）铝合金扣板。铝合金扣板又称为铝合金条板，主要有开放式条板和插入式条板两种，颜色包括银白色、茶色和彩色（烘漆）等。其简单、方便、灵活的组合可为现代建筑提供更多的设计构思。扣板顶棚由可卡进特殊龙骨的铝合金条板组成。扣板分针孔型和无孔型，有数十种标准颜色系列，特别适合机场、地铁、商业中心、宾馆、办公室、医院和其他建筑使用。所使用的小型配件可和其他各种顶棚型号的顶棚通用。具有良好的性能，能防火、防潮、防腐蚀、耐久、易清洗，且色彩高雅、富于立体感，可根据时代要求来选择花色，如图7-18所示。

7）铝合金格栅顶棚。格栅顶棚造型新颖，通风性好，立体感极强，适用于超级市场、酒吧或商场等场所。常规厚度为0.5mm，可根据要求加厚。有75mm×75mm、100mm×100mm、110m×110mm、120mm×120mm、125mm×125mm、200mm×200mm和250mm×250mm等规格，高度为30mm、40mm和50mm，如图7-19所示。

图7-18　铝合金扣板

图7-19　铝合金格栅顶棚

8）铝合金方板。铝合金方板顶棚的装饰效果非常独特，而且，方板的规格尺寸与很多灯具的尺寸协调一致，能使顶棚表面组成一个有机整体。在装修时，一般顶棚采用铝合金方板，墙边补缺处采用铝合金靠墙板。方板平面尺寸为500mm×500mm或600mm×600mm。按方板边缘不同可分为嵌入式方板和浮搁式方板。铝合金方板顶棚也可采用T形断面的中龙骨，但必须配装浮搁式方板。龙骨分为大龙骨和中龙骨，大龙骨断面呈U形，中龙骨断面呈Y形。铝合金方板顶棚根据大龙骨承受荷载能力的不同分为轻型、中型和重型三类。

9）铝合金挂片。铝合金条形挂片顶棚适用于大面积公共场合使用，结构美观大方，线条明快，并可根据不同环境，使用相应规格的顶棚挂片，在图形组合上变化多样，且安装方便。

7.4　新型金属装饰材料

7.4.1　钛锌金属板

钛锌金属板作为室外的建材已经应用得非常广泛，而作为室内的装饰材料目前也越来越得到建筑师和业主的青睐，如图7-20、图7-21所示。

欧美各国将锌辊轧金属板用于建筑屋面已有200年的历史，锌在中国的使用已经有超过400年的历史。德国莱茵辛克公司根据多年的锌板制作经验和研究，将钛与铜加入锌内，

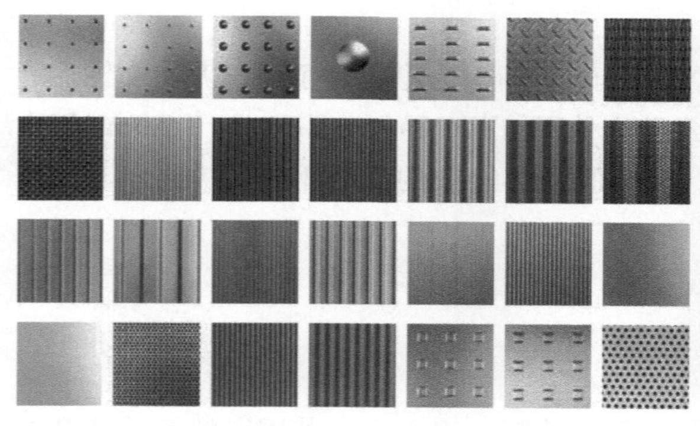

图7-20　钛锌金属板

图7-21　钛锌金属板装饰建筑外墙

从而创造了钛锌合金。经过辊轧成片、条或板状的建材板，称为莱茵辛克钛锌板。莱茵辛克钛锌板是由纯度为99.995%的电解锌与1%的钛和铜组成的合金，莱茵锌克钛锌板有原锌、蓝灰色预钝化锌和石墨灰预钝化锌等三种；常用厚度有0.70mm、0.80mm、1.00mm、1.20mm和1.5mm五种。所有莱茵辛克钛锌板屋面和幕墙系统均为结构性防水、通风透气、且不使用胶的系统，完全通过咬合、搭接和折叠等方式实现。其优点如下：

（1）经久耐用　依据使用条件、板厚和正确的安装，莱茵锌克钛锌板的使用寿命预期为80～100年。

（2）自我愈合　莱茵锌克钛锌板在运输、安装或在其寿命周期内如被轻微划伤，可因锌的特性自愈合。

（3）易于维护　由于有特殊的氢氧碳酸锌保护层，在整个寿命周期内，莱茵锌克钛锌板不需特别维护或清洁。此外，莱茵锌克钛锌板具有防紫外线和不褪色的特性。

（4）兼容性强　莱茵锌克钛锌板可与铝、不锈钢和镀锌钢板等多种材料兼容。

（5）成型能力好　莱茵锌克钛锌板能被折叠180°而无任何裂纹，再折回到它的原始状态也不会断裂，可以形成任何形状。

（6）环保性好　该材料是绿色建材。

7.4.2　钛金属板

钛在地球中含量丰富。钛金属板是一种新型建筑材料，在国家大剧院和杭州大剧院等大型建筑上已得到成功应用，这标志着钛材幕墙时代在我国建筑领域的开始。

钛金属板主要有表面光泽度高、强度高、热膨胀系数低、耐腐蚀性优异、无环境污染、使用寿命长、机械和加工性能良好等特性。钛材本身的各项性能是其他建筑材料不可比拟的。

中国国家大剧院近40000m^{2}的壳体外饰面，有30800m^{2}是钛金属板，6700m^{2}是玻璃幕墙，如图7-3所示。2000多块尺寸约2000mm×800mm×4mm的钛金属板是由0.3mm厚的钛加3.4mm厚的氧化铝加0.3mm厚的不锈钢复合而成。外层钛表面经过特殊氧化处理，化学性质稳定、强度高、自重轻且耐腐蚀。由钛金属板往内依次是起防水作用的304垂纹铝镁合金板、起保温作用的玻璃纤维棉板（$16kg/m^3$）、2mm厚钢衬板，衬板内层喷K13吸音粉末（$100kg/m^3$）和内饰红木顶棚。

起防水作用的铝镁合金具有极强的抗腐蚀能力，特别是在酸性环境下，其防腐蚀性能大大优于钢板和普通铝合金板。内饰红木是经防火处理的宽120mm、厚13mm（0.6mm红木贴皮，内为12mm厚多层阻燃板）的条板，条板间留有30mm的空隙用以解决声学和回风问题。

7.4.3　金属网、布、帘

1．金属网

金属网是一种新型建筑装饰材料，采用优质不锈钢、铝合金、黄铜和紫铜等合金材料，经特殊工艺编制而成。因其具有金属丝和金属线条特有的柔韧性和光泽度，被广泛应用于建筑物的立面、隔断、顶棚以及机场、车站、宾馆、酒店、歌剧院和展厅等高档室内外装饰，效果十分显著，彰显典雅气质，非凡个性，高贵品位。用于建筑装饰的金属网多用于展厅、酒店和豪华客厅的屏风，高级办公楼、豪华舞厅、营业大厅、大型购物中心和体育中心等的室内外装饰以及特色建筑的屋顶、墙壁、楼梯和栏杆等。它有很好的装饰效果，同时也能起到一定的防护作用。

金属网被应用于室外幕墙时，由于金属材料独有的坚固性，使它具有很强的抵御风暴等气候灾害侵袭的能力，同时易于维护。单纯从观赏角度看，金属网具有丝织品的特点，给人以视觉享受，用作室内的顶棚或隔墙时，其材质特有的通透性和光泽感可赋予空间更多的审美乐趣。

2．金属布

金属布由多个小铝片结合而成，颜色多样，可用作酒店、咖啡厅和宾馆等的屏风隔断和顶棚等，也可用于橱窗装饰，有很好的装饰效果。

3．金属帘

金属帘颜色多变，在光的折射下，想象空间无限，美丽尽收眼底。金属帘分为金属垂帘和金属珠帘两种。金属垂帘常用于墙面的掩盖装饰、室内的隔断装饰、柱子的覆面装饰和顶棚的立体装饰。金属垂帘透明、能打褶、可以让光和空气通过，利用光和颜色，使想象空间无限扩展，其大小任意，色彩很广。

金属珠帘色彩齐全，光泽艳丽，线条明快，能烘托出展示物冷暖对应的双面性格，自然大方地融入展示空间，充分营造出现代金属装饰的前卫艺术风格。金属珠帘有2.3mm、3.0mm、4.5mm、6.0m、8.0mm和10mm等几种规格，还可根据使用要求定做，材质有铜、铁和不锈钢等，表面可电镀铜、镍和铬等，有仿金、古铜和咖啡等颜色，广泛用于窗帘及酒店装饰装潢。

7.4.4　金属马赛克

近年来，金属马赛克可在一个装饰面上，灵活运用各色各样精美的几何排列，既可作为颜色的渐变，也可以作为其他装饰材料的点缀，将材料本身的典雅气质和浪漫情调演绎

得淋漓尽致。但这种时尚和前卫的马赛克多用于充满现代感的卫生间中。一般的金属马赛克表面烧有一层金属釉；也有的在马赛克表面紧贴一层金属薄片，上面则是水晶玻璃。前者是陶瓷质地，后者是玻璃质地，二者都较为常见，并非真正意义上的金属马赛克。

真正的金属马赛克的材料是纯金属，金属马赛克因其独有的厚重质感可以彰显其尊贵风范。豪华的装饰和时尚前卫的商业空间因金属马赛克而更显奢侈和新潮，无论装饰在哪里都给人一种强有力的视觉冲击和诱惑力；加上其环保、无辐射等特性，使其正式成为越来越多追求高品质生活的人追捧的对象，如图7-22所示。

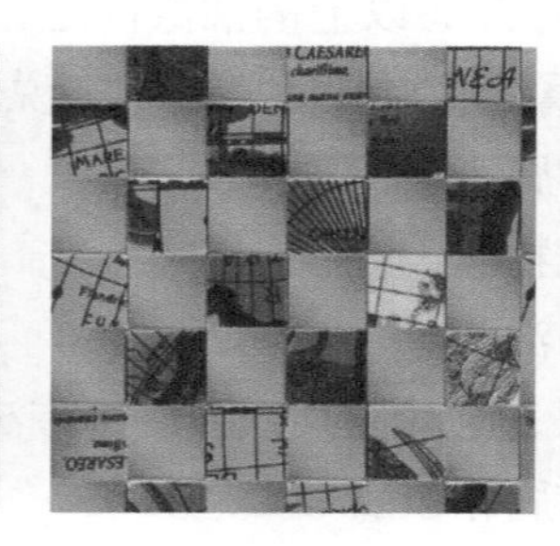

图7-22 金属马赛克

随着金属装饰材料的发展，金属马赛克的工艺也得到了一定改进，在建筑装饰中也被广泛应用。金属马赛克颗粒的一般尺寸有：20mm×20mm、25mm×25mm、30mm×30mm、50mm×50mm和100mm×100mm等。

7.5 金属装饰材料的施工工艺

7.5.1 金属装饰材料的防腐

1．金属的防护及保护方法

针对金属腐蚀的原因，可采取适当的方法防止金属腐蚀，常用的方法有以下几种。

1）改变金属的内部组织结构。例如，制造各种耐腐蚀的合金，如在普通钢铁中加入铬和镍等制成不锈钢。

2）覆盖保护层法。在金属表面覆盖保护层，使金属制品与周围腐蚀介质隔离，从而防止腐蚀。例如，在钢铁制件表面涂上机油、凡士林、油漆或覆盖搪瓷、塑料等耐腐蚀的非金属材料；用电镀、热镀和喷镀等方法，在钢铁表面镀上一层不易被腐蚀的金属，如锌、锡、铬和镍等，这些金属常因氧化而形成一层致密的氧化物薄膜，从而阻止水和空气等对钢铁的腐蚀。

3）化学保护法。使钢铁表面生成一层细密稳定的氧化膜。如在机器零件和枪炮等钢铁制件表面形成一层细密的黑色四氧化三铁薄膜等。

4）电化学保护法。利用原电池原理进行金属的保护，设法消除引起电化学腐蚀的原电池反应。电化学保护法分为阳极保护法和阴极保护法两大类。应用较多的是阴极保护法。

5）对腐蚀介质进行处理。消除腐蚀介质，如经常揩净金属器材，在精密仪器中放置干燥剂，在腐蚀介质中加入少量能减缓腐蚀速度的缓蚀剂等。

2．防腐前金属材料处理

通常金属材料表面会附有尘埃、油污、氧化皮、锈蚀层、污染物、盐分或松脱的旧漆膜，其中氧化皮是比较常见但最容易被忽略的部分。氧化皮是在钢铁高温锻压成型时所产生的一层致密氧化层，通常附着比较牢固，但相比钢铁本身则较脆，并且其本身为阴极，会加速金属腐蚀。如果不清除这些物质，直接涂装，势必会影响整个涂层的附着力及防腐能力。据统计，大约有70%以上的油漆问题是由于不适当的表面处理所引起的。因此，合适的表面处理对于金属防腐涂装油漆系统来说是至关重要的。

（1）金属材料防腐表面清理步骤

1）铲除各种松脱物质。

2）溶剂清洗除去油脂。

3）使用各种手工、电动工具或喷砂等方法处理表面直至符合上漆标准。

（2）金属材料防腐涂装表面处理方法

1）溶剂清洗。利用溶剂或乳液除去表面的油脂及其他类似的污染物。由于各种手工或电动工具甚至喷砂处理均无法除去金属表面油脂，因此溶剂清洗一定要在使用其他处理方式之前进行。

2）手工工具清洁。通常使用钢丝刷、砂纸打磨、刮、凿或其组合方法等，除去钢铁及其他表面的疏松氧化皮、旧漆膜及锈蚀物。这种方法一般速度较慢，只有在其他处理方法无法使用时才采用。通常用这种方法处理过的金属表面其清洁程度不会非常高，仅适合轻防腐场合。

3）机动工具清洁。使用手持机动工具如旋转钢丝刷、砂轮或砂磨机、气锤或针枪等工具进行清洁。使用这种方法可以除去表面的疏松氧化皮、损伤旧漆膜及锈蚀物等。这种方法比起手工工具处理有更高的效率，但不适合重防腐或沉浸场合。

4）喷砂处理。实践证明，无论是在施工现场还是在装配车间，喷砂处理都是除去氧化皮的最有效方法。这是成功使用各种高性能油漆系统的必要处理手段。喷砂处理的清洁程度必须规定一个通用标准，最好有标准图片参考，并且在操作过程中规定并控制表面粗糙度。表面粗糙度取决于几方面的因素，但主要受到所使用的磨料种类及其粒径和施力方法（如高压气流或离心力）的影响。对于高压气流，喷嘴的压力大小及其对工件的角度是表面粗糙度的决定因素；而对于离心力或机械喷射方法来说，喷射操作中的速率是非常重要的。喷砂处理完成后必须立即上底漆。喷砂处理也有一些局限性。它不能清除各种油脂及热塑性旧涂层如沥青涂料；不能清除金属表面可能附有的盐分：它还会带来粉尘的问题且处理废弃物的成本较高；磨料本身的成本也比较高。

5）酸洗清洁。酸洗清洁是一种古老的车间处理方法，用于除去钢铁上的氧化皮。目前仍有几个步骤被使用，通常为一个双重体系包括酸腐蚀及酸钝化。酸洗清洁的一个缺点是它虽然可以清洁钢铁表面，但粗糙度很低，而表面粗糙度高有助于提高重防腐油漆的附着力。

6）燃烧清洁。此方法是利用高温和高速的乙炔火焰处理表面，可去除所有的松散的氧

化皮、铁锈及其他杂质，然后以钢丝刷打磨。处理后表面必须全无油污、油脂、尘埃、盐分和其他杂质。

（3）有色金属及镀锌铁的化学防腐

1）铝材。溶剂清洗、蒸汽清洗及其他认可的化学预处理均为可接受的表面处理方法。上漆前应打磨表面并选用合适的底漆。

2）铜和铅。溶剂清洗及手工打磨，或非常小心的喷砂处理（使用低压力及非金属磨料），均可获得满意的表面处理结果。

3）镀锌铁。应选用相对活泼的金属，使得原来作为阳极的钢铁转变为阴极，从而控制其腐蚀。在这种情况下，作为阳极的活泼金属不可避免地会被腐蚀，因而此方法也称为牺牲阳极防腐控制。富锌涂层或镀锌铁均采用这种机理进行防腐控制。对于新镀锌钢铁表面，在上漆前必须用溶剂清洗以除去表面污染物。同时也推荐使用腐蚀性底漆或富锌底漆进行预处理。镀锌后立即进行钝化处理的镀锌铁必须先老化数月，然后才可用腐蚀性底漆或富锌底漆进行预处理。另一种方法先是打磨，除去其表面钝化处理层。

3．防腐原理

防锈颜料的上述防腐作用通常是同时存在的，其防腐机理包括物理的、化学的和电化学的三个方面。

（1）物理防腐　适当配以与油性成膜剂起反应的颜料可以得到致密的防腐涂层，使物理的防腐作用加强。例如，含铅类颜料与油料反应形成铅皂，使防腐涂层致密，从而减少了水和氧等有害物质的渗透。磷酸盐类颜料水解后形成难溶的碱式酸盐，具有堵塞防腐涂层中针孔的效果。而铁的氧化物或具有鳞片状的云母粉、铝粉和玻璃薄片等颜料填料均可以使防腐涂层的渗透性降低，起到物理防腐作用。

（2）化学防腐　当有害的酸性或碱性物质渗入防腐涂层时，能起中和作用，变为无害物质，这也是有效的防腐方法。尤其是巧妙地采用氧化锌、氢氧化铝和氢氧化钡等两性化合物，可以很容易地中和酸性或碱性有害物质而起防腐作用；或者能与水和酸反应生成碱性物质，这些碱性物质吸附在钢铁表面使其表面保持碱性，在碱性环境下钢铁不易生锈。

（3）电化学防腐　从涂层的针孔渗入的水分和氧通过防腐涂层时，与分散在防腐涂层中的防锈颜料反应，形成防腐离子。含有防腐离子的湿气到达金属表面，使钢铁表面钝化（使电位上升），可防止铁离子的溶出，铬酸盐类颜料就具有这种特性。也可利用电极电位比钢铁低的金属来保护钢铁，例如，富锌涂料就是由于锌的电极电位比钢铁低，能起到牺牲阳极的作用而使钢铁不易被腐蚀。

4．常用防腐材料

常用的防腐材料有高氯化聚乙烯防腐漆、环氧防腐漆、氯化橡胶漆、氟碳树脂漆、氨基树脂漆和醇酸树脂漆。

7.5.2　金属装饰材料的施工工艺

1.铝及铝塑板墙面施工工艺

（1）施工准备

根据设计要求选择铝塑板，确定龙骨间隔尺寸，选择合适的龙骨断面及尺寸。同时铝材进场后需妥善保管，避免变形。

（2）工艺流程

龙骨布置与弹线→安装与调平龙骨→安装铝塑板→修边封口。

（3）施工工具

金属材料切割机、台钻、手提曲线锯、角磨机、电锤、手枪钻、抛光机、冲击钻、电动修边机、液压拉铆枪、拉铆枪、射钉枪、电锯、无齿锯、冲击电锤、电焊机、注胶枪、安全带、工具袋和工具箱等，如图7-23所示。

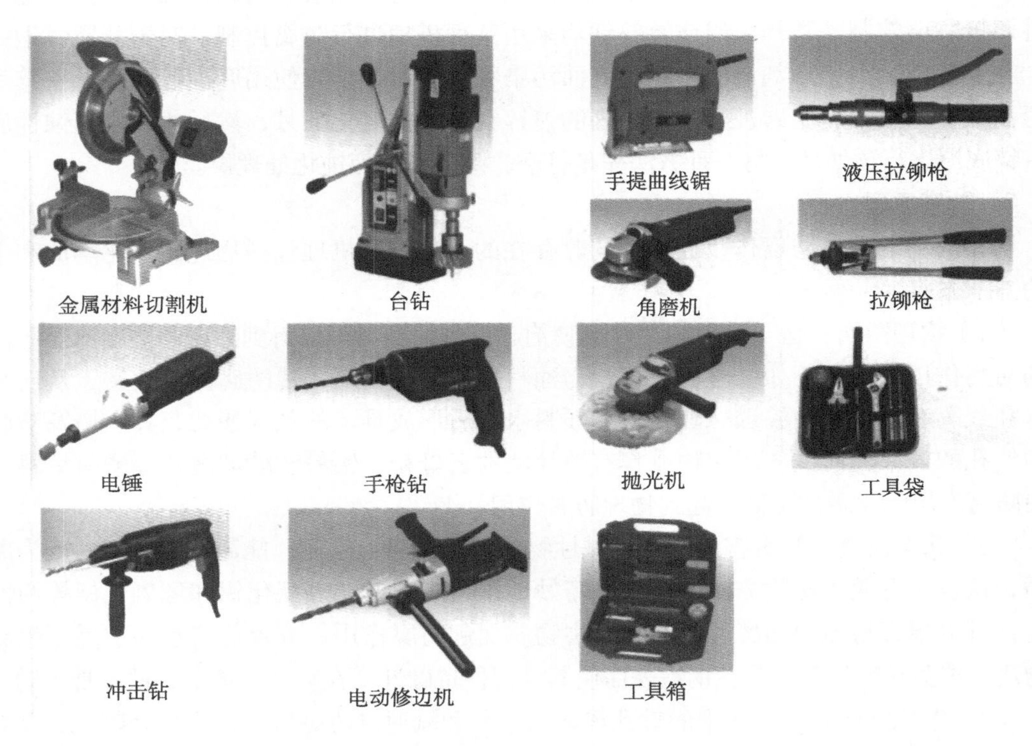

图7-23　施工工具

（4）施工操作要点

1）龙骨布置与弹线。确定标高控制线和龙骨布置线，如果墙面有凹凸变化时，应确定变截面部分的相应位置，接着弹线。根据铝塑板的尺寸规格及墙面的面积尺寸来安排墙面骨架的结构尺寸，要求板块组合的图案要完整。四周留边的尺寸要均匀或对称，将安排好的龙骨架位置线画在墙面上。根据纵横控制线安装与调平龙骨，从一端开始，边安装边调平，然后再统一精调一次。

2）块板安装。铝塑板与龙骨架的安装，主要有干挂式或粘贴固定式，也可采用钢丝扎结式，安装时按弹好的板块安排布置线，从一个方向开始依次安装。铝塑板在安装时应轻拿轻放，保护板面不得受碰撞或刮伤。用M5自攻螺钉固定时，先用手电钻打出直径为

4.2mm孔位后再上螺钉，如图7-24所示。

3）端部处理。当四周靠顶和地的边缘部分不符合方板的模数时，在取得设计人员和监理的批准后，可不采用以方板和靠墙板收边的方法，而改用条板或木质饰面等方法来处理。

2．不锈钢踢脚板安装

（1）施工准备

各种材料的材质要符合要求。

（2）工艺流程

固定木楔安装→防腐剂刷涂→踢脚板木基板安装→不锈钢踢脚板安装。

（3）施工工具

施工工具包括金属材料切割机、台钻、手提曲线锯、角磨机、电锤、手枪钻、抛光机、冲击钻、电动修边机、液压拉铆枪、拉铆枪、射钉枪、电锯、无齿锯、冲击电锤、电焊机、注胶枪、安全带、工具袋和工具箱等，如图7-23所示。

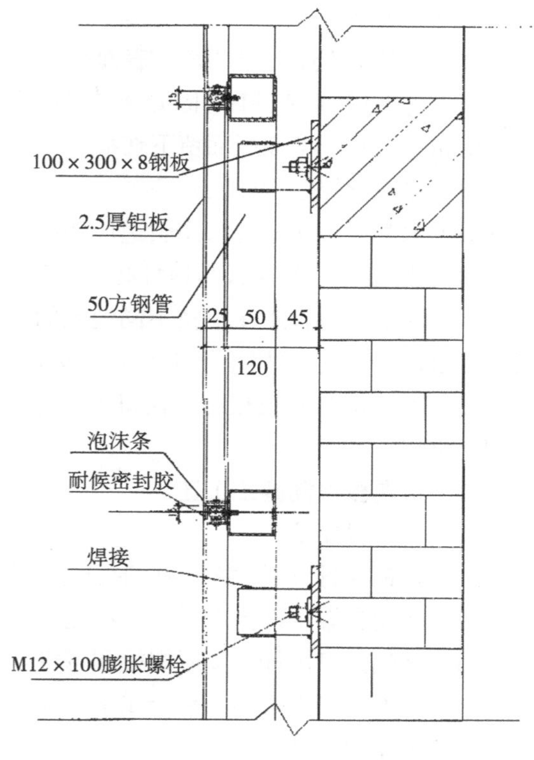

图7-24　铝板干挂墙面

（4）操作要点

1）木质基层板应在地面铺装完成后再安装，以保证踢脚板的表面平整，如图7-25所示。

2）在墙内安装基层板基板的位置，每隔400mm打入木楔。安装前，先按设计标高将控制线弹到墙面，使木基层板上口与标高控制线重合。

3）木基层板与地面转角处安装木压条或安装圆角成品木条。

4）木基层板基板接缝处应作陪榫或斜坡压槎，在90° 转角处做成45° 斜角接槎。

5）木基层板背面刷水柏油防腐剂。安装时，木踢脚板基板要与立墙贴紧，上口要平直，钉接要牢固。用气动打钉枪直接钉在木楔上，若用明钉，钉帽要砸扁，并冲入板内2～3mm。钉子的长度是板厚度的2.0～2.5倍，且间距不宜大于600mm。

6）不锈钢饰面工作待室内一切施工完毕后进行。在竣工前撕去表面保护膜，亚光不锈钢饰面板与基层板胶结时，应间隔胶结，间隔距离小于300mm，接口处应采用压条压平整。

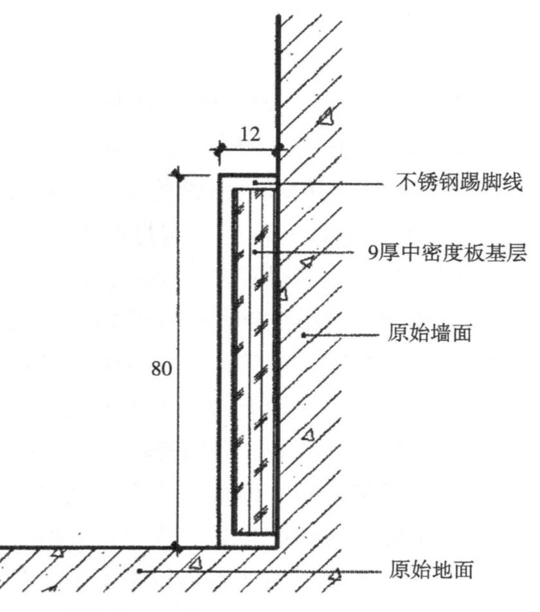

图7-25　不锈钢踢脚板

（5）质量要求

1）木基层板应钉牢墙角，表面平直，安装牢固，不应发生翘曲或呈波浪形等情况。

2）采用气动打钉枪固定木基层板，若采用明钉固定时钉帽必须打扁并打入板2～3mm，钉时不得在板面留下伤痕。板上口应平整。拉通线检查时，偏差不得大于3mm，接搓平整误差不得大于1mm。

3）木基层板接缝处采用斜边压搓胶黏法。墙面阴、阳角处宜做45° 斜边，平整黏结接缝，不能搭接。木基层板与地坪必须垂直一致。

4）木基层板含水率应按不同地区的自然含水率加以控制，一般不应大于18%，相互胶黏接缝的木材含水率相差不应大于1.5%。

5）不锈钢饰面板板缝、接口处高差不大于0.5mm，平整度不大于0.5mm、接缝宽度不大于1mm。

3．金属板顶棚施工工艺

（1）材料要求

1）轻钢龙骨分U形龙骨和T形龙骨，顶棚按荷载分上人和不上人两种。

2）轻钢骨架主件为大、中、小龙骨，配件有吊挂件、连接件和插接件。

3）零配件有吊杆、膨胀螺栓和铆钉。

4）按设计要求选用各种金属罩面板，其材料品种、规格和质量应符合设计要求。

（2）作业条件

1）顶棚工程在施工前应熟悉施工现场、图样及设计说明。

2）查材料进场验收记录和复验报告。

3）管道、设备安装完成；罩面板安装前，管道、设备应检验、试压验收合格。

4）安装前，墙面饰面应基本完成，涂料只剩最后一遍面漆，并经验收合格。

（3）施工工具　如“2.不锈钢踢脚板安装中（3）施工工具”所示。

（4）施工操作要点

1）弹顶棚标高水平线、划龙骨分档　根据图样先在墙上、柱上弹出顶棚标高水平墨线，在顶板上画出顶棚布局，确定吊杆位置并与原预留吊杆焊接；如原吊筋位置不符或无预留吊筋时，采用M8膨胀螺栓在顶板上固定，吊杆采用ϕ8或ϕ6钢筋加工。

2）固定吊挂杆件　固定悬吊需经两个过程：吊杆钢筋或镀锌铁丝的固定和吊杆的悬吊。固定悬吊现用得最多的是用直径ϕ6～ϕ8的钢筋，通过固定在楼板的预留钢筋，或用铁膨胀螺栓，将吊挂钢筋焊在结构上，或用射钉将镀锌铁丝固定在结构上，另一端与主龙骨的圆形孔绑牢。镀锌铁不宜太细，如若单股使用，不宜用小于14号的铅丝，以免强度不够，造成脱落。这种方式适于不上人的活动式装配顶棚，较为简单。伸缩式吊杆、悬吊伸缩式吊杆的做法虽多，但用得较多的是将8号铅丝调直，用一个带孔的弹簧钢片将两根铅丝连起来，靠弹簧钢片调节与固定。其原理为：用力压弹簧钢片时，弹簧钢片两端的孔中心重合，吊杆便可伸缩自如。当手松开时，孔中心错位，与吊杆产生剪力，将吊杆固定。对于铝合金板顶棚，如选用将板条卡到龙骨上、龙骨与板条配套使用的龙骨断面时，应采用伸缩式吊杆。龙骨的侧面有间距相等的孔眼，悬吊时，在两侧面孔眼上用铁丝拴一个圈或

钢卡子，吊杆的下弯钩吊在圈上或钢卡上。

3）安装龙骨 主、次龙骨安装应从同一方向同时进行，施工工序：弹线就位→平直调整→固定边龙骨→主龙骨接长。安装时，根据已确定的主龙骨（大龙骨）弹线位置及弹出的标高线，先大致将其基本就位。次龙骨（中、小龙骨）应紧贴主龙骨安装就位。龙骨就位后，再满拉纵横控制标高线（十字中心线）。先从一端开始，一边安装，一边调整，最后再精调一遍，直到龙骨平整为止。面积较大时，在水平线中间还应考虑适当起拱度，调平时一定要从一端调向另一端，要求纵横平直。

4）罩面板安装 采用自攻螺钉固定。

（5）质量标准

1）主控项目。金属板的顶棚基底工程必须符合基底工程有关规定。顶棚用金属板的材质、品种、规格、颜色及顶棚的造型尺寸，必须符合设计要求和国家现行有关标准规定。金属板与龙骨连接必须牢固可靠，不得松动变形。设备口和灯具的位置应布局合理，按条、块分格，对称、美观。套割尺寸准确，边缘整齐，不露缝。排列顺直且方正。

检验方法：观察、手扳、尺量检查。

2）一般项目。金属板的安装质量分合格和优良两种。合格：板面起拱度准确；表面平整；接缝、接口严密；板缝顺直，无明显错台错位，宽窄均匀；阴阳角收边方正；装饰线肩角、割向正确。优良：板面起拱度准确；表面平整：接缝、接口严密；条形板接口位置排列错开有序，板缝顺直，无错台错位，宽窄一致；阴阳角收边方正；装饰线肩角、割向正确，拼缝严密；异形板排放位置合理、美观。金属板表面质量分合格和优良两种。合格：表面整洁，无翘角、碰伤，镀膜完好无划痕，无明显色差。优良：表面整洁，无翘曲、碰伤，镀膜完好无划痕，颜色协调一致、美观。

检验方法：观察、拉线、尺量检查。

（6）成品保护

1）轻钢骨架及罩面板安装应注意保护顶棚内各种管线。轻钢骨架的吊杆、龙骨不得固定在通风管道及其他设备上。

2）轻钢骨架、罩面板及其他顶棚材料在入场存放和使用过程中应严格管理，保证不变形、不受潮、不生锈。

3）施工顶棚部位已安装的门窗，已施工完毕的地面、墙面和窗台等应注意保护，防止污损。

4）已安装的轻钢骨架不得上人踩踏。其他工种吊挂件，不得吊于轻钢骨架上。

5）罩面板安装必须在棚内管道、试水、保温和设备安装调试等一切工序全部验收合格后进行。

6）安装装饰面板时，施工人员应戴线手套，以防污染板面。

（7）应注意的问题

1）弹线必须准确，经复验后方可进行下道工序。金属板加工尺寸必须准确，安装时应拉通线。

2）安装主龙骨吊杆要调直，长短一致；主龙骨安装后应调平、锁紧扣件和螺母，并拉通线检查标高和平整度，顶棚的平整度应达到设计和施工规范的要求。

3）在通风、水电检修口等洞口周围应设附加龙骨，附加龙骨的连接用拉铆钉铆固。

4）大于3kg的重型灯具、电扇及其他重型设备严禁安装在顶棚工程的龙骨上。

5）罩面板施工时应注意板块的规格，安装时要拉线找正，保证板缝平正对直。

4．轻钢龙骨铝扣板、铝挂板顶棚施工工艺

（1）工艺流程

弹线→安装吊杆→安装主龙骨→安装次龙骨→起拱调平→安装铝扣板或铝挂板，如图7-26～图7-30所示。

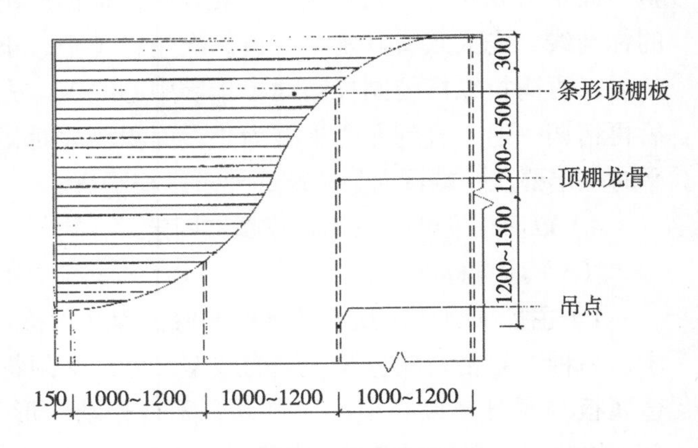

图7-26 铝扣板顶棚

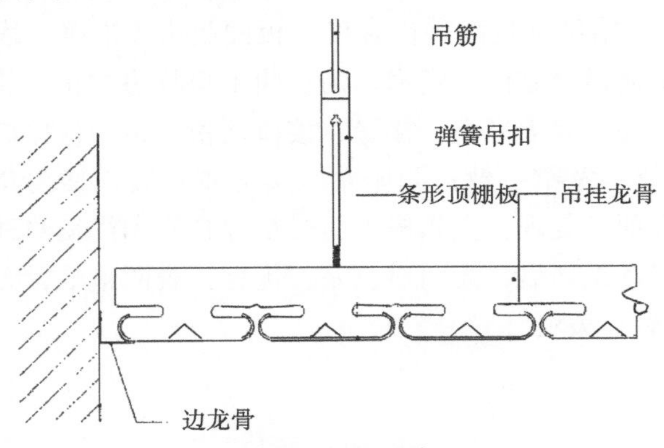

图7-27 铝扣板施工

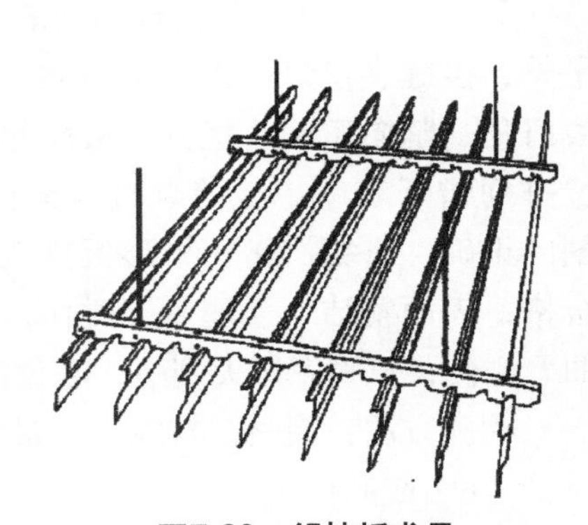

图7-28 铝挂板龙骨

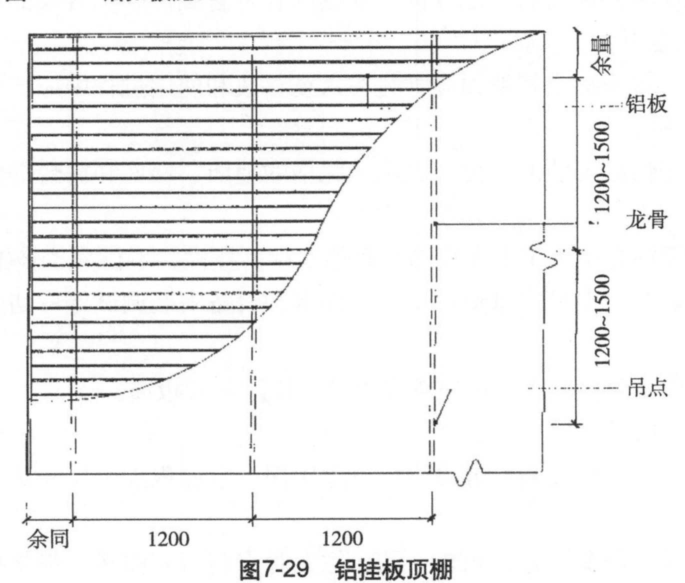

图7-29 铝挂板顶棚

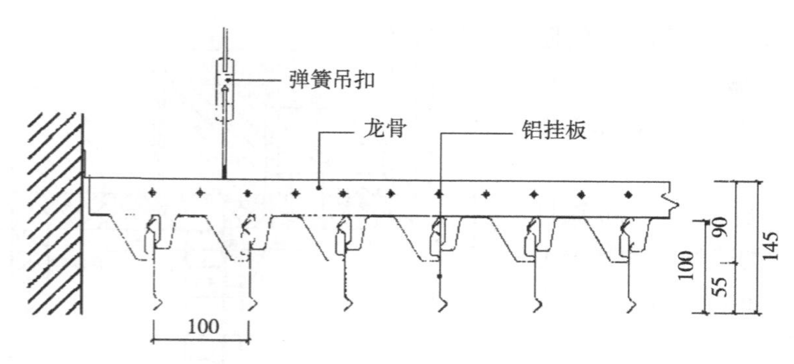

图7-30　铝挂板安装

（2）施工方法

1）根据图样先在墙上、柱上弹出顶棚标高水平墨线，在顶板上画出顶棚布局，确定吊杆位置并与原预留吊筋焊接。如原吊筋位置不符或无预留吊筋时，采用H8膨胀螺栓在顶板上固定，吊杆采用8钢筋加工。

2）根据顶棚标高安装大龙骨或安装铝挂板专用龙骨，基本定位后调节吊挂抄平下皮（注意起拱量）；再根据板的规格确定中、小龙骨位置。中、小龙骨必须和大龙骨底面贴紧，安装垂直吊挂时应用钳子夹紧，防止松紧不一。

3）主龙骨间距一般为1000mm，龙骨接头要错开；吊杆的方向也要错开，避免主龙骨向一边倾斜。用吊杆上的螺栓上下调节，保证一定起拱度，视房间大小起拱5～20mm，为房间短向跨度的1／200，待水平度调好后再逐个拧紧螺帽，开孔位置需将大龙骨加固。

4）施工过程中应注意各工种之间的配合，待顶棚内的风口、灯具和消防管线等施工完毕，并通过各种试验后方可安装面板。

5）铝扣板安装。注意铝扣板的表面色泽必须符合设计规范要求，对铝扣板的尺寸进行核定，偏差在±1mm，安装时注意对缝尺寸，安装完后轻轻撕去其表面保护膜。

（3）质量标准

1）主控项目　顶棚标高、尺寸、起拱和造型应符合设计要求。饰面材料的材质、品种、规格、图案和颜色应符合设计要求。暗龙骨顶棚工程的吊杆、龙骨和饰面材料的安装必须牢固。吊杆、龙骨的材质、规格、安装间距及连接方式应符合设计要求。金属吊杆、龙骨应经过表面防腐处理，木吊杆、龙骨应进行防腐、防火处理。

2）一般项目　饰面材料表面应洁净、色泽一致，不得有翘曲、裂缝及缺损。压条应平直、宽窄一致。饰面板上的灯具、烟感器、喷淋头和风口篦子等设备的位置应合理、美观，与饰面板的交接应吻合、严密。金属吊杆、龙骨的接缝应均匀一致，角缝应吻合，表面应平整，无翘曲、锤印。木质吊杆、龙骨应顺直，无劈裂、变形。顶棚内填充吸声材料的品种和铺设厚度应符合设计要求，并应有防散措施。暗龙骨顶棚工程安装的允许偏差和检验方法应符合《建筑装饰装修工程施工质量验收规范》（GB 50210—2001）的规定：表面平整度为2mm，接缝直线度为1.5mm，接缝高低差为1mm。

5．铝（复合）板幕墙施工工艺

（1）材料准备

此部分工作为工程的起始阶段，要以为施工服务为原则，按期、保质、保量地完成，具体工作如下。

1）设计人员需在合同签订后，根据本工程的建筑图和幕墙工程方案图，在最短的时间内提出本工程的用料计划表。

2）依据施工进度计划表和工程现场的实际情况制订本工程的加工计划，合理组织、安排生产，保证产品及时到场。

（2）工艺流程

放线→固定骨架的连接件→固定骨架→安装铝板→收口构造处理→检验，如图7-31、图7-32所示。

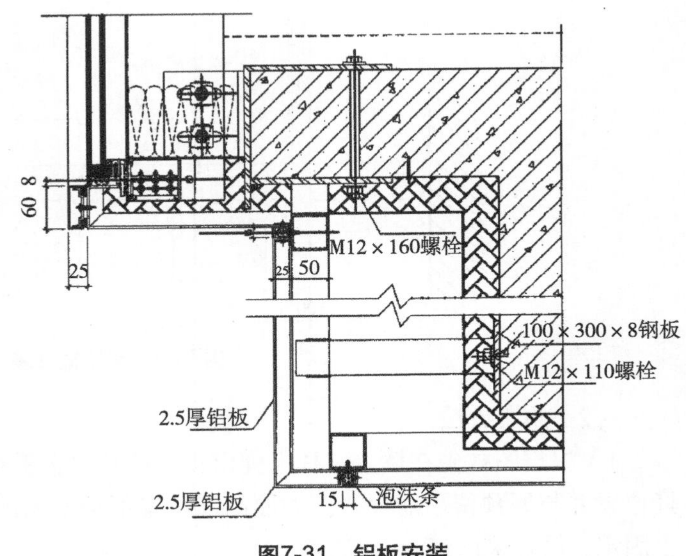

图7-31　铝板安装

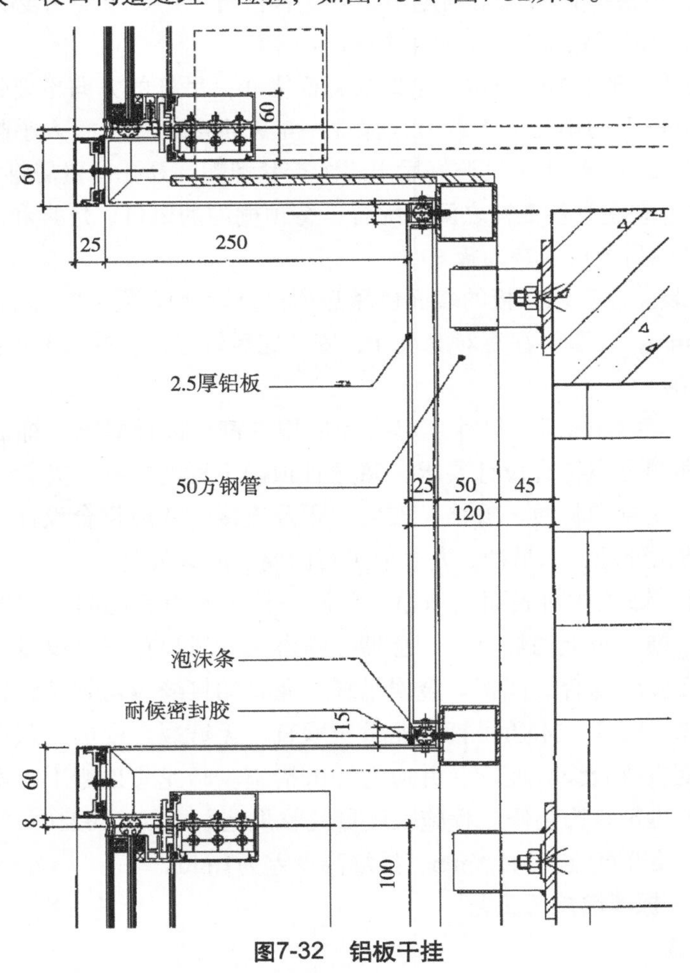

图7-32　铝板干挂

（3）施工操作要点

1）放线。固定骨架，将骨架的位置弹到基层上。骨架固定在主体结构上，放线前检查主体结构的质量。

2）固定骨架的连接件。在主体结构的柱上焊接连接件。

3）固定骨架。骨架应预先进行防腐处理。安装骨架位置应准确，结合牢固。安装完检查中心线和表面标高等。为了保证板的安装精度，宜用经纬仪对横梁竖框杆件进行贯通。对变形缝、沉降缝和变截面等处进行妥善处理，使其满足使用要求。

4）安装铝板。铝板的安装固定要牢固可靠，简便易行。板与板之间的间隙要进行内部处理，使其平整、光滑。铝板安装完毕，在易于被污染的部位，用塑料薄膜或其他材料覆盖保护。

（4）安装注意事项

1）铝板的品种、质量、颜色、花型和线条应符合设计要求，并应有产品合格证。

2）幕墙墙体骨架如采用型钢龙骨时，其规格、形状应符合设计要求，并应进行除锈和防锈处理。

3）当设计无要求时，铝板安装宜采用抽芯铝铆钉，中间必须垫橡胶圈。抽芯铝铆钉间距应控制在100～150mm内。

6．铝板雨篷安装

（1）材料准备

同铝（复合）板幕墙的材料准备。

（2）工艺流程

搭设脚手架→放线→固定钢架的连接件→焊接钢骨架→安装铝板→收口构造处理→检验。

（3）施工操作要点

与铝（复合）板幕墙的施工操作要点基本相同，只是施工前要搭设脚手架。

（4）安装注意事项

1）铝板的品种、质量、颜色、花型和线条应符合设计要求，并应有产品合格证。

2）雨棚钢骨架的规格、形状应符合设计要求，并应进行除锈和防锈处理。

3）当设计无要求时，铝板安装宜采用抽芯铝铆钉，中间必须垫橡胶圈。抽芯铝铆钉间距应控制在100～150mm内。

7．不锈钢楼梯栏杆、扶手安装

（1）施工准备

1）材料。不锈钢管：面管用70mm管，其他按设计要求选用，必须有质量证明书。不锈钢焊条或焊丝：型号按设计要求选用，必须有质量证明书。

2）作业条件。熟悉图样，做不锈钢栏杆施工工艺技术交底；护栏镶贴已经施工完毕；施工前应检查电焊工合格证的有效期限，应证明电焊工所能承担的焊接工作；现场供电应符合焊接用电要求；施工环境能满足不锈钢栏杆施工的需要。

（2）工艺流程

放样→下料→焊接安装→打磨→焊缝检查→抛光。

（3）主要施工方法

1）施工前应先进行现场放样，并精确计算出各种杆件的长度。

2）按照各种杆件的长度准确进行下料，其构件下料长度允许偏差为1mm。

3）选择合适的焊接工艺、焊条直径、焊接电流和焊接速度等，通过焊接工艺试验验证。

4）脱脂去污处理。焊前应检查坡口和组装间隙是否符合要求，定位焊是否牢固，焊缝周围不得有油污。否则应选择三氯代乙烯、苯、汽油、中性洗涤剂或其他化学药品用不锈钢丝细毛刷进行刷洗，必要时可用角磨机进行打磨，磨出金属表面后再进行焊接。

5）焊接时应选用较细的不锈钢焊条（焊丝）和较小的焊接电流。焊接时构件之间的焊点应牢固，焊缝应饱满，焊缝金属表面的焊波应均匀，不得有裂纹、夹渣、焊瘤、烧穿、弧坑和针状气孔等缺陷，焊接区不得有飞溅物。

6）杆件焊接组装完成后，对于无明显凹痕或凸出较大焊珠的焊缝，可直接进行抛光。对于有凹凸渣滓或较大焊珠的焊缝则应用角磨机进行打磨，磨平后再进行抛光。抛光后必须使外观光洁、平顺且无明显的焊接痕迹。

（4）质量标准

1）所有构件下料应保证准确，构件长度允许偏差为1mm。

2）构件下料前必须检查是否平直，否则必须矫直。

3）焊接时焊条或焊丝应选用适合于所焊接的材料的品种，且应有出厂合格证。

4）焊接时构件放置位置必须准确。

5）焊接时构件之间的焊点应牢固，焊缝应饱满，焊缝表面的焊波应均匀，不得有咬边、未焊满、裂纹、渣滓、焊瘤、烧穿、电弧擦伤、弧坑和针状气孔等缺陷，焊接区不得有飞溅物。

6）焊接完成后，应将焊渣敲净。

7）构件焊接组装完成后，应适当用手持机具磨平和抛光，使外观平顺光洁。

（5）常见的质量问题及预防措施

1）尺寸超出允许偏差。对焊缝长度、宽度、厚度不足，中心线偏移和弯折等偏差，应严格控制焊接部位的相对位置尺寸，合格后方准焊接，焊接时精心操作。

2）焊缝裂纹。为防止裂纹产生，应选择适合的焊接工艺参数和焊接程序，避免用大电流；不要突然熄火，焊缝接头应搭接10～15mm；焊接中不允许搬动、敲击焊件。

3）表面气孔。焊接部位必须刷洗干净，焊接过程中应选择适当的焊接电流，降低焊接速度，使熔池中的气体完全溢出。

第8章 石膏制品装饰材料及施工工艺

环保理念带动了室内装饰材料推陈出新，装饰石膏便是其中不可不提的一员。石膏制品具有造型美观，表面光滑、细腻，且又有质轻、吸声、保温和防火等特点，如图8-1所示。

图8-1 石膏制品装饰效果

8.1 石膏的基础概述

8.1.1 建筑装饰石膏

石膏是一种气硬性胶凝材料，如图8-2所示，能在空气中凝结硬化，并在空气中保持和发展其强度，且不能在水中凝结硬化。建筑装饰工程用石膏，主要有建筑石膏、模型石膏、高强石膏和粉刷石膏等，下面着重介绍建筑装饰石膏。

1．建筑装饰石膏的生产

生产石膏的原料主要是指含硫酸钙的天然石膏（又称生石膏，如图8-3所示）或含硫酸钙的化工副产品和废渣，也称二水石膏。制备建筑装饰石膏的方法是将天然或二水石膏在干燥条件下加热至107～170℃，脱去部分水即得熟石膏，也称半水石膏，也就是建筑装饰石膏。将熟石膏磨细后呈白色粉末状。

2．建筑装饰石膏的形成

石膏+水→搅拌→石膏与水发生化学反应→二水石膏胶体凝聚并转化为晶体→晶体逐渐变大、交错、共生、搭接→产生强度→硬化→形成制品。

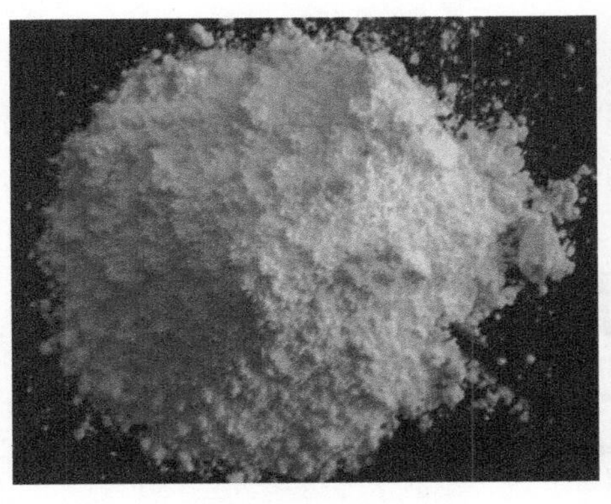
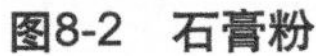
图8-2　石膏粉

图8-3　生石膏

3．建筑装饰石膏的性质

建筑装饰石膏制品有以下几点特征：凝结硬化快，强度较低；体积略有膨胀；孔隙率大、保温、吸声性能较好；耐水性差、抗冻性差；调温、调湿性较好；具有良好的防火性。

通过这几点可以看到，石膏转化为制品的时间快，但其强度和其他材料相比略弱，并且在硬化过程中有膨胀的特点，正是这样石膏制品的造型才会棱角清晰、饱满，且表面光滑，装饰性好。建筑石膏孔隙率大，导热和保湿隔热性能相对较好，但因孔隙率大，会导致其耐水性和抗冻性较差。这也对其有好处，就是吸热量大，吸湿性较好，因此在室内使用石膏制品，能调节室内温度和湿度，保持室内气温的均衡状态；具有良好的防火性，因为其制品中含有一定数量的结晶水分，当火蔓延时，结晶水分转变为水蒸气蒸发，会吸收大量热能，从而延缓温度升高，有效阻止火势蔓延。

4．建筑装饰石膏的技术要求

建筑装饰石膏制品的技术要求主要有强度、细度和凝结时间，并且按强度、细度和凝结时间可划分为合格品与优等品等级别。

5．建筑装饰石膏的应用

建筑装饰石膏在当今装饰行业运用比较广泛，由于它有膨胀和吸湿的特点，在室内作为装饰材料较为合适，作为绝热、保湿、吸声和防火材料也适宜；同时还可以用作石膏抹面灰浆、装饰制品和石膏板、装饰花、装饰配件和石膏线脚等，如图8-4所示。

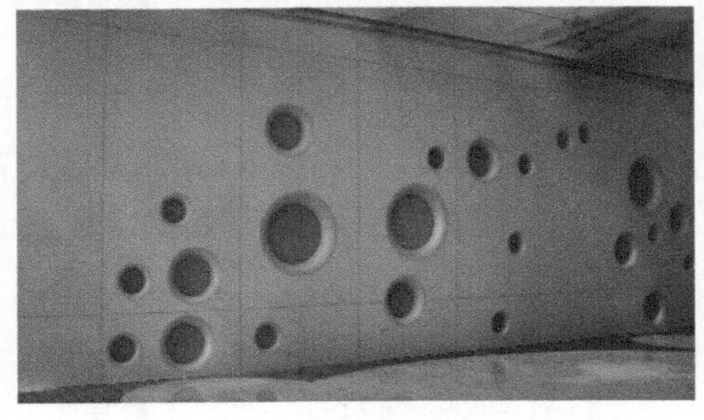
图8-4　建筑装饰石膏的应用

8.1.2　其他石膏

1．模型石膏

模型石膏也称型半水石膏，其杂质少，色白，主要用于陶瓷的制坯工艺，少量用于装饰浮雕和石膏工艺品；同时大量运用在装饰圆雕上，其材料塑性强、价格便宜，多用于一些工艺品及塑像制品，如图8-5所示。

图8-5　模型石膏

2．高强石膏

将生石膏放置于高压蒸锅内，在压力0.13MPa，温度124℃下蒸炼，形成熟石膏，再磨细，得到的白色粉末称为高强石膏。高强石膏因其密度高，故强度较高，主要用于室内高级抹灰材料、各种石膏板材料、嵌条、大型石膏浮雕画和大型石膏雕塑等，如图8-4所示。

3．粉刷石膏

粉刷石膏是一种新型的抹灰材料，是无水石膏和半水石膏的混合型材料。此材料作为建筑施工内墙装修时，操作十分简便。在使用前，只需将清水混凝土墙表面上的灰尘、滑腻和污垢等清除干净，就可使用粉刷石膏进行抹灰，并且一次成活率高，项目进度效率高，速度快。

在施工作业效率上，使用粉刷石膏可减少过去水泥砂浆抹灰时的筛砂、搅拌和运送等繁杂工序，这样就大大节约了人工，缩短了装修作业时间。粉刷石膏的工期是传统水泥砂浆抹灰的1/2左右。同时，这种新材料施工时无落电灰，有效地降低了工程成本。在质量上，与水泥砂浆相比，粉刷石膏凝结时间快、早期强度高，具有较强的黏结度，克服了传统水泥砂浆抹灰时易出现空鼓和开裂等质量问题的通病，减少了返工现象。用粉刷石膏抹成的墙面质感腻，白度高，整体墙面装修效果好。

粉刷石膏的经济效益也很可观，材料在混凝土清水墙抹灰时，价格明显低于传统水泥砂浆的价格，可节约资金；在大面积建筑内墙装修时，可取得一定的经济效益。

石膏装饰制品主要以石膏为主，加入麻丝和纸筋等纤维材料，可以增强石膏强度。

石膏装饰制品又分为石膏板材类制品和艺术石膏类制品。石膏板材类制品主要有石膏装饰板、石膏装饰吸声板、石膏耐水板和石膏耐火板等。艺术石膏类制品主要有石膏装饰线、石膏装饰柱头、石膏装饰浮雕、石膏装饰花饰及石膏艺术造型等。

8.2 装饰石膏制品

8.2.1 石膏板材

1．石膏板材性质

石膏板是以石膏为主要原料，加入纤维、胶黏剂和稳定剂，经混炼、压制、浇注干燥而成，所有的纤维材料加入玻璃纤维，以增加板材的强度。板面可制成平面，也可制成有浮雕图案以及带有小孔和洞的装饰石膏板。具有防火、隔声、隔热、重量轻、强度高及收缩率小的特点，且稳定性好、不老化、防虫蛀、施工简便。

2．石膏板材特点

（1）生产能耗低、效率高　生产同等单位的石膏板的能耗比水泥少78%，且投资少生产能力大，便于大规模生产。

（2）质量轻　用石膏板做隔墙，重量仅为同等厚度砖墙的1/15，砌块墙体的1/10，有利于结构抗震，并可有效减少基础及结构主体造价。

（3）保温隔热　由于石膏板的多孔结构，其导热系数为0.16W/（m·K），与灰砂砖砌块相比，其隔热性能显著。

（4）防火性强　由于石膏芯体本身不燃，且遇火时在释放化合水的过程中会吸收大量的热，能延迟周围环境温度的升高，因此，石膏板具有良好的防火阻燃性能。经国家防火检测中心检测，石膏板隔墙耐火极限可达4小时。

（5）隔声性好　石膏板隔墙具有独特的空腔结构，并可填充人工丝绵材料，大大提高了其隔声性能。

（6）装饰功能好　石膏板表面平整，板与板之间通过接缝处理形成无缝表面，表面可直接进行装饰。

（7）可施工性强　仅需要裁纸刀便可随意对石膏板进行裁切，施工非常方便。做顶棚装饰和墙面时，可以摆脱传统的湿法作业，极大地提高了施工效率。

（8）居住性能优良、绿色环保　由于石膏板具有独特的“呼吸”性能，可在一定范围内调节室内湿度，使居住环境舒适。纸面石膏板采用天然石膏作为原材料，绝不含对人体有害的石棉。

（9）节省空间　采用石膏板做墙面，墙体厚度最小可达到74mm，且可保证墙体的隔声和防火性能。

3．分类

按功能的不同，石膏板基本可分为以下几种：装饰石膏板、纸面石膏板、嵌装式装饰石膏板、耐火纸面石膏板、耐水纸面石膏板和吸声用穿孔石膏板。

（1）装饰石膏板

装饰石膏板是以建筑石膏板为主要材料，掺入适量的纤维和胶黏剂等，经搅拌、成型、烘干等工艺压制、干燥而成的不带护面纸的板材。装饰石膏板具有重量轻、强度高、防潮、防火和防水等性能。这种板材可制成平面型、带有浮雕图案的以及带有小孔和洞的装饰石膏板，如图8-6所示。

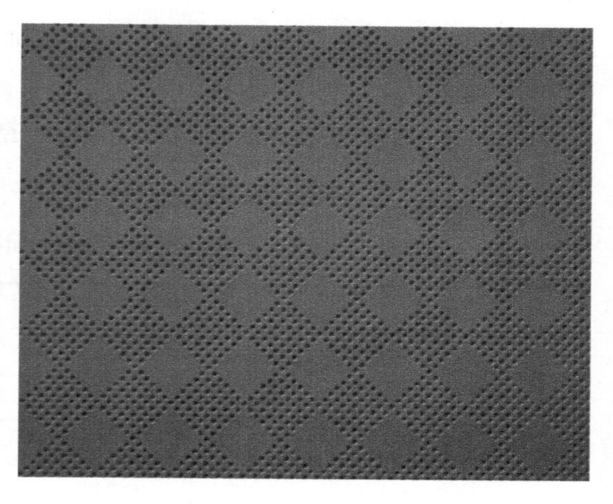

图8-6　装饰石膏板

1）产品常用规格见表8-1。装饰石膏板为正方形，其棱角断面形式有直角形和倒角形两种，如图8-7所示。

表8-1　装饰石膏板常用规格

名称及执行标准	尺寸/mm			应用范围
	厚度	宽度	长度	
纸面石膏板（GB/T 9775—2008）	9	500	500	用于各种轻钢龙骨石膏板，各种平面顶棚
	11	600	600	

2）产品性质与用途　装饰石膏板表面洁白，花纹图案丰富，孔板和浮雕还具有较强的立体感，质地细腻，给人以清新柔和的感觉，并兼有轻质、保温、吸声、防火、阻燃和调节室内温度等特点。主要用于室内顶棚，一般情况下，层高在2.6～6m的顶棚，可选用装饰石膏板材料，如用于宾馆、商场、餐厅、礼堂、音乐厅、练歌房、影剧院、会议室、医院、候机室、幼儿园及住宅等建筑的墙面和顶棚装饰。

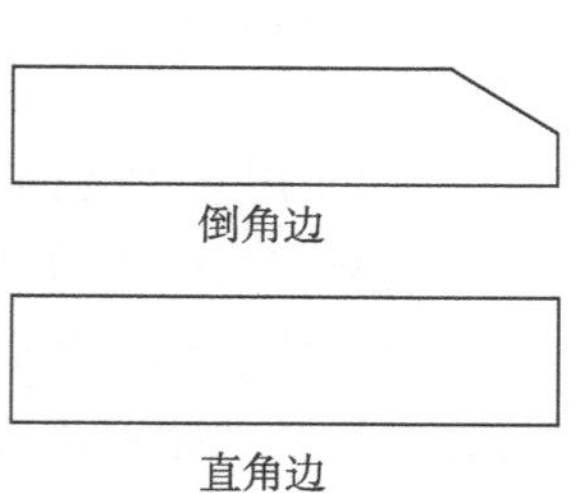

图8-7　图例

（2）纸面石膏板

纸面石膏板是以建筑石膏（如天然石膏、脱硫石膏、磷石膏）为主要原料，掺入适量的纤维和添加剂制成板芯，与特制的护面纸牢固的粘在一起，并添加一定比例的水、淀粉、促凝剂及发泡剂，经混合搅拌、成型、切断、烘干、定尺等工序做成的各种规格的轻质装饰材料，如图8-8所示。

图8-8　纸面石膏板

纸面石膏板具有重量轻、强度高、耐火、隔声、抗震、隔热和便于加工等特点。纸面石膏板具有不同形状的边角，边角形态有直角边、45°倒角边、半圆边、圆边和梯形边等，并且加工简单、施工方便、装饰效果精美漂亮。普通纸面石膏板为象牙色面纸，无论是涂刷底层还是直接作为最终装饰表面均可获得理想的效果。普通纸面石膏板完全符合GB/T 9775—2008标准要求。

1）产品常用规格　普通纸面石膏板根据棱边的形状分为矩形、45° 倒角形、梯形、半圆形和圆形五种，矩形边和梯形边石膏板见表8-2。

表8-2　普通纸面石膏板产品常用规格

名称及执行标准	边形	长/mm	宽/mm	厚/mm	应用范围
纸面石膏板（GB/T 9775—2008）	梯形边	3660	1220	9.5	用于各种轻钢龙骨石膏板隔墙、贴面墙、曲面墙等，各种平面顶棚及曲面顶棚
		3000	1200	12、85	
	矩形边	2440	900	12.7、90	
		2400	900	15	

注：石膏板在厚度8~25mm、宽度1200~1220mm、长度2000~3660mm尺寸范围内，可根据客户要求生产。

2）产品性质与用途　普通纸面石膏板具有重量轻、抗冲击性强、抗弯强度高和韧性好等特点。采用高性能护面纸，能确保隔墙顶棚的强度；握钉力强、发泡率适中、单位面积重量适中，能提高施工速度，降低劳动强度；护面纸黏结牢固，工艺和配方先进，不脱纸；可干法作业，工期短，施工便捷，经济高效；饰面工序简易，易装饰。主要用于室内顶棚装饰及墙面装饰，一般情况下，层高在2.6 ~ 6m的顶棚，均可选用纸面石膏板材料，如宾馆、商场、餐厅、小礼堂、练歌房、小会议室、医院、幼儿园及住宅等建筑的墙面和顶棚装饰。

（3）嵌装式装饰石膏板

嵌装式装饰石膏板是以建筑石膏为主要原料，掺入适量的纤维增强材料和添加剂，与水一起搅拌成均匀的料浆，经浇注、成型、干燥而成的不带护面纸的石膏板材。板材背面四边加厚，并带有嵌装企口；板材正面为平面、带孔或带浮雕图案。现在市面上多用带孔式吸声嵌装式石膏板，它是一种带一定数量穿透孔洞的嵌装式石膏板板面，在背面复合吸声材料，使其成为具有一定吸声特性的板材。常与T形铝合金龙骨配套用于顶棚工程。

1）产品常用规格见表8-3。

表8-3　嵌装式装饰石膏板常用规格

名称及执行标准	尺寸/mm			应用范围
	长	宽	厚	
纸面石膏板（GB/T 9775—2008）	500	500	9	用于各种轻钢龙骨石膏板，各种平面顶棚
	600	600	11	

2）产品性质与用途　嵌装式装饰石膏板的性质与装饰石膏板相同。此外它也具有各种颜色，浮雕图案，不同孔、洞形式（圆、椭圆、三角形等）及其不同的排列方式。它与装饰石膏板的区别在于嵌装式装饰石膏板在安装时只需嵌固在龙骨上，不再需要另行固定。

此外，板材相互咬合，龙骨不外露。整个施工全部为装配化，并且任意部位的板材均可随意拆卸或更换，极大地方便了施工并提高了施工效率。嵌装式装饰石膏板主要用于吸声要求高的建筑物内部装饰，如音乐厅、礼堂、教室、影剧院、演播室、录音棚等。使用嵌装式装饰石膏板，必须选用与之配套的龙骨材料。

（4）耐火纸面石膏板

耐火纸面石膏板是以建筑石膏为主要原料，掺入适量的耐火材料和大量的玻璃纤维制成耐火芯材料，与建筑石膏牢固黏结成型，并与耐火的护面纸紧固的连接在一起，压制而成。耐火纸面石膏板采用经特殊防火处理的粉红色纸面作为护面纸，石膏板芯内添加耐火添加剂及耐火纤维，具备优良的防火性能。耐火纸面石膏板完全符合GB／T 9775—2008标准要求。

1）产品规格见表8-4。

表8-4 耐火纸面石膏板规格 （单位：mm）

名称及执行标准	边形	长	宽	厚	应用范围
纸面石膏板（GB/T 9775—2008）	楔形边	3660	1220	9.5	用于各种轻钢龙骨石膏板隔墙、贴面墙、曲面墙等各种平面顶棚及曲面顶棚
		3000	1200	12、85	
	直角边	2440	900	12.7、90	
		2400	900	15	

注：对纸面石膏板的规格，有特殊要示时，可预订按设计尺寸定尺生产，如厚度8~25mm、宽度1200~1220mm、长度2000~3660mm。

2）产品性质与用途。在具备普通系列纸面石膏板所有优良特性的基础上，耐火纸面石膏板还具有以下功能：

①高耐火性能，加入耐火玻璃纤维及特殊添加剂，遇火稳定性达到45min，达到国家标准要求，保证了优异的耐火性能；②多样化选择，规格品种齐全，可根据不同耐火要求选择不同厚度（最高可达25mm）及不同规格的石膏板。

耐火纸面石膏板主要用作防火等级要求高的建筑物室内的装饰材料，特别适合防火性能要求较高的顶棚和隔墙，如厨房，幼儿园，博物馆、展览馆、娱乐场所、影剧院等公共场所及电梯和楼梯通道、柱、梁的外包防火。

（5）耐水纸面石膏板

耐水纸面石膏板是以建筑石膏为原材料，采用高性能耐水护面纸与建筑石膏牢固黏结在一起，压制成型。面纸呈绿色（参照国家标准），护面纸及板芯均经过特殊处理，具有良好的耐水性能和增水效果，并掺入适量的耐水外加剂制成耐水芯材料。

为适用于室内高湿度环境而开发生产的耐水防潮类轻质板材，在石膏芯内加入高效有机疏水剂，并采用经过有机防水材料特殊处理过的护面纸，可以改善和增强石膏板的抗水性和憎水效果。耐水纸面石膏板完全符合GB/T 9775—2008标准的各项要求。

1）产品常用规格见表8-5。

表8-5　耐水纸面石膏板常用规格

名称及执行标准	边形	长/mm	宽/mm	厚/mm	应用范围
纸面石膏板（GB/T 9775—2008）	楔形边	3660	1220	9.5	用于外衬墙板，卫生间、厨房等房间瓷砖墙面衬板
		3000	1200	12、85	
	直角边	2440	900	12.7、90	
		2400	900	15	

注：对纸面石膏板的规格，有特殊要求时，可预订按设计尺寸定尺生产，如厚度8~25mm、宽度1200~1220mm、长度2000~3660mm。

2）产品性质与用途。在具备普通系列纸面石膏板所有优良特性的基础上，耐水纸面石膏板还具有以下功能：

①具有高耐水性能，特殊配方，确保耐水性能，降低板芯吸水率，符合国家标准规定的不大于10%的要求；②采用特殊护面纸，经特殊工序处理过的护面纸，能有效降低表面吸水量，符合国家标准规定的不大于160g/m^{2}的要求；③多样化选择，规格多样，可根据耐水需要选择不同规格的耐水纸面石膏板。

耐水石膏板适用于卫生间、厨房及湿度较高的空间。

（6）吸声用穿孔石膏板

吸声用穿孔石膏板是以装饰石膏板和纸面石膏板为基础板材，并有贯通于石膏板正面和背面的圆柱形孔眼，在石膏板背面粘贴具有透气性的背覆材料和能吸收入射声波的材料等组合而成。吸声用穿孔石膏板的棱边形状有直角形和倒角形两种。

吸声用穿孔纸面石膏板采用特制高强度纸面石膏板为基材，板芯加入特殊增强材料，经穿孔、切割、粘贴纤维层、涂布、干燥等工序制造而成，是理想的顶棚隔墙吸声材料。

1）产品常用规格见表8-6。

表8-6　吸声用穿孔石膏板常用规格

名称及执行标准	尺寸/mm			应用范围
	长	宽	厚	
纸面石膏板（GB/T 9775—2008）	500	500	9	用于各种轻钢龙骨石膏板，各种平面顶棚
	600	600	11	

2）产品性质与用途。由于板面穿孔，能吸收声波能量。通过不同孔径、孔距、穿孔率及孔腔的组合能有效调整室内混响时间，对低频声波的吸收尤为显著。特殊配方、特制基材，能满足强度要求。孔形多样、组合丰富，可根据吸声及装饰需要进行不同选择。采用干法作业，工期短，施工便捷，经济高效。饰面工序简易，可直接滚涂涂料。

此材料饰面图案多样，纹理丰富，颜色齐全，美观环保。作为高档装饰装修材料，可满足个性化装饰需求，广泛应用于对顶棚隔墙的视觉效果、清洁度和声环境有较高要求的公用建筑、政府、酒店、写字楼、体育馆、金融单位、企业、商场、厂房、学校、医院和

住宅等。

（7）石膏板新材料

下面介绍一种不裂缝的石膏板——布面石膏。

1）适用范围。室内装饰顶棚、做造型和轻质隔墙等。

2）产品特征。主要包括：①采用布纸复合新工艺，板身不裂纹，接缝不开裂，附着力等方面远远超过纸面石膏板。因为布面石膏板根据纤维纸热胀冷缩、化纤布热缩冷胀的原理，并用接缝带处理，且是同种材质，所以板与板接缝处不开裂；②柔性好，抗折强度高。因为除石膏板本身的高强度外，加上表层为网状布凹凸设计，刮上装修腻子灰后犹如一张钢网，强度超出普通纸面石膏板数倍；③技术含量高，荣获国家九项专利技术，已入选“中国政府绿色产品采购网”；④具有防火、保温和隔声的作用，是国家提倡的新型墙体材料；⑤安装方便，不易变形，不易脱落。因为表面腻子填补在网状布的网格中，相互吸收，布与腻子牢固地黏结在一起形成一个整体；⑥表面是经高温处理过的化纤布，经久不腐，刚性强、不开裂、耐酸碱；⑦以石膏为凝固材料，用改性糯米等为特殊黏合剂，应用国际先进工艺技术研制和生产，通过ISO 9001：2000国际质量体系认证和中国环境标志产品认证。

3）规格。产品规格为1200mm × 2400mm × 8.0mm。

8.2.2　艺术石膏

1．石膏造型

石膏造型指以石膏为原材料制成的石膏圆雕或石膏立体造型，多用高强石膏浇筑成型，规格尺寸比较宽泛。使用类型上单独用或配合廊柱用，也有人体或动物造型。

2．装饰石膏线脚

装饰石膏线脚以石膏为主，加入骨胶、麻丝和纸筋等纤维，可以增强石膏的强度，用于室内墙体构造，是断面形状为一字形或L形的长条状装饰部件，多用高强石膏或加筋建筑石膏制作，用浇铸法成型。其表面呈现弧形和雕花形。

（1）规格尺寸

线脚的宽度为45 ~ 300mm，长度一般为1800 ~ 2300mm。

（2）使用类型

主要在室内装修中组合使用，如采取多层线脚黏合，形成使顶棚空间高度不变的造型处理；线脚与贴墙板和踢脚板合用可构成代替木材的石膏墙裙，即上部用线脚封顶，中部用带花式的防水石膏板，底部用条板作踢脚板，粘好后再刷涂料；在墙上用线脚镶裹壁画和彩饰后形成画框等。

3．石膏壁画

石膏壁画是集雕刻艺术与石膏制品于一体的饰品。整幅画面可达到1.8m × 4m，画面有山水、松竹、飞鹤和腾龙等造型。石膏壁画由多块小尺寸预制件拼合而成。

4．石膏艺术顶棚、灯圈、角花

一般用于灯座处及顶棚四角粘贴。顶棚和角花多为雕花形或弧形石骨饰件；灯圈多为圆形花饰，直径0.9~2.5m，美观、雅致。

5．石膏艺术廊柱

属于仿欧洲建筑流派风格造型，分上、中、下三部分。上为柱头，有盆状、漏斗状或花篮状等；中为方柱体或空心圆，下为基座。多用于营业门面，厅堂及门、窗、洞口处。

6．石膏砌块

石膏砌块以建筑石膏和水为主要原料，经搅拌、浇铸成型和干燥制成；或加轻质料以降低其重量，或加水泥、外加剂等以提高其耐水性和强度。石膏砌块分为实心砌块和空心砌块两类，品种规格多样。目前行业标准规定的主要规格为666mm × 500mm ×（60mm、80mm、90mm、100mm、110mm、120mm），四边均带有企口和榫槽，施工非常方便，是一种优良的非承重内隔墙材料。

（1）特点

石膏砌块具有石膏建筑材料固有的特点，由于它的厚度大，其特点更为突出。石膏建材的特点可概括为八个字——安全、舒适、快速、环保。

1）安全。主要是指其耐火性好。

石膏建材的最终水化产物是二水硫酸钙，遇到火灾时，只有等其中的两个结晶水全部分解完毕后，温度才能在其分解温度140℃ 的基础上继续上升，分解过程中产生的大量水蒸气幕对火焰的蔓延还起着阻隔的作用。

2）舒适。主要是指它的“暖性”和“呼吸功能”。

石膏建材的导热系数在0.20 ~ 0.28 $W/m^2·K$之间，与木材的平均导热系数相近。材料的导热系数小，其传热速度慢；反之，其传热速度就快。导热系数大，人体接触时感觉凉，导热系数小，感觉就暖。这也就是人们特别钟爱在室内使用木材的原因。石膏建材具有与木材相近的导热系数。

3）快速。主要是指石膏建材的生产速度快、施工效率高。

一般建筑石膏的初终凝时间在6 ~ 30min之间，与水泥制品相比，其凝结硬化快，生产石膏制品的脱模周期可达4 ~ 5次/h，如采用石膏快速煅烧工艺，其凝结时间可进一步缩短，更加快了石膏砌块的生产速度。

4）环保。主要是指石膏建材节能、节材、可回收利用、卫生、不污染环境。

（2）用途

石膏砌块主要用于框架结构和其他结构建筑的非承重墙体，一般作为内隔墙用。若采用合适的固定及支撑结构，墙体还可以承受较重的荷载（如挂吊柜、热水器和厕所用具等）。掺入特殊添加剂的防潮砌块，可用于浴室和厕所等空气湿度较大的场合。

8.2.3 装饰石膏制品的选购

目前，室内石膏装饰材料的应用越来越受到人们的重视。石膏装饰用品的品种多达几十个，如装饰顶棚的石膏花、替代挂镜线的石膏线、装饰吊灯的灯盘、装饰吸顶灯的灯圈，以及角花、石膏柱、花盘、花柱、镜框、人物造型等。

1．石膏板材的选购

不同品种的石膏板应该使用在不同的部位。例如，普通的纸面石膏板适用于无特殊要

求的部位，如室内顶棚等；耐水纸面石膏板由于其板芯和护面纸均经过了防水处理，适用于湿度较高的潮湿场所，如卫生间和浴室等。在选用石膏板时，应注意以下几点。

（1）观察纸面　优质纸面石膏板用的是进口的原木浆纸，纸轻且薄，强度高，表面光滑，无污迹，纤维长，韧性好。劣质的纸面石膏板用的是再生纸浆生产出来的纸张，较重、较厚，强度较差，表面粗糙，有时可看见油污斑点，易开裂。纸面的好坏还直接影响到石膏板表面的装饰性能的高低。优质纸面石膏板表面可直接涂刷涂料，劣质纸面石膏板表面必须做满后才能做最终装饰。

（2）观察板芯　优质纸面石膏板选用高纯度的石膏矿作为芯体材料，而劣质的纸面石膏板对原材料的纯度缺乏控制，并且纯度低的石膏矿中含有大量的有害物质。好的纸面石膏板的板芯白，而劣质的纸面石膏板的板芯发黄，颜色暗淡。

（3）观察纸面黏结　用裁纸刀在石膏板表面划一个45°的口，然后在交叉的地方揭开纸面观察，优质的纸面石膏板的纸张依然黏结在石膏芯上，石膏芯体没有暴露在外；而劣质纸面石膏板的纸张则可以撕下大部分甚至全部纸面，石膏芯完全暴露出来。

（4）掂量单位面积重量　相同厚度的纸面石膏板，优质的板材比劣质的一般都要轻。劣质的纸面石膏板大都在设备陈旧和工艺落后的工厂中生产出来，故而其中掺杂的杂质比较多。

（5）查看石膏生产厂家的检测报告　正规的石膏生产厂家每年都会安排国家权威的质量检测机构赴厂家的仓库进行抽样检测，并出具检测报告。

2. 石膏线条的选购

目前，市场上出售的石膏线条所用石膏质量存在很大的差异。好的石膏线条洁白细腻，光亮度高，手感平滑，干燥结实，背面平整，用手指弹击，有清脆响声。而一些劣质石膏线条是用石膏粉加增白剂制成的，颜色发青；还有用含水量大并且没有完全干透的石膏制成的石膏线条，这些石膏线条的硬度和强度都会大打折扣，使用后会发生扭曲变形，甚至断裂。

选择石膏线条最好看其断面。成品石膏线条内要铺数层纤维网，这样石膏附着在纤维网上，就会增加石膏线条的强度。劣质石膏线条内铺网的质量差，不满铺或层数很少，甚至以草或布代替，这样都会减弱石膏线的附着力，影响石膏线条质量，而且容易出现边角破裂，甚至断裂。

3. 其他顶面石膏材料的选购

普通房间高度所选用的石膏装饰材料有角线、平线、角花和灯盘。房间高度在2.6m以下的不适合用灯盘，因为灯盘只适合放吊灯。在选购石膏装饰线条时要选择线条花型明快、表面不破损、凹凸清楚和干净整齐的材料；在运输、存放和安装时要注意防止磕碰，注意防潮。

如果准备装饰的房间较大，可选用壁饰、柱饰石膏制品，经过巧妙地结合，可使室内体现出古朴、庄重、典雅和豪华的装饰效果。

8.3 石膏制品的施工工艺

8.3.1 装饰石膏板（矿棉板）顶棚

1．主要施工机具

直流电焊机、电动无齿锯、手电钻、螺丝刀、射钉枪、线坠、靠尺等，如图8-9所示。

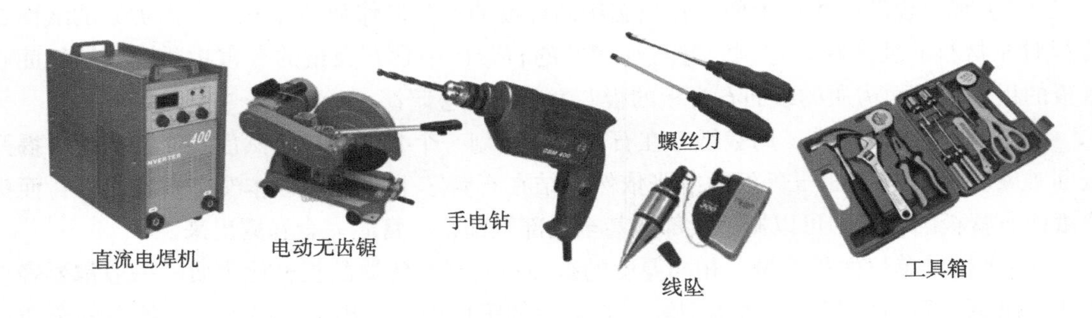

图8-9 施工机具

2．施工工艺

（1）装饰石膏板（矿棉板）顶棚

1）工艺流程。弹线→安装吊杆→安装主龙骨→安装次龙骨→起拱调平→安装装饰石膏板（矿棉板）。

2）施工方法。主要包括：①根据图样先在墙上、柱上弹出顶棚标高水平墨线，在顶板上画出顶棚布局，确定吊杆位置并焊接在原预留吊筋上，如原吊筋位置不符或无预留吊筋时，采用H8膨胀螺栓在顶板上固定，吊杆采用ϕ8钢筋加工；②根据顶棚标高安装大龙骨，基本定位后调节吊挂，抄平下皮（注意起拱量）；再根据板的规格确定中、小龙骨位置。中、小龙骨必须和大龙骨底面贴紧，安装垂直吊挂时应用钳子夹紧，防止松紧不一；③主龙骨间距一般为1000mm，龙骨接头要错开；吊杆的方向也要错开，避免主龙骨向一边倾斜。用吊杆上的螺栓上下调节，保证一定起拱度，视房间大小起拱5～20mm，为房间短向跨度的1/200，待水平度调好后再逐个拧紧螺帽，在开孔位置需将大龙骨加固；④施工过程中应注意各工种之间配合，待顶棚内的风口、灯具和消防管线等施工完毕，并通过各种试验后方可安装面板；⑤装饰石膏板、矿棉板安装。应注意石膏板和矿棉板的表面色泽，必须符合设计规范要求，对石膏板、矿棉板的几何尺寸进行核定，偏差在±1mm内；安装时注意对缝尺寸，安装完后轻轻撕去其表面保护膜。

3）安装方法。主要包括：①搁置平放法。采用T形铝合金龙骨或轻钢龙骨，可将装饰石膏板或矿棉板搁置在由T形龙骨组成的各个格栅上，即完成顶棚安装；②螺钉固定法。当采用U形轻钢龙骨时，装饰石膏板或矿棉板可用镀锌自攻螺钉固定在U形龙骨上，孔眼用腻子补平，再用与板面颜色相同的色浆涂刷。如用木龙骨时，装饰石膏板可用镀锌圆钉或木

钉与木龙骨钉牢，钉子与板面距离应不小于15mm，钉子间距为150mm左右，宜均匀布置。钉帽嵌入石膏板深度0.5～1mm为宜，应涂刷防锈漆。钉眼用腻子补平，再用与板面颜色相同的色浆涂刷；③粘贴安装法。采用轻钢龙骨组成隐蔽式装配顶棚时，可采用胶黏剂将装饰石膏板、矿棉板直接粘贴在龙骨上。

（2）质量要求

1）顶棚标高、尺寸、起拱和造型应符合设计要求。饰面材料的材质、品种、规格、图案和颜色应符合设计要求。

2）暗龙骨顶棚工程的吊杆、龙骨和饰面材料的安装必须牢固。

3）吊杆、龙骨的材质、规格、安装间距及连接方式应符合设计要求。金属吊杆、龙骨应经过表面防腐处理，木吊杆、龙骨应进行防腐、防火处理。

4）饰面材料表面应洁净、色泽一致，不得有翘曲、裂缝及缺损。压条应平直、宽窄一致。饰面板上的灯具、烟感器和喷淋头等设备的位置应合理、美观，与饰面板的交接应吻合、严密。

5）金属吊杆、龙骨的接缝应均匀一致，角缝应吻合，表面应平整，无翘曲、锤印。木质吊杆、龙骨应顺直，无劈裂、变形。

6）顶棚内填充吸声材料的品种和铺设厚度应符合设计要求，并应有防散措施。

7）暗龙骨顶棚工程安装的允许偏差和检验方法应符合《建筑装饰装修工程施工质量验收规范》（GB 50210—2001）的规定：表面平整度2mm，接缝直线度1.5mm，接缝高低差1mm。

（3）常见施工缺陷及预防措施

1）顶棚不平。主龙骨安装时吊杆调平不认真，会造成各吊杆点的标高不一致；施工时应认真操作，检查各吊杆点的紧挂程度，并拉通线检查标高与平整度是否符合设计要求和规范标准的规定。

2）轻钢骨架局部节点构造不合理。顶棚轻钢骨架在留洞、灯具口和通风口等处，应按图样上的相应节点构造设置龙骨及连接件，使构造符合图样上的要求，以保证吊挂的刚度。

3）轻钢骨架吊固不牢。顶棚的轻钢骨架应吊在主体结构上，并应拧紧吊杆螺母，以控制及固定设计标高。顶棚内的管线和设备件不得吊固在轻钢骨架上。

4）罩面板切块间隙缝不直。罩面板规格有偏差、安装不正都会造成这种缺陷。施工时应注意板块规格，拉线找正，安装固定时保证平整对直。

5）压缝条、压边条不严密、不平直，加工条材规格不一致。使用时应经过选择，操作拉线，找正后固定、压粘。

6）颜色不均匀。石膏板和矿棉板顶棚要注意板块的色差，防止颜色不均的质量弊病。

8.3.2　轻钢龙骨石膏板隔墙

1．施工工具材料

（1）材料准备

1）轻钢龙骨主件　沿顶龙骨、沿地龙骨、加强龙骨、竖向龙骨和横向龙骨应符合设计要求。

2）轻钢骨架配件　支撑卡、卡托、角托、连接件、固定件、附墙龙骨和压条等附件应符合设计要求。

3）紧固材料　射钉、膨胀螺栓、镀锌自攻螺丝、木螺丝和黏结嵌缝料应符合设计要求。

4）填充隔声材料。

5）罩面板材　纸面石膏板规格和厚度由设计人员或按图样要求选定。

（2）作业条件

1）轻钢骨架、石膏罩面板隔墙施工前应先完成基本的验收工作，石膏罩面板安装应等屋面、顶棚和墙抹灰完成后进行。

2）设计要求隔墙有地枕带时，应等地枕带施工完毕，并达到设计程度后，方可进行轻钢骨架安装。

3）根据设计施工图和材料计划，查实隔墙的全部材料，使其配套齐备。

4）所有的材料必须有材料检测报告和合格证。

（3）工艺流程

放线→安装门洞口框→安装沿顶龙骨和沿地龙骨→竖向龙骨切挡→安装竖向龙骨→安装横向龙骨卡挡→安装石膏罩面板→接缝→面层施工。

（4）施工工具　如图8-9所示。

2．施工施工方法

（1）放线　根据施工图，在已做好的地面或地枕带上，放出隔墙位置线、门窗洞口边框线，并放好顶龙骨位置边线。

（2）安装门洞口框　放线后按设计，先将隔墙的门洞口框安装完毕。

（3）安装沿顶龙骨和沿地龙骨　按已放好的隔墙位置线，安装顶龙骨和地龙骨，用射钉固定于主体上，射钉间距为600mm。

（4）竖龙骨切挡　根据隔墙放线门洞口位置，在安装顶、地龙骨后，按石膏罩面板的规格900mm或1200mm板宽，切挡规格尺寸为450mm，不足模数的切挡应避开门洞框边第一块石膏罩面板位置，使破边石膏罩面板不在靠洞框处。

（5）安装龙骨　按切挡位置安装竖龙骨，竖龙骨上下两端插入沿顶龙骨及沿地龙骨，调整垂直及定位准确后，用抽心铆钉固定靠墙、柱边龙骨用射钉或木螺丝与墙、柱固定，钉间距为1000mm。

（6）安装横向卡挡龙骨　根据设计要求，隔墙高度大于3m时应加横向卡挡龙骨，用抽心铆钉或螺栓固定。

（7）安装石膏罩面板。

1）检查龙骨安装质量、门洞口框是否符合设计及构造要求，龙骨间距是否符合石膏板宽度的模数。

2）安装一侧的纸面石膏板，从门口处开始，无门洞口的墙体由墙的一端开始，纸面

石膏板一般用自攻螺钉固定，板边钉距为200mm，板中间钉距为300mm，螺钉距石膏板边缘的距离不得小于10mm，也不得大于16mm。用自攻螺钉固定时，纸面石膏板必须与龙骨紧靠。

3）安装墙体内电管、电盒和电箱设备。

4）安装墙体内防火、隔声和防潮填充材料，与另一侧纸面石膏板同时进行。

5）安装墙体另一侧纸面石膏板。安装方法同第一侧纸面石膏板，其接缝应与第一侧面板错开。

6）安装双层纸面石膏板。第二层板的固定方法与第一层相同，但第三层板的接缝应与第一层错开，不能与第一层的接缝落在同一龙骨上。

（8）接缝 纸面石膏板接缝做法有三种形式，即平缝、凹缝和压条缝。可按以下程序处理。

1）刮嵌缝腻子。刮嵌缝腻子前先将接缝内浮土清除干净，用小刮刀把腻子嵌入板缝，将板面填实刮平。

2）粘贴拉结带。待嵌缝腻子凝固即行粘贴拉结带，先在接缝上薄刮一层稠度较稀的胶状腻子，厚度为1mm，宽度为拉结带宽，随即粘贴拉结带，用中刮刀从上而下一个方向刮平压实，赶出胶腻子与拉结带之间的气泡。

3）刮中层腻子。拉结带粘贴后，立即在上面再刮一层比拉结带宽80mm左右，厚度约1mm的中层腻子，使拉结带埋入这层腻子中。

4）刮找平腻子。用大刮刀将腻子填满楔形槽，并与板抹平。

（9）墙面装饰、纸面石膏板墙面，根据设计要求，可做各种饰面。

3. 质量要求

（1）以GB 50210—2001的规定为准，并应严格遵守。

（2）成品保护

1）在轻钢龙骨隔墙施工中，工种间应保证已装项目不受损坏，墙内电管及设备不得碰动错位及损伤。

2）轻钢骨架及纸面石膏板入场、存放和使用过程中应妥善保管，保证不变形、不受潮、不污染、无损坏。

3）施工部位已安装的门窗、地面、墙面和窗台等应注意保护，防止损坏。

4）已安装完的墙体不得碰撞，以保持墙面不受损坏和污染。

（3）常见施工缺陷及预防措施

1）墙体收缩变形及板面裂缝。原因是竖向龙骨紧顶上下龙骨，没留伸缩量；超过2m长的墙体未做控制变形缝，造成墙面变形。隔墙周边应留3mm的空隙，这样可以减少因温度和湿度影响产生的变形和裂缝。

2）轻钢骨架连接不牢固。原因是局部节点不符合构造要求，安装时局部节点应严格按施工图的规定处理。钉固间距、位置和连接方法应符合设计要求。

3）墙体罩面板不平。多数由两个原因造成：一是龙骨安装横向错位；二是石膏板厚度不一致。

4）明凹缝不均。原因是纸面石膏板拉缝未很好掌握尺寸；施工时应注意板块切挡尺寸，以保证板间拉缝一致。

8.3.3 艺术石膏制品

1. 基础工程

在安装前，首先应将墙面处理干净。将石膏制品摆正位置，画出边缘线，然后拿下石膏制品，在墙面或顶面用2cm×2cm木龙骨根据石膏造型的大小位置固定几个或十几个点，再准备好适当长度的螺丝固定石膏制品。

2. 安装施工

在固定前应将石膏制品背面涂上石膏黏合剂，粘贴好，然后将备好的螺丝轻轻旋入粘贴在墙面的石膏制品，固定在木龙骨上，固定的螺丝帽应涂一点油漆进行防锈处理，并用腻子将螺丝眼及其他外露的缝隙补平。注意石膏线接缝和对角要按花型和线条衔接好，用腻子补平，待腻子干后用细砂纸轻轻磨平扫净，最后粉刷涂料2遍。

第9章 油漆装饰材料及施工工艺

涂料俗称油漆，它作为建筑装饰中必不可少的材料，是一种可以用不同的施工工艺涂覆在物件表面并形成牢固附着的连续固态薄膜，随着时代的进步，它们通过新的生产技术和新的施工工艺，给建筑增加了生机、活力，为人们提供了更心旷神怡的生活和工作环境，如图9-1、图9-2所示。

图9-1　墙面漆打造的多彩墙面

图9-2　家具漆效果

9.1　油漆的基础概述

9.1.1　油漆的基础

常见的油漆涂料是附注在物体表面，与基层黏结，为其改变颜色、花纹、光泽和质量等，并形成坚韧的保护层。常用建筑油漆分类方式有如下几种：

（1）按使用部位可分为：墙漆和木器漆。墙漆包括外墙漆、内墙漆、顶面漆和地面漆，它主要是乳胶漆等品种；木器漆主要有硝基漆和聚氨酯漆等。

（2）按主要成膜物质可分为：有机涂料、无机涂料和有机—无机复合涂料。

（3）按所用稀释剂可分为：水溶性油漆、乳液类油漆、溶剂性油漆和粉末型油漆。

（4）按装饰功能可分为：平壁状油漆、砂壁状油漆和立体花纹状油漆等。

（5）按特殊功能可分为：防火油漆、防水油漆、防霉油漆和防结露油漆等。

油漆种类繁多，不同特性的油漆成分各不相同。各种成分按照其在漆膜中的作用可分为主要成膜物质、次要成膜物质和辅助成膜物质三大类。

1．主要成膜物质

主要成膜物质是指油漆的基础物质，是树脂和乳液等起黏结作用的物质，也称为基料或黏结剂。它决定油漆的主要性能，如油漆的坚韧性、耐磨性、耐候性以及化学稳定性等。油漆的主要成膜物质多属于高分子化合物或成膜时能形成高分子化合物的物质，如天然树脂、人造树脂、合成树脂和植物油料及硅溶胶。

2．次要成膜物质

次要成膜物质主要是指颜料和填料，其本身不具备成膜能力，但可依靠主要成膜物质的黏结作用成为漆膜的主要组成部分。能起到赋予漆膜颜色，增加漆膜质感，提高漆膜性能等作用。按照在油漆中所起作用的不同，次要成膜物质可分为着色颜料、体质颜料和防锈颜料三类。

（1）着色颜料是细微粉末状的无机和有机物质，在油漆中的作用是着色和遮盖物体；建筑油漆经常在碱性基层（如砂浆或混凝土表面）上使用，常与大气环境接触，因此要求着色颜料具有较好的耐碱性、耐光性和耐候性。

（2）体质颜料又称为填料，常为一些白色粉末状的天然或工业副产品。它们不具备着色能力，只在漆膜中起填充骨架作用，以减少漆膜的固化收缩，增加漆膜厚度，提高漆膜的耐磨性、抗老化性和耐久性等。

（3）防锈颜料的作用是使漆膜具有良好的防锈能力，主要用于防止建筑工程中的水暖管道和钢门窗等金属表面发生锈蚀。防锈颜料的主要品种有红丹、锌铬黄、氧化铁红和铝粉等。

3．辅助成膜物质

辅助成膜物质是指油漆中的溶剂和各种助剂，对于涂饰施工有重要影响，可以改善漆膜的某些性质。油漆中的辅助成膜物质包括分散介质和助剂两类。

1）分散介质（稀释剂）。无论在生产过程中还是涂饰施工中都需要对主要成膜物质的原料进行稀释，以调节油漆的黏度，使油漆便于涂饰，并在涂物表面形成一层薄膜，所以油漆中须含有大量的分散介质。在漆膜的形成过程中，分散介质中小部分将被基层吸收，大部分将在大气之中挥发，不保留在漆膜之内。分散介质有两类：一类是有机溶剂；另一类是水。有机溶剂应既能溶解油漆的主要成膜物质，又能控制油漆的黏度，具有一定的挥发性。用有机溶剂做分散介质的油漆称为溶剂型油漆。用水做分散介质的油漆称为水性油

漆。稀释水性油漆时可采用矿物杂质含量较少的饮用自来水。

2）助剂。助剂是为了改善油漆的性能而加入的辅助材料。它们的加入量虽少，但对改善油漆性能的作用显著。油漆中常用的助剂参见表9-1。

表9-1　油漆中常用的助剂

助剂名称	适用漆种	工作原理	作用及效果
催干剂	以油料为主要成膜物质的漆类	加速油料的氧化、聚合、干燥成膜过程	缩短油漆干燥时间，改善漆膜质量
增塑剂	以合成树脂为主要成膜物质的漆类	填充到树脂结构的内部	克服漆膜过硬和过脆，增加塑性和柔韧性
固化剂	不同成膜物质所需固化剂不同	与成膜物质发生反应并固化成膜物质	使成膜物质凝固
流变剂	主要用于乳液型油漆	建立防流挂结构	有效防止湿漆膜产生流挂现象
分散剂	用于乳液型油漆	促使物料颗料均匀分散于介质中	提高成膜物质在溶剂中的分散程度
增稠剂	用于乳液型油漆	提高物系黏度，形成凝胶	增加乳液粘度，保持乳液稳定性，改善油漆的流平性
消泡剂	用于乳液型油漆	降低溶液的表面张力，防止形成或减少泡沫	消除气泡
防冻剂	用于乳液型油漆	降低冻胀力	改善乳液的防冻性，降低成膜温度
紫外线吸收剂 抗氧化剂 防老化剂	用于各类油漆	吸收阳光中的紫外线，抑制、延缓有机高分子化合物的降解、氧化破坏过程	提高漆膜的保光性、保色性和抗老化性能，延长漆膜的使用年限
防腐剂 防霉剂 阻燃剂	用于有特殊功能要求的漆类	抑制微生物腐败、生长及发霉。阻燃剂通过吸热作用、覆盖作用、抑制链反应、不燃气体的窒息作用等机理发挥阻燃作用	提高漆膜的特殊性能，延长使用寿命

9.1.2　油漆的分类

常用的油漆种类有：

1．天然漆

天然漆又称大漆，是从漆树上取得的棕黄色黏稠汁液。天然漆形成的漆膜特征是：坚硬而富有光泽，具有良好的耐久、耐磨、耐油、耐水、耐腐蚀、绝缘和耐热性能。漆膜容易与基层表面结合，但缺点是黏度高而不易施工。由于漆膜色深且性脆，所以很少直接使用。天然漆有生漆和熟漆之分。生漆有毒，漆膜粗糙，也很少直接使用。熟漆是指经过再加工后的生漆，改善了生漆的很多性能。例如，漆膜光泽好、坚韧、稳定性高，耐酸、耐水性强，干燥速度也可进一步加快。

2．调和漆

调和漆是一种常用的人造漆，是用干性油经过调和处理后形成的漆，它质地较软、均匀且稀稠适度，可直接涂刷。调和漆分油性调和漆和瓷性调和漆两种，后者现名多丹调和漆。在室内适合使用磁性调和漆，这种调和漆干燥性能要比油性调和漆好，漆膜较硬，遮盖力强，长久不裂，细腻有光泽，但耐候性较油性调和漆差，容易失去光泽。

3．清漆

清漆以树脂为主要成膜物质，涂覆于基层表面后形成具有保护、装饰和特殊性能的透明漆膜。它分为油基清漆（凡立水）和树脂清漆（泡立水）两大类。在清漆的基础上加入无机颜料可制成漆膜光泽、平整、细腻、坚硬和外观类似陶瓷或搪瓷的漆；或加入着色颜料制成有色清漆等。清漆适用于涂饰室内外的木装修、板壁、金属表面和家具等。品种有酯胶清漆、酚醛清漆、醇酸清漆、硝基清漆、虫胶清漆和丙烯酸清漆等。

9.1.3 油漆的主要性能

油漆只有经涂饰后形成漆膜才能起到保护和装饰等作用。影响漆膜性能的主要因素是油漆的组成成分及其体系特征。良好的漆膜应满足一定的技术要求。

1．漆膜颜色

漆膜颜色与标准样品相比，应符合色差范围。

2．遮盖力

影响漆膜遮盖力的因素包括油漆的配方和施工工艺。油漆稀释量过大，会导致漆膜太薄，遮盖力差；漆中颜料的着色力以及含量影响遮盖力，如颜料和色漆基料两者折光率之差大，颜料的遮盖力就强；另外，颜料的颗粒大小、分散程度及结构都会影响油漆的遮盖力；施工时应保证漆膜厚度适当、平整均匀并且注意先涂饰浅色漆再刷相对深色漆，这样遮盖效果比较好。

遮盖力通常用色漆均匀地遮盖在黑白格表面所需的油漆质量表示，需要量越多遮盖力越小。建筑漆的遮盖力范围是100～300 g。

3．附着力

附着力表示漆膜与基层表面的黏结力，影响漆膜附着力的因素包括油漆主要成膜物质本身、基层表面的性质及油漆处理方法。通常用十字划格法检测附着力性能。即在漆膜表面用特殊的划刀，以阵图形切割并穿透漆膜，然后用软毛刷沿格子对角线方向前后刷，以检查漆膜从底材分离的抗性。漆膜附着力大的油漆涂刷后不容易脱落。附着力大小对涂覆金属表面的油漆要求尤为重要，这主要是因为金属表面容易被氧化。

4．黏结强度

黏结强度影响施工性能，不同的施工方法要求油漆有不同的黏度。如要求油漆具有触变性，上墙后不流淌，抹压又很容易。黏度的大小主要决定于油漆内成膜物质和填料的性质好坏及含量比例的多少。

5．耐污染性

漆膜有污迹流挂或灰尘黏附等，会破坏其美观。漆膜出现污迹的原因是漆膜的耐污性

差，使漆膜污染的速度过快。影响油漆耐污性的主要因素有以下四个方面：

1）漆膜表面不平整，导致积污。

2）漆膜表面发黏易附飘落污物。

3）漆膜硬度低，污染物侵入漆膜。

4）漆膜亲水、疏松多孔，污水和携带污物的雨水渗透进入漆膜而沉积。

提高漆膜耐污性的途径主要有：

1）油漆施工时不应任意兑水，以降低挥发量。

2）形成的漆膜要确保密度高，应选用高玻璃化温度的乳液，以减少漆膜的高温回黏。

3）保证遇潮气或雨水不溶、不黏、不渗透，减少因漆膜发黏而增加灰尘的黏附性和污水将污物携带入漆膜的几率。

4）提高漆膜硬度，以提高漆膜耐污性。

6．耐久性

耐久性是指漆膜的经久耐用程度，一般耐久性包括三种含意：耐冻融、耐洗刷和耐老化。

（1）耐冻融性主要针对外墙漆而言，外墙涂料由于季节气温的变化，引起反复的冻冰和融化，易使漆膜脱落、开裂、粉化或起泡。若油漆中成膜物质的柔性好，有一定延伸性，耐冻融性就较好。

（2）耐洗刷性主要指外墙漆膜在受雨水反复冲刷时的性能。经擦洗最终完全露底时，被擦洗的次数越多说明它的性能越好。

（3）耐老化性主要指漆膜受大气中光、热和臭氧等因素作用使涂层发黏或变脆，失去原有强度和柔性，从而造成涂层老化（开裂、脱落、粉化、变色、褪色等）。

7．耐候性

油漆的耐候性是指油漆经受气候考验的能力，具体指主要成膜物质在光照、冷热、风雨和细菌等造成的综合破坏作用下，发生强度、黏结性和保色保光性等性能变化，导致油漆出现脆化、粉化、变色、失光和剥落等现象。目前，我国外墙漆一般要求耐候8～10年以上。在此期间，漆膜必须能保持良好的视觉效果。

影响漆膜耐候性的主要因素有以下几个方面：

（1）油漆自身的质量是影响油漆耐候性的主要因素。

（2）助剂的添加对漆膜的耐候性也有一定的影响，如添加抗老化剂，可以增强漆膜的耐候性。

8．耐水性

耐水性是油漆的一项重要质量指标。耐水性欠佳的漆膜会导致变色或褪色、失光、发花、水印、泛碱、粉化、起泡、起皮、起粒、开裂以及脱落等破坏现象，直接影响到漆膜的使用寿命。油漆的耐水性与防水漆的防水性是两项完全不同的指标，耐水性好的油漆并不一定具有防水功能。

增加漆膜耐水性可以采取以下措施：

（1）漆膜抗水来源于成膜物疏水，成膜物疏水要求选用疏水乳液。

（2）漆膜表面要致密、连续、完美、光滑平整，并有一定厚度的涂层，可以减少水分渗透。

（3）油漆配方应尽量减少水分，以提高油漆不挥发成分的比重。

（4）在油漆中添加适量的疏水剂，使其在漆膜表面形成一层疏水膜，能有效阻挡水分渗透。

9．耐碱性

耐碱性是指漆膜对碱侵蚀的抵抗能力。建筑油漆大多以水泥混凝土和含石灰抹灰等碱性基层为装饰对象。耐碱性差的油漆漆膜会产生变色、褪色、皱褶、剥离和脱落等现象。

耐碱性和返碱是两个不同概念。耐碱性倾向于考察漆膜在碱性条件下是否被破坏；而返碱指漆膜在碱性基材上出现碱性物质析出，漆膜一般并没有被破坏。此外，由于不同的油漆有着不同的特殊用途，可能会需要其他性能要求。同时以上提及的主要技术要求也会在不同用途的油漆漆膜中占有不同的比重。

9.2 内墙和顶面漆

9.2.1 内墙和顶面漆的基础

一般的内墙建筑油漆的涂装体系分为底漆和面漆两层。

（1）底漆　底漆具有封闭墙面碱性、增加油漆的附着力、增进漆膜丰满度及延长油漆使用寿命的作用。它的处理程度对涂装最后性能及表面效果有较大影响。

（2）面漆　面漆是涂装体系中的最后涂层，具有装饰、保护和对恶劣环境的抵抗功能。

内墙墙面漆要保护及装饰内墙墙面，营造舒适的生活、工作、学习环境，使其美观整洁。因此，此类油漆要具有色彩丰富、漆膜细腻，遮盖力良好；耐碱性、耐水性、耐擦洗性好，不易粉化；透气性好，保证不会发生涂层起鼓等弊病；涂刷方便，确保无刷痕和无流挂等性能。

9.2.2 内墙和顶面漆的分类

1．内墙油漆

内墙油漆主要可分为水溶性漆、乳胶漆、多彩漆、仿瓷漆和艺术漆。一般装修采用的是乳胶漆。

（1）水溶性内墙漆

水溶性油漆漆膜平滑且光泽度好、硬度适中，并有良好的耐水性和耐候性；施工方便，价格便宜，可用于水泥、石材、木材及金属表面涂装。

水溶性内墙油漆主要分为聚乙烯醇水玻璃内墙漆和聚乙烯醇缩甲醛内墙漆两大类。

1）聚乙烯醇水玻璃内墙漆（106漆）的主要成膜物质是聚乙烯醇树脂和水玻璃。聚乙烯醇水溶液有较好的成膜性，生成的膜无色透明、无毒、无味、不燃、耐磨性好，与墙面有很强的黏结力，干燥快、涂层表面光洁、施工方便，而且价格低：但耐水性与耐刷洗性

差，漆膜表面不能用湿布擦洗，容易起粉脱落。

2）聚乙烯醇缩甲醛内墙漆（803漆）是继106漆后出现的又一种价廉物美的内墙漆。这种漆具有干燥快、遮盖力强和涂层光洁等特点，在较低温度下施工不宜结冻，涂刷方便，耐水性、耐洗刷性优于106漆，对墙面有一定的附着力。近年来803漆的使用面越来越广。

（2）合成树脂乳液内墙漆（乳胶漆）

乳胶漆即乳液性油漆，以水为稀释剂。它是一种施工方便、安全、耐水性好、透气性好且颜色种类丰富的薄质内墙漆。这种油漆的制作基本上由水、颜料、乳液、填充剂和各种助剂组成，这些原材料是不含毒性的。高级乳胶漆还可以随意配色，具有多种光泽（高光、亚光、无光、丝光等）。乳胶漆适用于在混凝土、水泥砂浆、灰泥类墙面和加气混凝土等基层上涂刷。内墙乳胶漆之所以常用，主要是因为它有以下显著优点：

1）价格适中，经济实惠。

2）施工方便，消费者可自己涂饰。

3）颜色种类繁多并且形成的漆膜不易褪色和变色。

4）耐碱性强，不易返碱。

5）覆盖力强，高档乳胶漆还具有水洗功能，易清洁、维护。

（3）多彩漆

多彩漆由不相混溶的两个液相组成，其中一相为分散介质，常为加有稳定剂的水相；另相为分散相，由大小不等的两种或两种以上不同颜色的着色粒子构成。涂饰干燥后能形成坚硬结实的多彩花纹漆膜，目前十分流行。

这种油漆的漆膜色彩繁多、富有立体感，兼具油漆和壁纸的双重优点，具有独特的装饰效果。漆膜较厚且有弹性，耐洗刷性、耐久性较好。它适用于建筑物内墙和顶棚的水泥混凝土、砂浆、石膏板、木材、钢和铝等多种基面。

（4）仿瓷漆

仿瓷漆通过薄抹与压光施工后，漆膜光滑、平整、细腻、坚硬，其装饰效果很像瓷釉饰面。仿瓷漆色彩丰富，附着力强，但是施工工艺繁杂，耐湿擦性差。根据使用要求，可在仿瓷漆中加入不同剂量的消光剂，制成半光或无光仿瓷漆。它主要适用于涂饰室内墙面，木材、金属、家具及木装修表面等。在厨房和卫生间等内墙装修中可代替瓷砖，广受欢迎。

仿瓷漆按主要成膜物质的不同，可分为溶剂型树脂和水溶型树脂两类。

1）溶剂型树脂类仿瓷漆的主要成膜物质是溶剂型树脂，有瓷白、淡蓝、奶黄、淡绿、金属和粉红等多种颜色，其耐水性、耐污染性、耐碱性、耐磨性、耐老化性及附着力都很好。

2）水溶型树脂类仿瓷漆的主要成膜物质是水溶性聚乙烯醇，是近年出现的一种以刮涂与抹涂为主要施工方法的内墙漆，多以白色为主。正是由于需要技术性强的刮涂与抹涂施工工艺，再加上多次用力压光，其涂膜坚硬致密，附着力强。但此类漆漆膜较厚，性能较差，使用寿命短，而且施工较麻烦，因此一般只适用于建筑物内墙、走廊和楼梯间等部位。

（5）艺术漆

艺术漆是一种图案性强，可直接涂在墙面上自然产生粗糙或细腻立体艺术形式的漆种。凭借其变化无穷的立体化纹理和多种选择的个性搭配，已引起国内建筑行业内人士的极大关注。另外可通过不同的施工工艺、手法和技巧，制作出更丰富和更独特的装饰效果，令人耳目一新。它在一定程度上可以替代布艺、墙纸、木材和石材，而且更环保，更经济。

艺术漆具体可分为：马来漆、真石漆、复层肌理漆、金属箔质感漆、液体壁纸、质感涂料、仿石漆、彩石漆、艺术帛、平面艺术漆、特殊漆和彩绘壁画等。

1）马来漆是高档和新兴墙面装饰漆，批刮到墙面上会产生各类艺术纹理。马来漆具体包括单色马来漆、混色马来漆、金银线马来漆、金银马来漆和幻影马来漆（彩韵马来漆）等，如图9-3所示。

图9-3　马来漆

2）真石漆以特殊合成树脂乳液与天然石砂（彩色石）为主要成分，大多以喷涂为主，装饰效果具有天然石材的质感和色彩。真石漆价格低廉，施工方便且同样具有典雅、高贵和立体感强等天然石材的装饰效果，并具有优越的耐候性、耐久性、耐褪色性，美观又牢固。真石漆包括小碎彩石漆、岩片漆（漆片漆）、羽衣片和彩石拼图等，如图9-4所示。

图9-4　真石漆

3）复层肌理漆是一种新型墙面装饰漆种，因其具有独特的立体肌理、色彩、造型和花纹而广受客户欢迎。复层肌理漆包括拉毛漆、立体浮雕漆、金属浮雕漆、珠光肌理漆、梳刷痕纹理漆、薄浆艺术肌理漆和厚浆墙体艺术漆等，如图9-5所示。

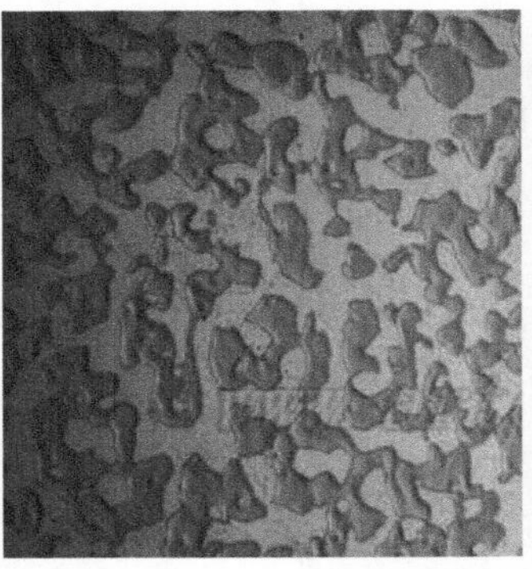

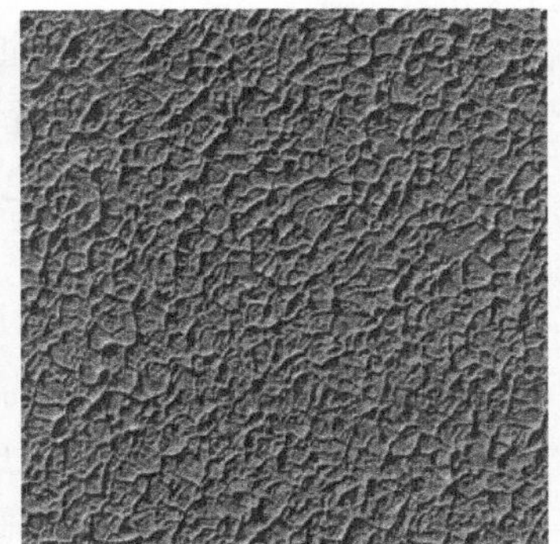

图9-5　复层肌理漆

4）金属箔质感漆是在油脂中添加珠光颜料形成的，能创造出

各种光泽效果。金属箔质感漆包括金箔漆、艺术金箔漆、银箔漆和彩绘铜箔漆等，如图9-6所示。

图9-6 金属箔质感漆

5）液体壁纸是一种新型艺术漆，也称壁纸漆。它是通过专用模具上的图案把面漆印制在干燥后的墙面上从而具有壁纸的装饰效果。从原料上来讲，它比壁纸环保性好得多。漆膜具有良好的防潮、抗菌性能，不易生虫，不易老化。液体壁纸包括单色液体壁纸、双色液体壁纸、多色液体壁纸和幻彩液体壁纸等，如图9-7所示。

图9-7 液体壁纸应用效果

6）质感涂料是市面上新型装饰材料，它的制作方式是在已涂饰漆面上，用不同的质感工具进行造型，产生立体化纹理。此类漆可个性搭配，能创造无穷特殊装饰效果。质感涂料包括颗粒质感漆、标准质感（树皮拉纹、树叶纹理、蟹爪纹理）漆、刮砂漆、质感肌理（滚筒压花）漆和砂壁艺术漆（含米兰石）等，如图9-8所示。

图9-8 质感涂料

7）仿石漆是艺术漆中制作难度非常大的一类漆，是用油漆仿做天然石材，其效果接近天然石材，但在硬度上略有欠缺。仿石漆与真石漆的区别在于：仿石漆具有造型仿石效果，属于弹性涂料，黏结性和触变性很强。它可塑性单一，没有真石漆那种坚硬的感觉。仿石漆包括仿花岗岩漆、仿大理石漆、仿页岩漆、仿砂岩漆、仿荧光洞石漆、仿风化石漆和仿云石漆等。

8）艺术帛是用帛、宣箔和肌理壁纸等造型材料在墙面上进行造型处理，待完全干燥后，用多色普通水性漆进行面涂即可获得类似帛的效果。艺术帛包括素色宣箔、双色艺术帛、艺术锦帛、轩帛漆和钻石漆（水性）等。

9）平面艺术漆是用专用喷枪在墙面或其他各种板材表面喷涂出的一种艺术效果。喷涂时，根据不同的处理方式产生各种平面且自然的纹理。平面艺术漆包括新梦幻粉彩漆、珍珠彩喷漆、欧式复古漆、梳刷痕纹理漆、印花纹理漆、拍花纹理漆、木纹漆（水纹漆）、乱丝漆（云丝漆、彩丝漆）和彩云漆等。

10）特殊漆是根据油漆性能，利用特殊施工方法形成特殊效果的漆种。特殊漆包括裂纹漆、贝母漆、砂岩雕刻漆和墙体浮雕漆等。

11）彩绘壁画是用油漆绘制出壁画效果来装饰室内外。

2．顶面漆

顶面漆又称顶棚漆，其中包含薄漆、轻质厚漆及复层漆三类。一般来说，内墙漆均可用作顶棚漆。顶棚漆正朝着无毒、吸声性好和耐污性好的方向发展。

9.3 外墙漆

外墙漆能够保护和装饰建筑物的外墙面，使建筑物外墙保持外貌整洁美观并延长其使用寿命。外墙漆比其他外墙材料施工更方便，并且色彩丰富。

1．外墙油漆种类

外墙漆主要分为合成树脂乳液外墙装饰漆、合成树脂乳液砂壁外墙装饰漆、溶剂型外墙装饰漆、复层外墙漆、无机外墙漆和弹性建筑外墙漆。

（1）合成树脂乳液外墙漆

合成树脂乳液外墙漆又称为外墙乳胶漆，是以合成树脂乳液为主要成膜物质，涂刷后，随着油漆中水分的蒸发，成膜物质与其他不挥发物质共同形成均匀连续的漆膜。这种油漆使用颇为广泛。外墙乳胶漆的主要特点有：

1）以水为分散介质，无毒，不易燃。

2）施工方便，可调色性好。

3）漆膜透气性好。

4）具有良好的耐水抗水性、耐沾污性和耐候性。

5）漆膜具有良好的耐光性和保色性。

6）具有良好的耐碱性和防风化性。

从理论上讲，外墙乳胶漆可以在室内使用，但反之不行。因为外墙乳胶漆具有一项内墙乳胶漆不具备的技术要求——抗紫外线照射性。而内墙漆大多没有这种功能。

（2）合成树脂乳液砂壁外墙漆

砂壁外墙漆是漆膜像砂壁状的粗面厚质油漆，所以又称仿石漆和真石漆。它由基料、粒径和颜色不同的彩砂配制而成。由于不同骨料的组成和搭配，可以使漆膜形成不同的色彩层次。这种漆多采用喷涂方法涂饰，不仅具有天然石材丰富的质感和鲜艳色彩，而且具有典雅、高贵、立体感强等艺术效果。这种漆的特点有：

1）无毒、无溶剂污染。

2）成膜时间短、不易燃。

3）耐光性和保色性好。

4）防火性和耐久性好。

5）施工方便、容易修补。

6）在一定程度上可代替天然石材的装饰效果，具有庄重美观、经济和环保等特点。

（3）溶剂型外墙装饰漆

溶剂型外墙装饰漆是以有机溶剂为分散介质的外墙漆。在施工现场要禁止烟火，注意通风，施工人员要注意自身安全。这种油漆对墙面渗透性、润湿性好，附着力强。它施工方便，可以在低温条件下施工。这种漆的涂层硬度高，光泽、耐水性、耐沾污性、耐洗刷性和装饰性都很好，耐用性多在10年以上，是一种颇为实用的漆类。目前常用的溶剂型外墙漆主要有聚氨酯丙烯酸外墙漆、丙烯酸酯有机硅外墙漆和氟碳外墙漆等。

（4）复层外墙漆

复层外墙漆是一种中高档漆种，它以水泥、硅溶胶及合成树脂乳液等黏结料和骨料为主要原料。在建筑外墙上以刷涂和喷涂等施工方法涂覆2～3层，能形成凸凹状花纹或平状面层。复层外墙漆无毒无害，具有良好的耐水、耐候和耐擦洗性。这种漆由三层组成：封底层为抗碱底漆，可提高基层与漆膜的黏结力；中涂层能形成凸凹或平状装饰效果，增加了外墙质感，因这层漆具有防裂增强纤维作用，所以其漆膜有较好的抗裂性、耐久性和防火性；面层用于赋予涂层颜色和光泽，以提高漆膜的耐久性、耐沾污性和耐候性。

（5）无机外墙漆

无机外墙漆是以碱金属硅酸盐或硅溶胶为主要成膜物质，加入相应的固化剂，或有机合成树脂、颜料和填料等配制而成的薄质涂层的漆。这种漆性能优异，生产工艺简单，原料丰富，价格便宜。由于漆中不含有机溶剂，所以此漆无毒、不易燃、施工容易。它主要用于外墙装饰，是一种中档漆，并常以喷涂为主要施工方法，也可用刷涂或辊涂。

（6）弹性建筑外墙漆

弹性建筑外墙漆是以一种具有弹性的合成树脂乳液为基料，与颜料、填料及助剂配置而成的油漆。漆膜厚，能遮盖施工表面的缺陷，是一种防护和美化效果兼备且使用寿命长的漆种。漆膜表面坚硬，内里柔软，因而可以兼得耐沾污性与高延伸率之利，具有很高的耐久性。

2．外墙漆性能要求

外墙漆要有优良的耐水性、耐碱性、耐污性、耐候性、耐霉变性和防风化性，要能有效防止漆膜粉化、开裂及脱落，能抑制潮湿环境下霉菌和藻类繁殖生长。同时，漆膜也要具有良好的耐光性和保色性。

3．影响外墙漆寿命的因素

油漆涂覆于建筑外墙具有装饰和保护功能。一旦漆膜出现严重的变色、褪色、被污染、起泡、开裂、粉化和脱落等现象，则表明漆膜使用寿命将结束。影响漆膜寿命的因素很多，例如，油漆本身的附着力、保色性、耐水性、耐碱性、耐沾污性、耐候性和耐久性等性能的优劣；施工环境及工艺的合理性；基材性能；使用环境及其中的维护管理情况等。在油漆生产过程中要考虑油漆使用环境和基层条件等情况来决定油漆本身需要具备的特殊性能，使之在配方阶段就加以弥补，力争延长漆膜的装饰和保护寿命。

9.4 地面漆

地面漆是以树脂或乳液为成膜物质，主要涂覆于水泥砂浆地面形成一种耐磨的装饰漆膜，以保护和装饰地面。地面漆通常又称为地坪漆。

1．地面漆的特点

地面漆具有如下特点：

（1）能使地面无缝，整体性强，易于清洁。

（2）漆膜较厚且有弹性。

（3）耐磨性、抗冲击性能好，经久耐用。

（4）耐化学腐蚀性能好且化学物品不渗漏，易彻底清除。

（5）无毒，安全性好。

（6）施工方便，容易维护保养。

（7）表面平整光洁，色彩丰富，价格合理。

2．地面漆种类

地面漆按主要成膜物质的化学成分可分为乙烯类地面漆、环氧树脂类地面漆、聚氨酯地面漆、丙烯酸硅树脂地面漆和合成树脂厚质地面漆等。现在，地面漆正向水性、无溶剂、弹性、自流平及浅色导电等方向发展。

（1）乙烯类地面漆

乙烯类地面漆是一种较早的地面漆，主要用107胶等作为黏结剂，与水泥掺和形成装饰效果好、强度高且柔韧性好的地面漆，这种漆俗称为777地面漆。乙烯类地面漆中过氯乙烯地面漆最常用，其特点是价格低，施工方便，黏结力好，具有良好的耐水性、耐磨性和耐腐蚀性。由于漆中含有大量易挥发、易燃的有机溶剂，施工时要注意通风。

（2）环氧树脂类漆

这类漆与基层黏结力强，固化过程短且在固化过程中收缩性低。它具有良好的抗冲击性、耐化学腐蚀性、耐霉菌性、耐磨性和耐久性，并且施工容易、维护方便、造价低廉。漆膜平整光滑、伸展性好，还是一种优良的绝缘材料。但施工时应注意通风、防火。主要适用于生产车间、办公室、厂房、仓库及停车场等场合，如图9-9所示。

图9-9　环氧树脂类漆

（3）聚氨酯地面漆

聚氨酯地面漆主要为薄质面漆和厚质弹性地面漆，前者主要应用于木质地板，后者用于水泥地面。

这里主要介绍聚氨酯弹性地面漆。该漆为双组分漆，施工前应按比例混合、搅拌后使用。其特点是与基层黏结力强、弹性高、柔韧性好，行走舒适。漆膜光洁平滑，容易清理，具有良好的装饰性，耐磨性、耐水性、耐化学药品性和耐腐蚀性。聚氨酯地面漆耐潮湿性差，施工不当易出现漆膜剥离和起小泡等弊病。它主要适用于车间、停车场及体育场等弹性防滑地面，如图9-10所示。

（4）丙烯酸地面漆

丙烯酸地面漆，也称亚克力，涂饰后形成无缝漆面。采取滚涂法或喷涂法均可。这种漆的特性是附着力强、耐弱酸碱、耐候性好，防尘、防水、施工方便、价格便宜、色彩多样，是一种装饰效果好的多功能漆种。丙烯酸地面漆适用于制药、微电子、食品、服装和化工等厂房，也适用于室外运动场等场所的地面。

图9-10　聚氨酯地面漆

9.5　特种功能漆

9.5.1　防水漆

特种功能漆是具有各种特殊用途的油漆的总称。所谓特殊用途，是指除了保护和装饰作用以外，这类漆还兼有某些特别的功能，以满足被涂覆产品性能的需要。在建筑装饰油漆中，它们不仅要具备建筑装饰油漆的各项必要指标，还要具备各自独特的功能，如防水、防火、防霉和防腐等功能。

防水漆在常温条件下施涂于建筑物基层后，通过溶剂的挥发，水分的蒸发，固化后形成一层无接缝的防水漆膜。漆膜使建筑物表面与水隔绝，对建筑物起到防水与密封作用。防水漆大量运用于建筑物屋面、阳台、厕所、浴室、游泳池、地下工程以及外墙墙面等需要进行防水处理的基层表面上，如图9-11所示。

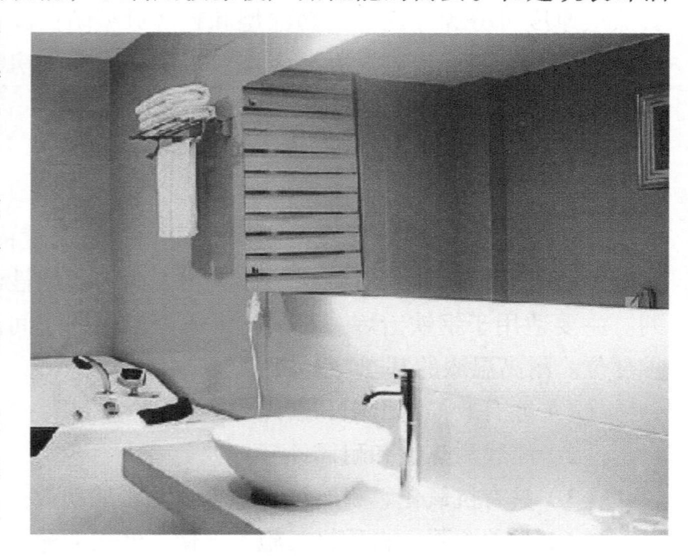

图9-11　防水漆

1．种类

防水漆主要有聚氨酯类防水漆、丙烯酸类防水漆、橡胶沥青类防水漆、氯丁橡胶类防水漆、有机硅类防水漆以及其他防水漆等品种。

2．基本特点

（1）经涂饰固化后，能形成无接缝和连续的防水漆膜。

（2）操作简便，维修比较方便。

（3）由于固化后形成自重轻的漆膜，常用于轻型薄壳等异型屋面。

（4）耐水、耐候和耐酸碱性强。

（5）漆膜有较好的抗拉伸强度，能适应基层局部变形的需要，容易对基层裂缝、预制板节点松动和管道根等一些容易渗漏的细节部位进行保护和维修。

9.5.2 防毒漆

防毒漆是一种通过在油漆中添加抑菌剂而起到抑制霉菌繁殖和生长的功能性建筑漆。常处于温湿环境下的建筑物外墙面以及恒温、恒湿的室内墙面、地面和顶棚中，例如食品加工厂、酿造厂、制药厂等车间及库房都应使用防毒漆，以防止因细菌作用而引起菌变。一般外墙防毒漆也具备防藻功能。

9.5.3 防火漆

防火漆集装饰性和防火性于一体，涂刷在建筑物某些易燃材料表面上，当遇到明火或高温时涂层会发泡，可有效阻止火焰蔓延和传播，从而减少火灾的发生几率。饰面型防火漆一般可以配成多种颜色，附着力强，柔韧性、耐水性好，涂覆500g/m^2，耐燃烧时间可在20min以上。

防火漆按其组成材料不同，一般可以分为非膨胀型防火漆和膨胀型防火漆两大类。按其涂层厚度可分为厚涂型、薄涂型和超薄涂型防火漆三类。防火漆通常适用于宾馆、娱乐场所、公共场所、医院、办公大楼、机房和大型厂房等建筑的钢结构、混凝土、木材饰面与电缆上，可起到防火阻燃的作用。

9.5.4 耐高温漆

耐高温漆是一种能够在一定时限内和一定温度内，暴露于高温环境下，能避免被氧化腐蚀或被介质腐蚀，达到保护被涂物表面的功能性油漆，一般分有机硅系列和无机硅系列。主要适用于钢铁冶炼、石油化工等高温生产车间及高温热风炉内外壁等需要抗高温保护部位。耐高温漆的基本特点如下。

（1）能有效抑制太阳和红外线的辐射热。

（2）漆膜耐热性和耐候性好。

（3）具有抗氧化、耐腐蚀、绝缘、防水的功效。

（4）附着力强、自重轻、施工方便、使用寿命长。

9.5.5　其他特种漆

1．抗静电漆

抗静电漆是双组分漆，由树脂、防锈颜料、导电剂、助剂及固化剂组成。它能有效解决墙面、地面及其他表面的静电问题。抗静电漆有水性抗静电漆和聚氨酯等溶剂型抗静电漆。漆膜具有优良的附着力，耐水性、柔韧性、抗冲击性、耐腐蚀性好，电阻率低。它主要应用于机房、精密仪器、通信设备和电子元器件生产车间等需要防静电场所的墙面和地面。

2．防锈漆

防锈漆是一种可保护金属表面免受大气和海水等腐蚀的油漆。因它具有斥水作用，因此能彻底除锈。这类漆施工方便，无粉尘，价格合理并且使用寿命长。漆膜更是坚韧耐久，附着力强。它适用于潮湿地区的金属制品表面涂装。防锈漆可分为利用物理性防腐蚀的铁红、铝粉和石墨防锈漆，利用化学性防腐蚀的红丹和锌黄防锈漆两大类。

9.6　木器漆和金属漆

9.6.1　木器漆

木材作为中国古代就开始使用的建筑材料，它与我们的生活是密不可分的。但由于木材结构复杂，会根据环境的潮湿度产生膨胀和收缩效应，以致最后变形，污浊物也极易侵入木材内部。为了使木材保持它特有的装饰效果，就需要涂刷木器漆以维护木材本身的质感美，重新赋予木材更多采、更丰富的表现效果。

1．木器漆性能

木器漆具有优良的附着性、耐水性、耐冲击性、耐磨性、耐碱性、耐污性、耐候性和耐霉变性，能延长木材的使用寿命。漆膜饱满，有光泽，具有良好的耐光性和保色性。它无毒、安全性好、施工方便，易维护保养。

2．木器漆种类

（1）硝基漆

硝基漆有硝基清漆（清喷漆、腊克）和硝基实色漆（手扫漆）两种。易挥发，其特点是干燥快、光泽柔和、耐磨性和耐久性好，是一种高级漆。硝基清漆可分为亮光、半亚光和亚光三种。硝基漆的缺点是高温天气容易导致漆膜泛白、丰满度降低、硬度降低。

（2）聚酯漆

聚酯漆是用聚酯树脂作为主要成膜物质制成的一种厚质漆。它包括聚酯清漆和不饱和聚酯漆等品种。聚酯漆的漆膜丰满且厚实，有较高的光泽度，保光性、透明度，耐水性、耐化学药品性和耐温变性好。但缺点是附着力不强，漆膜硬而脆，抗冲击性差。聚酯漆在固化过程中，因其固化剂组成成分，会使家具漆面及邻近的墙面变黄。另外，固化剂组成成分还会对人体造成伤害。聚酯清漆能充分显现木纹质感，不饱和聚酯漆只适用于平面施

涂，在垂直、曲线上涂刷容易流挂。主要用于高级家具和钢琴等表面的涂装。

（3）聚氨酯漆

聚氨酯漆包括聚氨酯清漆和聚氨酯实色漆。聚氨酯漆的优点是漆膜坚硬、光泽好、附着力强且耐磨性、柔韧性、耐水性、耐寒性都比较好。缺点是这种漆干燥慢，保色性能差，遇潮漆膜易起泡和粉化等。另外，与聚酯漆一样，存在变黄问题。它被广泛用于高级木器家具与木地板的表面涂装。

（4）醇酸漆

醇酸漆主要是以醇酸树脂为主要成膜物质制成的一种漆。醇酸漆包括醇酸清漆和醇酸实色漆，是目前国内生产量最大的一类木器漆。其优点是光泽度好、附着力强，耐候性好，价格便宜，施工也简单。但漆膜脆、干燥速度慢，耐水性和耐热性差，不易达到较高的要求。主要用于涂刷一般要求不高的木质门窗、家具和金属表面等。目前这种漆在油漆行业中的地位是举足轻重和无法替代的。

（5）丙烯酸树脂漆

丙烯酸树脂漆是高级木器漆，它的漆膜饱满光亮、坚硬，具有良好的耐候性、耐光性、耐热性、防霉性、耐水性、耐化学性、保色性及较强的附着力，施工方便。但它的缺点是漆膜较脆，耐寒性较差。

9.6.2 金属漆

金属漆，又称为金属质感漆或铝粉漆。这种漆里加有金属粉末，所以经过涂装后的漆膜在不同角度的光线折射下，会形成更丰富和新颖的闪烁感觉。通过改变铝粒的形状和颗粒大小，可以控制金属漆的闪光程度和方式，也可通过不同的施工方法创造出丰富的装饰效果。通常，金属漆的外表面可加一层清漆予以保护。

金属漆具有很好的抗腐蚀性、耐磨性和装饰效果。因此，它越来越得到大众的普遍欢迎。这种漆不仅适用于建筑装饰还是目前流行的一种汽车面漆。

9.7 建筑漆材料装饰的施工工艺

9.7.1 建筑漆的施工方法

建筑漆的施涂方法一般有刷涂法、滚涂法、喷涂法、抹涂法、刮涂法、弹涂法和擦涂法等几种，这些施涂方法可单独使用也可相互结合使用。例如，一般的乳胶漆可采用刷涂、辊涂或喷涂方法施工；而带有粗骨料的漆类（如砂壁状涂料、真石漆）可采用喷涂或抹涂施工方法，也可以两者结合使用；另外，采用滚涂和刮涂等方法还可做出理想的装饰效果。

1．刷涂法

刷涂法是一种最早采用且最简便的施工方法。一般用刷子（油漆刷、羊毛排笔等）蘸上油漆在基层表面涂刷。刷子可分为硬毛刷和软毛刷两种。黏度大的漆宜用硬毛刷，黏度

小且干燥快的漆则适宜用软毛刷。

（1）刷涂法的特点

刷涂法的优点是节省油漆，工具简单，施工方便，易于掌握，对各种油漆均适用，没有基层限制。缺点是劳动强度大，效率低，不适合快干性油漆，容易产生刷痕、流挂和涂刷不均等现象。

（2）涂刷时的注意事项

1）刷浸漆不应超过毛长的一半，刷毛根不能沾上漆，以免漆刷变形。刷毛要理顺，含油要适中，既保证刷后不流淌也要确保刷痕不明显。

2）应注意油漆黏度，可加入适量的稀释剂调节。

3）应注意涂刷的方向。涂垂直表面应由上向下进行；涂水平表面应按光线照射的方向进行；涂木材表面应顺木纹进行。应确保先刷的部位不被后面工序所污染。

4）应掌握好漆刷的用力大小，使漆膜厚度均匀适中，过厚容易起皱，过薄则会露底。

5）如果施工短期中断，要把漆刷棕毛垂直悬挂，并放进液体，保证不干。施工完成后应洗净漆刷。

2．滚涂法

滚涂法是用辊子蘸漆涂刷基层表面的施工方法，是较大面积的平面施工时常用的施工方法。施工用的辊子大体上可以分为用于涂黏度较低漆种的刷辊（毛辊）和用于高黏度漆种厚涂的布料辊（海绵辊），在厚质漆膜未完全干燥以前涂饰最后一层时可以用能滚出花样的花样辊。

（1）滚涂法的特点

滚涂法的优点是施工方便，效率高，易于掌握，不容易产生刷痕和不均匀等现象。用这种施工方法可以涂饰出丰富的样式，也可避免漆料飞溅散失而污染环境。

（2）涂刷时的注意事项

1）选择刷毛长度适当的辊筒，漆料不能堆积在辊筒末端。

2）将蘸取漆液的毛辊按H或W方式运动，贴近基层表面均匀涂敷。

3）涂刷顺序是从顶棚边缘或墙角开始向下滚涂，对于毛辊涂不到的部位要用刷子补刷。

4）最后一遍漆应用蘸取少量漆液或不蘸取漆液的毛辊满滚，使漆液在基层上均匀展开。

3．喷涂法

喷涂法是利用压缩空气产生的压力将油漆喷涂于基层表面的机械化施工方法。施工工具为适用于一般液漆和含有粗骨料油漆的单斗或双斗喷枪。喷枪喷嘴直径为4～8mm，装有自动压力控制器的空气压缩机（压力宜控制在0.4～0.8MPa范围内，排气量可选0.6m^3/mm）、高压胶管（规格可为外径15mm、内径8mm）和料勺。根据施工处理手段的不同可以形成丰富的肌理效果和不同颜色及大小颗粒的叠加效果。

（1）喷涂法的特点

喷涂法的优点是喷涂设备容易操作，涂装效率高、漆膜均匀。缺点是喷涂前必须将油漆按比例调节到适宜的黏度；成膜较薄，需经多次喷涂；漆的渗透性和附着力稍差；喷涂时会扩散漆料，对人体和环境有害，所以要注意通风，保证安全。

（2）涂刷时的注意事项

1）喷涂时喷枪口要与基层垂直，距离宜在40～60cm左右。

2）将不喷涂部位进行遮挡，检查并调整喷枪的喷嘴，将压力控制在所需要范围内。

3）喷涂时手握喷枪要稳，喷枪有规律地匀速平行移动。

4）每行喷涂重叠时，搭界宽度应保持在喷涂宽度的1/3，以防颜色不均匀，产生条纹和斑痕。

5）注意分格线两边颜色一致、厚薄均匀，且要防止漏喷和流淌。

4．抹涂法

抹涂法是将漆抹涂成薄层饰面，形成硬度高，类似汉白玉、大理石等天然石材饰面的施工方法。这种方法工艺要求严格，窗门口部位的阴阳角更是要抹涂垂直、美观。施涂工具为各种型号的抹具。

（1）抹涂法的特点

操作技术性强，装饰效果好。

（2）涂刷时的注意事项

1）抹涂顺序一般由上而下依次平行抹涂，抹涂一面墙要一气呵成。

2）一般抹涂每面层厚度约1.5～2.5mm。

3）抹子必须用不锈钢或硬塑料制作，以免饰面留下锈色。

4）抹子抹面时要求方式、顺序一致，用力均匀，不宜过大。

5．刮涂法

刮涂法是针对特殊厚浆涂料的施工方式，如地坪漆。刮涂法施涂工具为抹子和刮板。刮涂时要保证漆膜与基层接触紧密，使漆面牢固和光洁。

（1）刮涂法的特点

涂层平整光滑，填充效率高，填充效果好。

（2）涂刷时的注意事项

1）施工时需用专用钢型刮板。

2）基层吸收性强时，应在刮涂前涂封固底漆，以免漆料被基层过多的吸收，影响漆膜的附着力。

3）掌握工具使用倾斜度，用力均匀，保证涂层饱满。

4）刮涂层一次不应过厚，均匀刮涂1.0～1.2mm，避免漆膜开裂和脱落。

5）不宜过多地往反方面批刮，以免漆膜卷皮。

6）选择适当刮涂工具，调整厚漆的稀释度，以确保刷痕不明显。

6．弹涂法

弹涂施工是借助专用的弹涂枪，将油漆弹到基层上的施工方法，可以形成大小、颜色各异，错落排列的圆粒状肌理的彩色饰面。

（1）弹涂法的特点

装饰效果好，对基层的适应性较广，黏结力强。

（2）涂刷时的注意事项

1）每遍油漆不宜太厚，不得流挂。面漆厚度一般为2～3mm。

2）第一遍应至少覆盖70%，最后罩一遍甲基硅醇钠憎水剂。

7. 其他方法

除上述方法外还有海绵涂刷法、布涂法、色洗法、印花法和拖拽法等艺术处理手法。

（1）海绵涂刷法

海绵涂刷法分为海绵上色法和海绵脱色法。海绵上色法是用漆刷将油漆涂在潮湿的海绵上，同时用干净的抹布将过量的涂料抹去。轻轻且快速地将漆抹在已涂有背景色的干燥墙面上。涂时应保持各涂块衔接均匀。海绵脱色法是把已滚刷好的墙面用湿润的海绵快速且轻微地沾掉部分未干油漆，如图9-12所示。

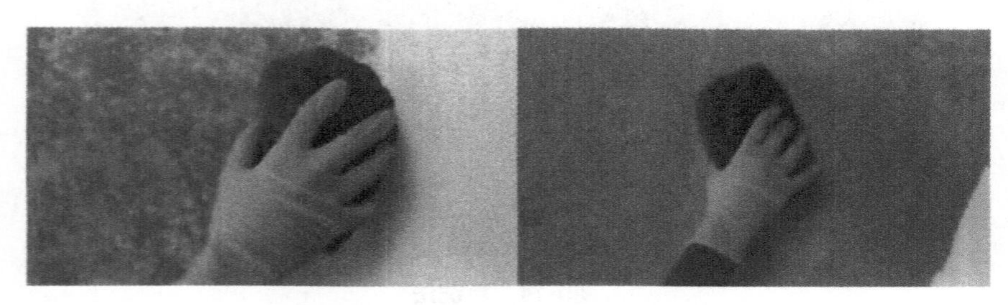

图9-12　海绵上色法及海绵脱色法

（2）布涂法

布涂法分为布涂上色法和布涂脱色法。布涂上色法是指用湿布蘸取油漆，并拧出过多的漆。不必展开抹布，沿墙面轻拍从而形成不规则花纹。涂时应保持各涂块衔接均匀，避免局部留下痕迹。布涂脱色法即用抹布将墙面已有油漆部分沾掉，形成不规则花纹，如图9-13所示。

图9-13　布涂上色法和布涂脱色法

（3）色洗法

色洗法是三种不同颜色的混合搭配。背景色一般为浅色，中间色为中等深度的色彩，最后一色为较深色。应根据色彩及图案效果，用漆刷和抹布等将漆涂于背景颜色上，形成肌理效果，如图9-14所示。

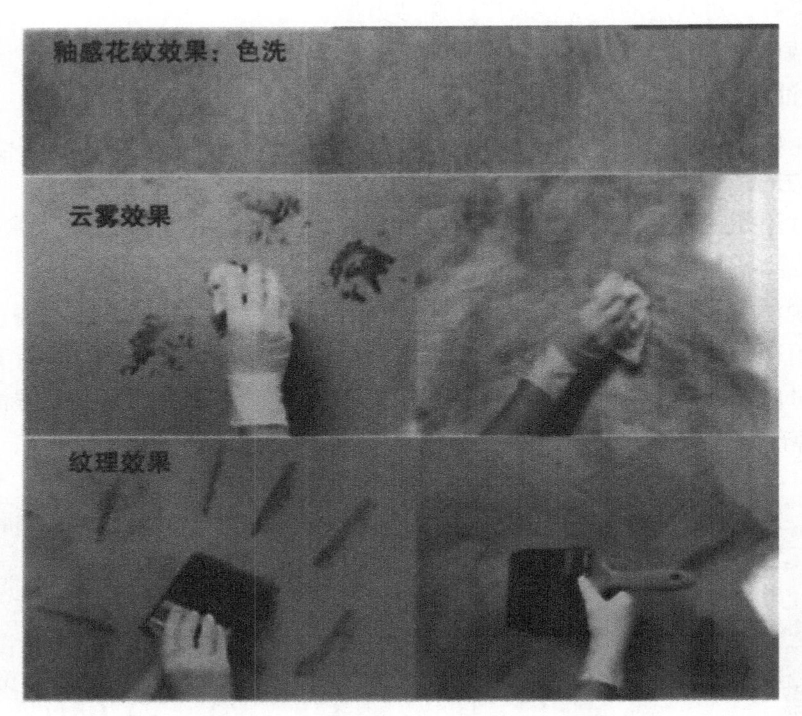

图9-14　色洗法

（4）印花法

印花法是指在已经涂好并干燥的墙面上滚涂色漆，用揉搓好的塑料布覆盖在未干的色漆表面，用刷子轻轻向外扫，以形成纹理。每涂刷一块时，应注意与上一块有所重叠，保证衔接均匀，如图9-15所示。

图9-15　印花法

（5）拖拽法

拖拽法是指在已涂有背景色的干燥墙面上涂色漆，之后用干漆刷，保持一定角度在未干漆面上轻轻扫出均匀纹理。可水平扫结合垂直扫，以达到理想的效果，如图9-16所示。

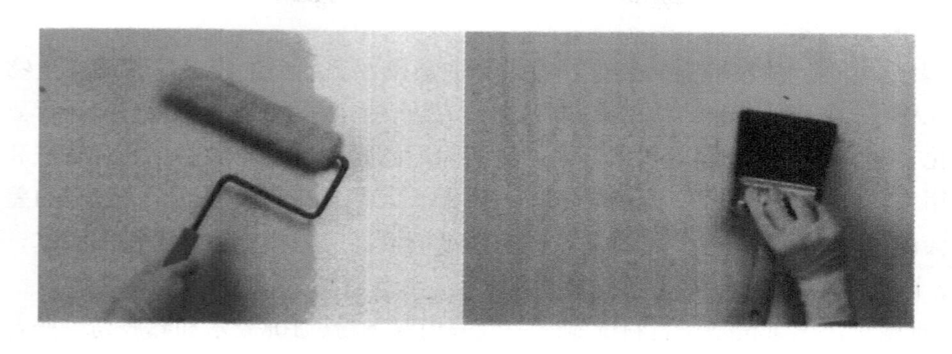

图9-16　拖拽法

9.7.2　建筑漆的施工工艺

涂饰工程质量的优劣，首先取决于油漆本身质量的好坏。油漆的各项性能指标必须符合国家规定标准，产品要有合格证书和性能检测报告。另外工程质量还取决于施工工艺及施工工具的质量。只有把施工过程中的每一个环节做好，才能取得最终的理想效果。

1．内墙漆和顶面漆

（1）施工条件

建筑漆的施工环境通常为施工时当地的气象条件，环境会影响油漆成膜的质量。具体来说，内墙漆施工和保养温度应高于5℃，湿度低于85%，以保证成膜良好。一般内墙漆的保养时间为7天（25℃ ），低温应适当延长。室内要保证良好的通风，避免在灰尘大的环境下施工。

（2）工艺流程

基层处理→第一遍满刮腻子→干燥、抹灰面打磨→第二遍满刮腻子→干燥、抹灰面打磨→涂刷封固底漆→第一遍涂刷乳胶漆→干燥、抹灰面打磨→第二遍涂刷乳胶漆。

（3）施工工具

油漆施工工具主要包括各型号刷子、刷辊、海绵辊、花样辊、喷枪、弹涂枪和各类基层清理清除工具等，如图9-17所示。

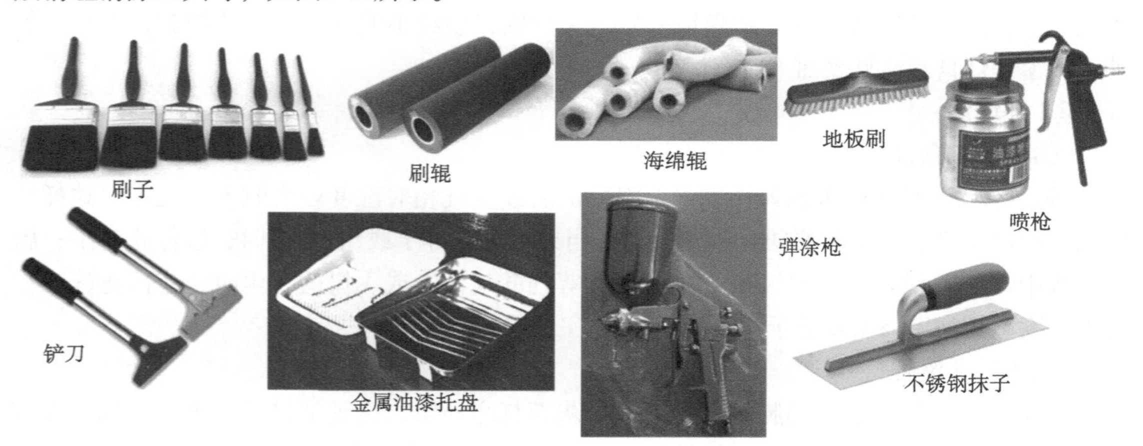

图9-17　施工工具

（4）施工方法

1）基层处理。清理墙面的灰尘、残浆和油渍以及旧墙面的渗碱和霉菌滋生物。墙面要保证无粉化松脱物。如旧墙原有涂层完好，清洁表面后可按工艺步骤直接进行。如旧涂层有粉化、起泡、开裂或剥落现象，需彻底清除旧漆膜后再重新涂刷。凡有缺棱和吊角之处，应用水泥砂浆修补平整。基层要求有八成干，太湿会造成涂层迟干，遮盖力差，涂层结膜后会出现水渍或色泽不一致现象。贴有墙纸的墙面应先撕掉墙纸，洗去胶水，晾干后再施工；而玻璃纤维表面，可直接涂刷面漆。

2）批腻子。腻子按基层材料配制，一般采用双飞粉、108胶水和熟胶粉等按合理比例调制。基层表面的缝隙、孔眼、麻面和塌陷不平处，用腻子进行刮涂，批腻子施工要求抹灰面密实平整。要注意的是批腻子时宜薄批而不宜厚刷。

3）干燥、打磨。墙面和顶棚批腻子后，应干燥12h，待其干燥后用400#砂纸打磨腻子表面，磨平凸出部位，修补凹陷。

4）涂刷封固底漆。涂刷顺序为先顶棚后墙面，涂刷时应连续迅速操作，一次刷完。涂刷时应均匀，不能有漏刷和流挂等现象。封固底漆可有效地封固墙面，形成耐碱防霉的漆膜以保护墙壁。其附着力强，可防止乳胶漆咬底和龟裂。

5）涂刷面漆。涂刷顺序为先顶棚后墙面。第一遍涂刷干后用砂纸打磨，将腻子灰扫干净，再涂刷第二遍。刷时要注意接槎严密，一面墙应一气呵成，以免色泽不一致。

（5）工序衔接

1）施工前，门、窗边框，踢脚板和玻璃等都要粘纸予以保护，防止污染。

2）应对已完成的地面石材、瓷砖面进行保护，以防止对成品造成污染。

（6）注意要领

在涂层成膜前应注意保护，避免影响漆膜质量。涂刷时要注意油漆的正确使用方法及保存方法，严格执行各项安全要求。

（7）验收

油漆毕竟是半成品，只有质量好的油漆加上合理的施工工艺才能达到预期目的及理想效果，所以验收必不可少。首先，室内漆不应有掉粉、起皮、漏刷、透底、泛碱、返锈、咬底、流挂或起疙瘩等现象。颜色应一致，无砂眼，刷纹不明显，漆膜要细腻、平整。另外，门窗、灯具和洁具表面不应有污迹。

2．外墙漆

（1）施工条件

外墙漆施工时必须考虑天气因素，降雨前后或空气相对湿度较大时不应施工，这样才能保证基层干燥；施工时要防止阳光直射；当风力级别等于或超过4级时，应停止施工；施工过程中，如发现有特殊的气味（SO_2或H_2S等强酸气体）或飞扬的灰尘时，应停止施工；施工温度不能高于35℃或低于5℃，以确保施工质量。

（2）工艺流程

基层处理→第一遍满刮腻子→干燥、抹灰面打磨→第二遍满刮腻子→干燥、抹灰面打磨→涂刷封固底漆→第一遍涂刷外墙漆→干燥、抹灰面打磨→第二遍涂刷外墙漆。

（3）施工工具　如图9-17所示。

（4）施工方法

1）基层处理。清理墙面的灰尘、泥土、白霜、脱膜剂、残浆和油渍，旧的腻子层或旧的漆膜如有疏松、起壳、裂纹、粉化、渗碱和霉菌滋生物等应全部铲除并清除干净。墙面基层要保证坚实牢固，不应有起砂、裂缝和疏松等缺陷，平整而不宜太光滑。凡有缺棱、吊角和裂缝之处，应用水泥砂浆修补平整，保证无松脱物和无空鼓处等。新的水泥砂浆和混凝土外墙经充分干燥后根据需要可刷抗碱底漆。基层表面处理好后应尽快涂刷油漆以免重新污染。

2）批腻子。腻子按基层材料使用专门外墙腻子，腻子采用防水型白乳胶配制，配合比为白水泥：白乳胶：水=5：1：1，不能用内墙腻子代替。基层表面的缝隙、孔眼、麻面和塌陷不平处，用腻子进行刮涂，批腻子施工要求抹灰面密实平整。第一遍批刮腻子时应尽可能厚批，使其填充好裂缝及修补处；作业时保证批刮平整，减少刮痕和接痕。

3）干燥、打磨。墙面批腻子后，至少干燥6h，待其干燥后用200#～400#砂纸打磨腻子表面，磨平凸出部位、修补凹陷。打磨后腻子表面应平整密实。

4）涂刷封固底漆。涂刷顺序为自上而下，涂刷时应连续迅速操作，先细部，后大面。涂刷时应均匀，不能有漏刷和流挂等现象。封固底漆可有效地封固墙面，形成耐碱防霉的漆膜以保护墙壁，其附着力强，可防止漆咬底龟裂。

5）涂刷面漆。按10%～20%的配比稀释，以保证漆膜的有效厚度。施工时要自上而下均匀涂装，避免流挂和产生色差等现象。严格要求张贴分色线，避免产生接痕。采用辊筒滚涂或无气喷涂均可。第一遍涂刷干后用砂纸打磨，将灰扫干净，再涂刷第二遍。刷时要注意接槎严密，以免色泽不一致。

（5）工序衔接

1）施工中，门、窗边框和玻璃等都应保护好，尽量防止污染。

2）利用墙面拐角、装饰分格线、落水管背后进行分区，一个分区内的墙面或一个独立墙体应一次施涂完毕。

（6）注意事项

在抓好质量的同时，更要杜绝安全事故的发生。施工监理人员应负责施工现场人员的安全，禁止工作人员垂直作业，保证无疲劳作业，以排除各种安全隐患。施工后应保证现场整洁。

（7）验收

室外涂装验收可参照《建筑外墙涂料施工与验收规程》。首先，室外涂装无大面积透底、流挂和皱皮，应平整、光滑均匀一致；应在漆膜实干后，通过目测或手感，确保无大面分色楞，分色装饰线应在5m的长度内检查，达到颜色一致，刷纹通顺；不允许有脱皮、漏刷和泛锈现象。

3．地面漆

（1）工艺流程

基层处理→涂刷封固底漆→第一遍满刮腻子→干燥、抹灰面打磨、修整→第二遍满刮腻子→干燥、抹灰面打磨、修整→第一遍涂刷地面漆→干燥、打磨、修整→第二遍涂刷地面漆。

（2）施工工具　如图9-17所示。

（3）施工方法

1）基层处理　清理地表的灰尘、残浆和油渍以及旧漆及黏附垃圾。地表孔洞及明显缺陷之处应修补平整并用水泥砂浆找平地面。平整地面允许空隙为2～2.5mm，含水率要小于6%，pH值为6～8。

2）涂刷封固底漆　地面封固底漆采用高压喷涂或滚涂法施工，局部涂饰不到的地方用刷子补刷。涂刷时应连续快速，用量以达到漆面饱和为准。封固底漆渗透到基层增强了涂层与基层的附着力。

3）批腻子　底漆干燥后满批或局部批刮，以弥补地面缝隙、孔眼、麻面处。抹灰前要充分搅拌腻子，使其均匀。批刮施工要求抹灰面密实平整，以增强地面的平整度、耐磨性及抗压性。

4）干燥、打磨、修整　地坪漆用腻子一般在25℃环境下4小时后可干燥。待干燥后用砂纸打磨面层，磨平突出部位，直至抹灰面平整为止。如有麻面和裂缝缺陷，腻子或面漆应先进行修补再打磨。

5）涂刷地坪漆。待基层表面修补、打磨和清洁后，均匀涂饰地坪漆，可采用刷涂、批刮和喷涂等涂饰方法。

涂第一遍漆后如发现问题仍需要修补或面层找平。面层如存在气泡应用消泡刷轻刷，最后让其自行流平即可。

（4）注意事项

1）施工环境温度应高于5℃，相对湿度低于85%。

2）施工现场10m内严禁明火。

3）在涂层成膜前要注意保护，严禁蹬踩，以防污染。

（5）验收

漆膜无表面颜色不一致、接槎、漏涂和透底等现象。不涂饰面应保持清洁。

4．裂纹漆

裂纹漆以其独特的装饰效果，得到广大用户的青睐。但它的施工方法不同于一般常用油漆。裂纹漆的成纹原理是由于漆本身粉性含量高，溶剂挥发性大，使得它收缩性大，柔韧性小，喷涂后内部产生高强度拉扯作用，形成均匀的裂纹图案。

（1）裂纹漆工艺流程

基层处理→涂硝基封闭底漆（1～2遍）或白色硝基手扫漆（2～3遍）→干燥、打磨→涂硝基白（或有色）底漆（2～3遍）或铝粉、珠光粉、金粉等有色底漆（1～2遍）→干燥、打磨→刷裂纹面漆→干燥、打磨→涂刷罩面漆。

（2）施工工具　如图9-17所示。

（3）施工方法

1）基层处理。与一般墙面及木器基层处理要求标准一致。

2）涂刷封固底漆。裂纹漆封固底漆多采用喷涂法施工。涂刷时应均匀，不能有漏刷和流挂等现象。裂纹漆的封固底漆采用专用的硝基封闭底漆。

3）涂刷有色底漆。底漆可采用同厂生产的配套硝基白（或有色）底漆，也可以用铝粉、珠光粉或金粉等打有色底漆，但用后者打底之前要涂刷白色硝基手扫漆。底漆与面漆二者颜色反差越大，裂纹效果越好。

4）干燥、打磨。裂纹漆干燥速度快，漆膜一般在25℃环境下6h后就可干燥。待封闭底漆干燥后用400#砂纸打磨面层，磨平突出部位。裂纹效果成形且漆膜干燥后要用600#砂纸打磨。

5）涂刷裂纹面漆。在已涂刷好的干燥底漆上均匀地喷涂裂纹漆，大约30～50min后，由于漆膜内部拉扯作用即可自行露出有色底漆。当然只有在裂纹漆与底漆配合协调的前提下，才能得到很好的花纹和色彩。作业过程中，裂纹面漆的黏度、漆膜的厚度，喷枪的形状、气压和出漆量都会对裂纹大小产生影响。喷涂裂纹面漆时，其黏度要统一，裂纹面漆黏度大、漆膜厚，则裂纹产生的速度慢，裂纹纹理大；反之，裂纹面漆黏度小、漆膜薄，则裂纹产生的速度快，裂纹纹理小。如施工后裂纹效果不佳，可直接在裂纹面漆上重涂底漆（需在清漆罩面工序前），再均匀喷涂裂纹面漆。同一种裂纹漆施工黏度要统一。

6）涂刷罩面漆。裂纹面漆干燥和打磨后要用半亚光、亚光硝基清漆或聚酯漆、聚氨酯漆、双组分PU光油等罩光。清面漆涂装遍数要控制在能达到优质效果时方可停止，但至少应该涂刷两次。

（4）注意事项

在抓好质量的同时，更要杜绝安全事故的发生。施工监理人员应负责施工现场人员的安全，禁止工作人员垂直作业，保证无疲劳作业，以排除各种安全隐患。施工后应保证现场整洁。

1）油漆开罐后，需马上密封，以免挥发、吸潮和变质。漆液现配现用，一经配制，应在4小时内用完。

2）大面积施工前必须先在已喷涂底漆的小样板上喷涂试样。

3）裂纹漆在环境湿度过大、温度过高或过低时均不宜施工，一般以温度25℃，相对湿度75%为佳。气温太低会导致裂纹细小甚至不开裂；气温太高，则裂纹太大。

4）在喷涂过程中纹裂尚未终止前，可在裂纹上再喷，以控制裂纹大小。

5）裂纹漆以喷涂施工效果最佳。喷枪走枪速度、空气压力、间隔距离要一致，并要把握好排气量及出油量，一次不要喷得太厚。

（5）验收

裂纹漆的裂纹要适中，不应太小、太大或裂纹面不开裂；漆膜无皱皮、起皮和剥落等现象。不涂刷裂纹漆的墙面要保持清洁，不被污染。

5．特种功能漆

（1）防水漆施工方法

这种油漆的施工方法与一般建筑漆涂刷方法基本相同，但要注意以下几点：

1）基层接缝、节点部位要用密封胶封闭。

2）应确保漆膜厚度均匀，达到漆膜防水层的施工质量，但第一次涂刷厚度不宜过厚，应保证在1mm左右。

3）防水膜之上要加附覆盖层，并在两层之间满涂一层0.15mm以上的聚乙烯漆膜，以防覆盖层破裂而破坏防水层。

（2）防火漆施工方法

防火漆施工方法与一般建筑油漆的施工方法基本相同。一般采用喷涂、刷涂和滚涂施工，涂覆量为$500g/mm^2$。

施工中注意事项如下。

1）防火漆在储存和运输存放过程中要保证干燥、通风、防雨和防潮。

2）防火漆施工时要注意防冻。

3）防火漆膜初期强度较低，应防止强烈震动和碰撞等，以免损坏漆膜。

（3）防毒漆施工方法

防毒漆施工方法与一般建筑油漆的施工方法基本相同。但需要注意以下几点。

1）基层要经过杀菌处理，彻底清除毒斑，以防霉菌孢子生长。

2）批腻子时要采用防毒腻子。

3）要用配套防毒底漆封底。

（4）抗静电漆施工方法

抗静电漆施工方法与一般建筑油漆的施工方法基本相同。一般采用喷涂、刷涂和滚涂。但需要注意的是：施工验收时除了要符合一般油漆验收标准外，还特别要检查漆膜的表面电阻，其值必须符合防静电的要求，在$10^6\sim10^9$之间。另外，施工现场应注意通风。

（5）耐高温漆施工方法

耐高温漆施工方法与一般建筑油漆的施工方法基本相同。一般采用无气喷涂、空气喷涂或刷涂。但需要注意的是：施工时基层温度必须高于露点以上3℃，但不得高于60℃；涂覆用量为$120g/m^2$。

（6）防锈漆施工方法

防锈漆施工方法与一般建筑油漆的施工方法基本相同。但要注意的是基层处理时应彻底清除已锈漆膜。

6. 木器漆

木器漆施工工艺分为清漆和混色漆施工。

（1）清漆工艺流程

木器表面处理→第一遍满批透明腻子→干燥、抹灰面打磨→第二遍满批透明腻子→干燥、抹灰面打磨→刷清漆封

（2）施工方法

1）基层处理。与一般墙面及木器基层处理要求标准基本一致。要求基层平整、光滑、无灰尘、无油污、无裂纹、无空鼓、无缺角和吊角、无返碱现象。含水率要小于10%。

2）涂刷封固底漆。金属漆封固底漆多采用滚涂法施工。应采用专用金属漆底漆进行施工，以增强墙体与面涂的黏结力和抗碱功能。涂刷时应均匀，不能有漏刷和流挂等现象。

3）批腻子。按基层选用专用腻子进行批刮，修补局部细缝和塌陷处；基层整体批刮，抹灰层要平整、细致。

4）干燥、打磨。金属漆底漆漆膜一般在25℃环境下1 2h后可干燥。待干燥后用400#砂纸打磨面层，磨平突出部位，直至表面平整为止。

5）涂刷金属漆。在已涂刷好的干燥底漆上均匀地喷涂或弹涂金属漆并进行复层效果处理。

6）涂刷罩面漆。金属漆面干燥后（至少12h），用专用喷枪连续喷涂无色透明罩面漆。要求漆膜平整、厚度均匀，无漏喷。涂刷遍数要控制在能达到优质效果时方可停止，但至少应该涂刷两次。

（3）注意事项

1）在施工中，应对门窗及不施工部位进行遮挡保护。

2）严禁从下往上施工，以免造成颜色污染。

3）在涂层成膜前要注意保护，以防污染。

（4）验收

漆膜无表面颜色和造型不一致、掉粉、接槎、漏涂、透底、流挂、起皮和剥落等现象。不需要涂刷金属漆面的地方要保持清洁，不被污染。

7．常见施工问题及处理措施

在涂装过程中，难免会遇到问题。其中一些问题会在涂装后立即出现而另一些问题则随着时间的推移才会慢慢显现出来，比如咬底、薄皮剥落或起皮、流挂等。涂装中常见问题见表9-2。

表9-2 涂装中常见问题及解决办法

问题名称	成　　因	解决办法
流挂	油漆黏度过低，稀释比例过大，边线、转角上漆过多；漆膜一次性涂刷太厚；冬季低温施工，受雨雾以及露水浸湿	待干燥后，用砂纸打磨，再涂刷一遍面漆，涂抹均匀，一般膜厚在20~25μm为宜。应在温度5℃以上，湿度80%以下施工。注意减少油漆稀释比例，清除边角线多余的油漆
发黑	潮气从墙体渗透进来，油漆封死后潮气又无法向外散发	刮去痕迹，磨去结节，干后重新涂刷
皱纹	油漆质量差，催干剂过多，溶剂挥发太快；油漆太稠，涂刷过厚或不均匀；环境温度过高；第一层油漆未干就涂刷第二层	应刮去皱纹漆膜并重新涂刷油漆。选用合格油漆，不得随意加入催干剂，严格控制油漆黏度。涂刷要均匀，厚薄一致
砂砾	基层未处理干净；油漆中含有杂质，使砂砾包于漆膜	用细砂纸轻磨并重涂
起疤	表面未处理好	除去原漆（若有缝隙则先填补），打底子，涂底漆后再涂油漆
涂覆不均匀	材料质量差，漆液有杂质，漆液过稠	最后一遍面漆涂刷前，漆液应过滤后使用。漆液不能过稠，发生涂层不平滑时，用细砂纸打磨光滑后，再涂刷一遍面漆

（续）

问题名称	成　因	解决办法
裂纹	基层未处理干净就上漆，两层油漆不相容，油漆附着力差，一次涂刷过厚或不均匀	刮去原漆重新清理基层后重涂。确保两层油漆相容且稠度适中，黏结性强。涂刷要均匀，每次不可太厚
黑点	基层未处理干净、油漆中含杂质	抹去黑点并修饰，干燥后打磨及重涂
起泡	基层处理不当，底材潮湿且疏松；施工时环境湿度过大；腻子耐水性差；涂层过厚	使用前要搅拌均匀，掌握好漆液的稠度，将起泡、脱皮处清理干净；若有缝隙则先用107胶水修补，再涂刷一遍面漆
反碱、掉粉	基层碱性太大或基层未干燥就潮湿施工；未刷封固底漆或油漆过稀	检查是否有水渗漏等现象，或除去原漆，待基层干透后重涂。施工中必须用封固底漆先刷一遍，特别是对新墙，面漆的稠度要合适，白色墙面应稍稠些
透底	涂刷时油漆过稀、次数不够或材料质量差	应增加面漆的涂刷次数，以达到墙面要求的涂刷标准
咬底	底漆和面漆不配套，使面漆漆膜出现膨胀、收缩、移位，甚至底层漆膜失去附着力；涂层未干透就涂下一遍；在涂装下一遍漆时，采用了过强的稀释剂或漆膜过厚	清理咬底部位漆膜，按油漆配套原则进行涂装。涂装时应选用适当的稀释剂，用量不能超过总油漆量的5%。前一遍涂刷形成的漆膜不能受到后一遍油漆中所用溶剂的侵蚀。也就是说，不能在底层用弱极性稀释剂，上层涂料采用强极性溶剂。第一遍涂装要较薄，待彻底干燥后再涂第二遍
变色、褪色	基层pH值高；含水率过大；油漆耐候性差或受紫外线长期照射而变色；基底碱性渗出，破坏漆膜中的颜料；深色漆膜出现掉粉现象使墙面颜色变浅	选用质量好的腻子和封固底漆，以保证墙面基底碱性符合施工要求。最好选用较暗的漆色，会有较好的耐候性和抗碱性
泛黄、发花	基层碱性过大并夹杂有色物质，有水迹渗漏，油漆本身有浮色	清理基层，确保无污染物，除去已碱化的漆膜，并涂封固底漆。施工前应充分搅拌油漆
起粉	油漆稀释过量，涂层被砂纸打过后未清理，有其他粉尘吸附在涂层表面	彻底清理基层，确保油漆厚度，除去已起粉漆膜，重新涂饰
薄片状剥落、起皮、剥落	基层表面未清除干净，基层疏松引起粉化，导致油漆附着力差；基层未干燥就施工；漆膜初期受冻	应彻底清除基层表面杂物，铲除松动不牢固的基层并修补，重涂刷油漆。严禁低温施工
木纹不清晰	油漆存放时间太长，操作前没有搅拌均匀，涂刷施工方法不规范	清漆使用前应充分搅拌，使其均匀一致。根据木材种类选择恰当的处理方式和涂刷方法
龟裂	在弹性漆上使用非弹性的面漆，上层漆膜未干透就继续涂刷下一遍，涂层的自然老化，施工时温度过低	清除旧漆膜，打磨表面，重涂刷油漆

第10章 织物装饰材料及施工工艺

织物装饰材料有着质地柔韧和富有弹性的特质，被人们广泛应用于墙布、地毯、窗帘、家具及器具披覆等，这样装饰后的家居空间及室内公共空间更具温馨和豪华感，如图10-1所示，同时某种方面也节省了人们的维护费用与时间。

图10-1　织物装饰的办公及居家效果

10.1　装饰织物的基础概述

10.1.1　装饰织物的基础

装饰织物产品按其使用环境和用途分类，可分为墙面装饰织物、地面铺设装饰织物、窗帘帷幔、家具披覆织物、床上用品、卫生盥洗织物、餐厨用纺织物品与装饰织物工艺品八类。

1．墙面装饰织物

墙面装饰织物主要是指装饰墙布。墙布具有吸声、隔热和改善室内空间感受的作用。常见的装饰墙布有织物壁纸、玻璃纤维印花墙布和无纺墙布等。

2．地面铺设装饰织物

地面铺设装饰织物主要指的是地毯。地毯具有吸声、吸尘、保温、行走舒适和美化空间等作用。地毯种类很多，按编织手法主要有手工地毯和机织地毯两大类。

3．窗帘帷幔

作为室内空间装饰必备品，窗帘帷幔可起到调节室内色彩、遮蔽光线和分割室内空间等作用。根据形式，窗帘帷幔主要分为成品窗帘和布艺窗帘两种。成品窗帘包括卷帘、折帘、垂直帘和百叶帘。常用的布艺窗帘有薄型窗纱，中、厚型织布窗帘。

4．家具披覆织物

家具披覆织物是覆盖于家具之上，起到保护及美化作用的织物。主要包括沙发套、椅套、坐垫、靠垫、台布和器皿垫等。

5．床上用品

床上用品除了具有舒适、保暖等实用功能外，对营造整个室内空间氛围有着重要的作用。床上用品主要包括床单、被子、被套、枕套和毛毯等织物。

6．卫生盥洗织物

卫生盥洗织物以巾类为主，有毛巾、浴巾、浴衣和浴帘等。其特征是柔软、舒适、吸湿及保暖。

7．餐厨用纺织物品

餐厨用纺织物品在注重实用性能与卫生性能的同时，其装饰效果也是不可忽视的。一般包括餐巾、方巾、围裙和餐具存放袋等。

8．装饰织物工艺品

装饰织物工艺品是用各种纤维编结而成的艺术品，主要用于装饰墙面。常见装饰织物工艺品有挂毯和壁挂等。

另外，装饰织物从原料上可分为天然纤维和化学纤维两类。这两类纤维各有特性。天然纤维又分为动物纤维和植物纤维，包括毛、麻、丝、棉和纸。化学纤维又分为合成纤维和各种人造纤维。合成纤维包括聚酯纤维（涤纶）、铜氨纤维（氨纶）、聚丙烯腈（腈纶）、聚丙烯（丙纶）和尼龙纤维（锦纶）。人造纤维包括人造棉、人造丝、人造毛等。

（1）天然纤维

1）毛纤维即动物毛，主要指绵羊身上卷曲的毛和山羊身上直状的毛，商业上简称为呢绒，如图10-2所示。它们细软而富有弹性，缩绒性好，可塑性强，便于染色和编织。毛织物给人温暖、厚重的感觉，但易虫蛀。

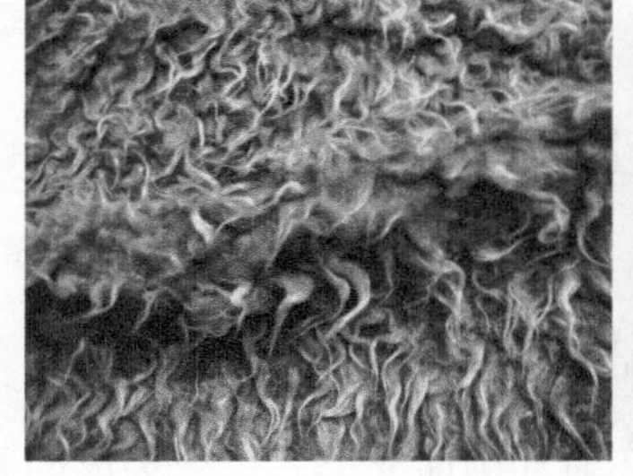
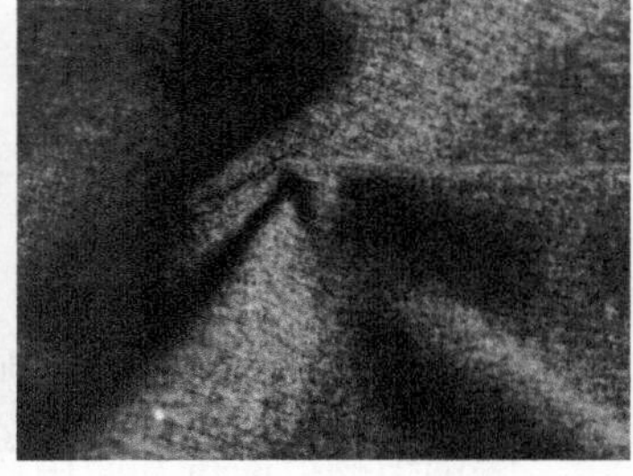

图10-2　毛织物

2） 麻纤维是从麻类植物中提取的，具有耐磨性强、吸湿性好、干燥快、抗霉菌性良好和刚性好等特点，其强度居天然纤维之首，如图10-3所示。它对碱、酸都不太敏感。凭借它的凉爽透湿性能和织物形成的粗犷的艺术

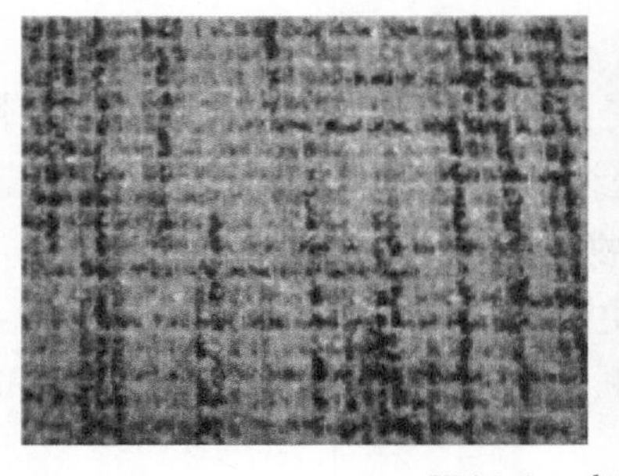

图10-3　麻织物

效果，为大众所青睐。麻类织物品种较少，主要有苎麻织物、亚麻织物、黄麻布、剑麻布、蕉麻布及一些麻混纺织物。

3）丝纤维是一种高档的织物材料，具有高贵、华丽、光滑和细腻的特点，如图10-4所示。丝可分为桑蚕丝、柞蚕丝和绢丝。桑蚕丝在天然纤维中最长最细，大多为白色，光泽良好，手感柔软而光滑细腻，手摸有冷凉感，在干燥和湿润状态下拉断蚕丝，所用的力无明显区别。但其耐光性差，常暴露于日光下会变黄。柞蚕丝手感柔软而具弹性（比桑蚕丝略粗），具有天然的黄褐色。其耐酸碱性、耐热性、耐湿性和耐光性均优于桑蚕丝，湿润状态下拉断丝，所用的力会明显增加。但其织物缩水率大且生丝不易染色。绢丝是经过绢纺工艺特殊加工而成的真丝织物，质地细腻、柔软、光泽，给人以富贵和华丽的感觉。

图10-4　丝织物

4）棉纤维是棉植物种子上的纤维，商业上简称为棉布。棉纤维从细度和长度上分可分为粗绒棉、细绒棉和长绒棉三类。棉纤维质地柔软，弹性好，但易皱，易污染，如图10-5所示。棉织物按染色方式分为原色棉布、染色棉布、印花棉布和色织棉布；按织物组织结构分为平纹布、斜纹布和缎纹布。

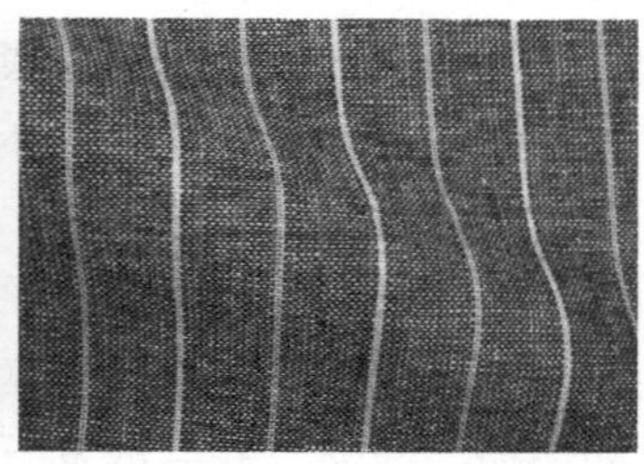

图10-5　棉织物

5）纸纤维作为织物材料，颜色丰富，可视、可触性强，纸质织物别有一番魅力。

（2）化学纤维

1）涤纶纤维织物耐磨性好，仅次于耐磨性最好的锦纶。其耐光性好，仅次于腈纶。具有抗皱性好、耐热性强、弹性好、易洗快干和耐腐蚀等优点。但它吸湿性和染色性较差。涤纶具有优良的定型性能，无论是平挺、蓬松或褶裥等形态，在使用中经多次洗涤，都可经久不变，如图10-6所示。

2）氨纶是一种合成纤维，组成物质含有85%以上组分的聚氨基甲酸酯。氨纶般不单独使用，而是少量地掺入织物中。这种纤维既具有橡胶的性能又具有纤维的性能，又称弹性纤维，如图10-7所示。其延伸性可高达500%～700%，断裂伸长内的伸长恢复率可达到90%以上。它耐

图10-6　涤纶织物

化学降解性和热稳定性，耐日晒，但不耐氧化，易变黄和降低强度。

图10-7 氨纶

3）腈纶国际上称为奥纶和开司米纶。腈纶性能极似羊毛，有人造羊毛之称，以短纤维为主，蓬松卷曲而柔软、易染、色泽丰富，抗菌性、弹性和保暖性都较好，耐热、耐光性能优良，露天暴晒一年，强度下降仅20%，能耐酸、耐氧化剂和一般有机溶剂，但耐碱性较差。腈纶具有的热弹性甚为特殊，如图10-8所示。拉伸后，如遇骤冷则难回缩，但将其处于高温环境下便可以大幅度回缩。

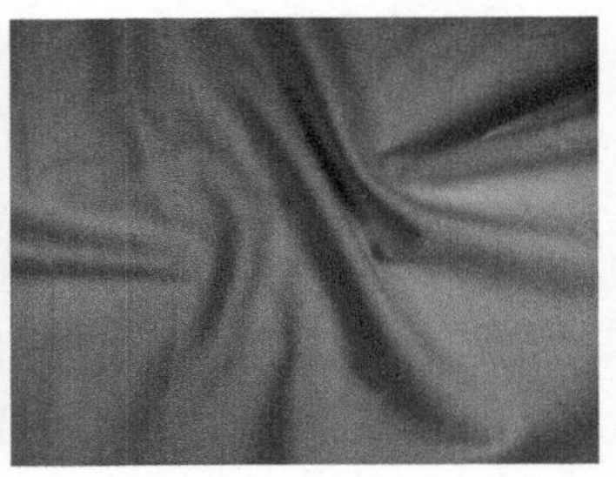

图10-8 腈纶

4）丙纶是用石油精炼的副产物丙烯为原料制得的合成纤维。其原料来源丰富，生产工艺简单，强度高，相对密度小，产品价格低廉，所以发展得很快，如图10-9所示。近火焰即熔缩，易燃，并会散发石油味。它具有良好的耐化学腐蚀性、耐磨性、强伸性、保暖性和电绝缘性，并且吸湿性很小，因此使用较为广泛。但它的染色性、热稳定性和耐光性较差，不耐日晒，易于老化脆损。

5）锦纶国际上多称为尼龙和耐纶，是世界上最早的合成纤维。

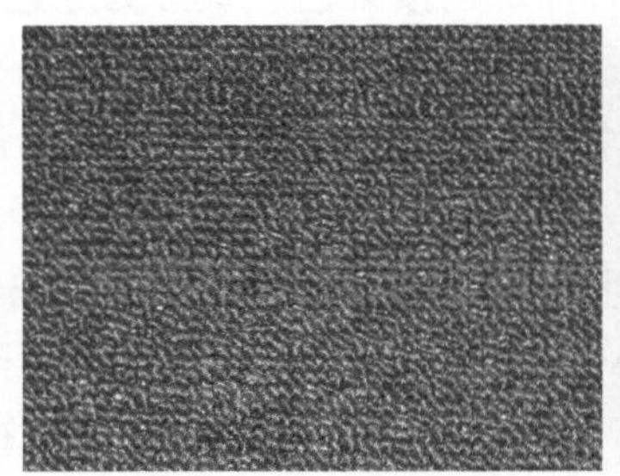

图10-9 丙纶

由于其性能优良，原料资源丰富，一直被广泛使用。锦纶强度高，耐磨性、回弹性好，居所有纤维之首。因此，其耐用性极佳。锦纶吸湿性、耐腐蚀性较好，吸湿性和染色性也都比涤纶好，如图10-10所示。另外，锦纶有热定型特性，能保持住加热时形成的弯曲变形。但其耐碱而不耐酸；通风透气性差，易产生静电；耐热耐光性差，长期暴露在日光下其纤维强度会下降，会产生变黄和变脆现象；锦纶织物的

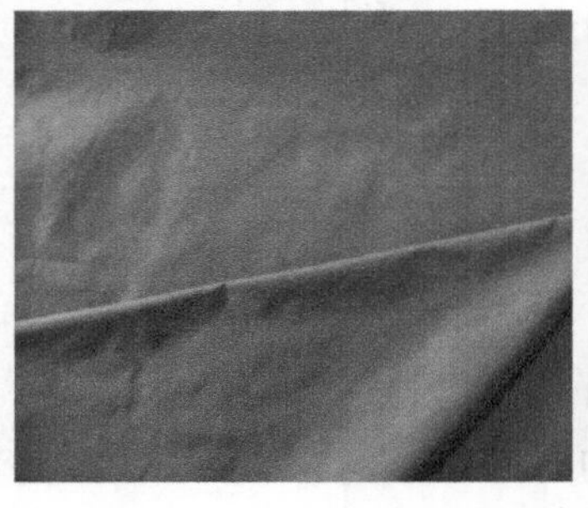

图10-10 尼龙

弹性及弹性恢复性极好，使用过程中易皱折。

（3）混纺化纤织物

混纺化纤织物是棉、毛、丝、麻等天然纤维与其他化学纤维或其他天然纤维混合纺织成的织物。这样可节约天然纤维资源，降低成本，同时也改善了天然纤维织物的性能。

1）棉混纺织物包括涤棉织物，俗称“的确良”，通常采用35%的棉与65%的涤纶混纺；维棉织物，维纶与棉混纺的织物；丙棉织物，丙纶短纤维与棉混纺的织物。

2）毛混纺织物包括毛涤织物，涤纶与羊毛混纺的织物；毛腈织物，腈纶与羊毛混纺的织物；毛粘织物，羊毛与30%左右的人造丝混纺的织物。

3）麻混纺织物包括毛麻织物，采用不同毛麻混纺比例纱织成的各种织物；丝麻织物，丝麻砂洗织物是近年来利用砂洗工艺研发的新型织物，能产生爽而有弹性的手感；麻棉织物，麻棉混纺布一般采用55%的麻与45%的棉或麻、棉各占50%的比例进行混纺；麻与化学纤维混纺织物，包括麻与一种化学纤维混纺的织物、麻与两种以上化纤混纺的织物，如涤麻、维麻织物和“三合一”织物等。

4）丝混纺织物包括仿丝织物，由聚酯复丝混用而制成的织物，具有丝般的柔滑感，有光泽和弹力，且膨松；化纤长丝织物，由各种化学纤维长丝交织的交织绸。这种织物不易起皱，免烫，易洗快干。

10.1.2　装饰织物的性能与应用

市场上织物纤维繁多，鉴别纤维种类及真伪的方法主要有感官鉴别法和燃烧法。感官鉴别法主要是通过眼看和手摸来鉴别纤维织物的光泽、粗细、长度、柔软性、弹性和褶皱等情况。看和摸有时难鉴别织物品种，还是要借助燃烧鉴别法。燃烧法是指剪一块小布条或抽几根纤维点着燃烧，可以根据其纤维燃烧速度、有无收缩及熔融、产生的气味、灰烬颜色和形状来判断。（表10-1）

表10-1　常见织物纤维特征

纤维名称	感官特征	燃烧特征	产品举例
羊毛	纤维粗长，呈卷曲状态，弹性好，有光泽，手感温暖，其织物揉搓时不易出现褶皱	燃烧不快，火焰小，离火即熄灭，燃烧后有蛋白质臭味，灰烬呈卷曲状，黑褐色结晶，膨松易碎	冬装面料、毛毯等
棉	纤维较细而短并天然卷曲，弹性较差，手感柔软，光泽暗淡	燃烧很快，火焰高，呈黄色，能自动蔓延，留下少量柔软的白色或灰色灰烬，不结焦	服装面料
麻	纤维细长，强度大，质地粗糙，缺少弹性与光泽，有冷凉感	燃烧比棉慢，发出黄色烟雾，有烧纸般气味，燃烧时火焰中有爆裂声	夏装面料及窗帘、沙发布等
丝	有光泽而不刺眼，手感柔软，有弹性，揉搓时有嘶鸣声，用水浸湿后手感软强硬并有韧性。揉搓织物，放松后不易出现褶皱	燃烧速度慢，有烧毛发气味，燃后呈黑褐色小球，一压即碎	夏装面料、围巾及窗帘等

（续）

纤维名称	感官特征	燃烧特征	产品举例
涤纶	织物手感挺滑且弹性好。揉搓织物，放松后不易出现褶皱。干、湿时强度无明显差别，柔软程度一般	燃烧时纤维卷缩，熔融再燃烧，火焰呈黄色并冒烟，伴有微弱甜味，灰烬为黑褐色硬块	各类衣料和装饰材料，传送带、帐篷、帆布等，耐酸过滤布、医药工业用布等
氨纶	含氨纶的织物手感柔软，弹性好	近火边熔缩边缓慢燃烧，呈蓝色火焰，离火能继续熔燃，有特殊刺激性臭味，灰烬为软蓬松黑灰	运动服、游泳衣、紧身衣、松紧带类、弹性绷带等
腈纶	织物蓬松性好，手感柔软，有毛料感但有干燥感，色泽不柔和，弹力较低	近火边熔缩边缓慢燃烧，呈白色明亮火焰，略有黑烟和微弱腥味，灰烬为黑褐色硬块	毛绒、毛毯、针织运动服、篷布、窗帘等
丙纶	色泽鲜艳美观，质地轻而保暖，毛感强	近火焰即熔缩及燃烧，火焰明亮，呈蓝色，有略似燃沥青气味，燃烧后灰烬成浅黄褐色，并散发石油味	帆布，冬季服装的絮填料或滑雪服、登山服等
锦纶	织物色泽艳丽，手感柔软丰富有弹性，质地不松不烂，是保暖轻松的毛型织物	近火焰先熔缩后燃烧，离火即自灭，燃烧时略有芹菜味，灰烬为坚硬黄色圆球状	春秋冬季大衣、便服等

一般来说，天然纤维织物光泽自然，柔和淡雅，分布均匀，富有弹性，有重量感，悬垂感强，捏紧织物放松后能自然恢复，并无明显褶痕；人造纤维织物手感光滑硬挺，织物较轻，无悬垂感，弹性较差，捏紧放松后，褶皱多而明显。

10.2 墙面装饰织物

10.2.1 墙面装饰织物的基础

墙面装饰织物是指以纺织物和编织物为面料制成的墙布或壁纸。墙布采用羊毛、丝、棉、麻等天然纤维和涤纶、腈纶等化学纤维为基料，表面涂以树脂，并印以图案，具有美化墙面、增加舒适性和吸声隔声等功能，是一种广泛适用的室内装饰材料。

根据面料不同，墙面装饰织物可分为织物壁纸、玻璃纤维印花墙布、棉纺装饰墙布、化纤装饰墙布及绸缎、丝绒和呢料装饰墙布等。

1．织物壁纸

织物壁纸是一种把已制成的各种样式的织物与木浆基纸贴合形成的一种墙面壁纸。织物壁纸具有无毒、吸声、透气、调湿和防墙面结露长霉等特质，其装饰效果好，已作为一种高级装饰材料在各类室内墙面广泛应用。

（1）纸基织物壁纸是把棉、毛、麻、丝等天然纤维及化学纤维经编织和印染等工序制成的织物与纸基层黏结，从而形成的墙面装饰材料。这种装饰织物形式多样，具有耐日晒、无毒无害、无静电和不反光等特点。纸基织物壁纸的规格、尺寸及施工工艺与一般壁纸相同。通常宽为0.90～0.93m，长度有30m和50m两种规格，如图10-11所示。

图10-11　纸基织物壁纸

（2）植物纤维壁纸是把扁草、竹丝或麻皮条等植物纤维漂白或染色，再与棉线交织后同基纸黏结制成的壁纸。这种壁纸展现了自然、古朴和粗犷的艺术气质。植物纤维壁纸的厚度为0.3 ~ 1.3mm，宽一般为960mm，长多为5.5m、7.32m，如图10-12所示。

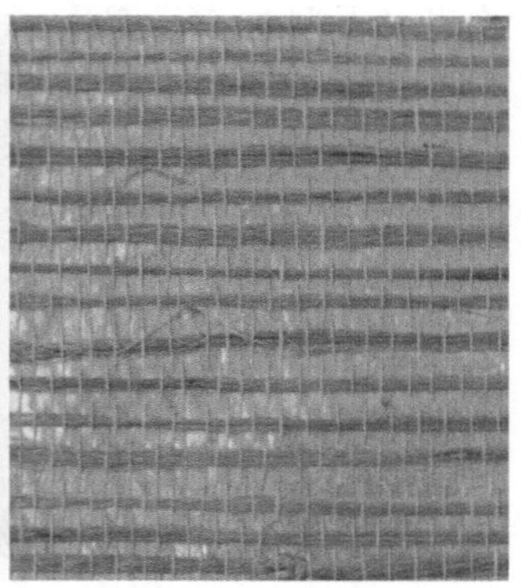

图10-12　植物纤维壁纸

2．玻璃纤维印花墙布

玻璃纤维印花墙布是以中碱玻璃纤维为基材，表面涂以耐磨树脂，再印上彩色图案的装饰墙布。这种墙布色彩鲜艳，具有绝缘、耐腐蚀、耐湿、防火、防水、耐高温和高强度等性能，擦洗容易。玻璃纤维印花墙布的规格通常为厚0.17 ~ 0.20mm，宽850 ~ 900mm。主要适用于各种室内墙面装饰，尤其适用于室内卫生间和浴室等墙面装饰，如图10-13所示。

3．无纺墙布

无纺墙布又称非织造布，是采用棉、麻等天然纤维和涤纶等化学纤维定向或随机排列后，通过印染、摩擦、抱合或黏合等工序制成的一种新型平面结构的墙面装饰贴布制品。这种墙布的特点是柔软、富有弹性、不产生纤维屑、不易折断老化、不退色、韧性强、耐用、有一定的透气性和防潮性，可擦洗且粘贴方便。无纺墙布在环保方面更是具备优势。涤纶无纺贴墙布及麻无纺贴墙布的规格通常为厚0.12 ~ 0.18mm，宽850 ~ 900mm。

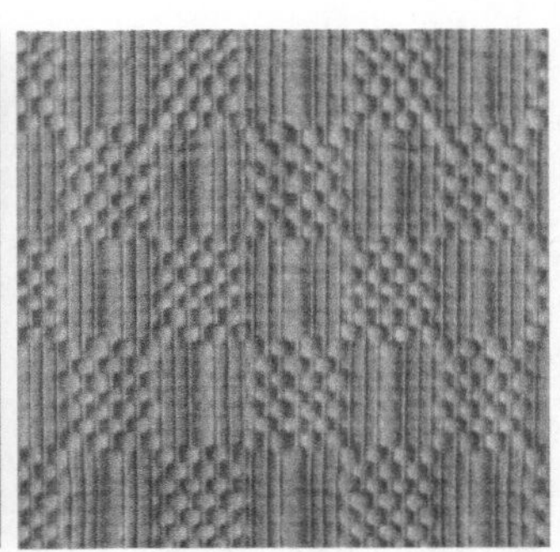

图10-13 玻璃纤维印花墙布

4．棉纺装饰墙布

棉纺装饰墙布是纯棉平布经前处理、印花、涂层制作而成的纤维制品。这种墙布的特点是强度大、静电小、蠕变小、无味、无毒、吸声且花形繁多。主要适用于各种公共建筑及民用住宅的内墙装饰。

5．化纤装饰墙布

化纤装饰墙布是以涤纶、腈纶和丙纶等化学纤维为材料，经处理、印花而成。这种墙布花色品种繁多，具有无毒、无味、透气、防潮、耐磨，无分层等特点。适用于各种建筑的室内装饰。主要规格为厚0.15～0.18mm，宽820～840mm，每卷长50m。

6．绸缎、丝绒、呢料装饰墙布

绸缎、丝绒、呢料等纤维制成的装饰织物常被称为高级装饰墙布。绸缎为中国传统织物，用于裱糊墙面彰显华贵之美，但其施工复杂也不易清洗，所以使用不多。丝绒装饰墙布色彩绚丽，可营造出豪华感。呢料装饰墙布质地厚重，可给人温暖感，吸声和保暖效果极好。这些高级装饰墙布适用于宾馆等公共建筑室内装饰。

10.2.2 墙面装饰织物的特征

（1）平挺性　墙面织物平挺性主要是指反映墙面织物缩率的性能。这个性能直接影响到裱贴施工的效果。无缩率或缩率较小的墙面织物，平挺性好，不易弯曲变形，容易保持尺寸大小。同时，墙布的密度也会影响装饰效果。若织物密度过小，看似稀疏单薄，施工过程中使用的黏合剂容易渗透到织物表面，形成色斑。

（2）粘贴性　墙面织物粘贴性主要是指墙面织物粘贴后表面平整，粘结牢固，无翘起和剥离现象的性能。同时要求更换墙布时，又能剥离方便，易于清除。

（3）耐污性　墙面织物耐污性主要是指墙面织物抗拒空气中灰尘、细菌和微生物侵蚀的能力。性能好的墙面织物能保持清洁，不易发霉；有些墙布经过拒水和拒油处理后，不易沾尘，去污也方便，使用寿命长。

（4）耐光性　墙面织物耐光性主要是指墙面织物经受长时间阳光照射后，抑制织物出现老化、褪色或织物的牢度下降等现象的性能。耐光性好的墙面织物会延长问题出现的时间，能长久保持织物的牢度和花色的鲜艳度。

（5）吸声性　墙面织物吸声性主要是指纤维能吸收声波，衰减噪声的能力。可以通过

增加织物凹凸效应来增强吸声性能。

（6）阻燃防火性　墙面织物阻燃防火性主要是指墙布根据不同的环境应作出相应的阻燃性规定。需将墙布粘贴在墙壁基材上进行试验，根据墙布的发热量、发烟系数和燃烧所产生的气体毒性情况来确定阻燃防火性的优劣。

10.3　地毯

10.3.1　地毯的基础

地毯是以棉、麻、毛、丝、草等天然纤维或化学合成纤维为原料，经手工或机械工艺进行编结、栽绒或纺织而成的地面覆盖物。地毯最初仅为铺地，起御寒湿而利于坐卧的作用，在后来的发展过程中，由于民族文化的陶冶和手工技艺的发展，逐步发展成为一种高级的装饰品。既有隔热、防潮和减少噪声等功能，又有高贵、华丽和美观的装饰效果，如图10-14所示。

图10-14　地毯的装饰效果

1．构造

除了塑料地毯和橡胶地毯外，无论是毛、麻等天然纤维构成的地毯，还是由化学纤维构成的地毯，均由以下几个部分组成。

（1）面层指地毯的装饰面，通常以面层用料的品种作为地毯的名称。面层决定地毯的质感、脚感、耐磨性和弹性等主要性能。

（2）防松涂层指刷在初级背衬上的涂料层，其作用是增加面层纤维绒在初级背衬上的黏结强度。涂层涂料应有良好的防湿性能。

（3）初级背衬是各类地毯都具有的组成部分，其作用是固定面层纤维绒，以提高外形的稳定性和加工性。初级背衬可采用黄麻制成的平织网，也可采用聚丙烯机织布或无纺布，要求有一定的耐磨性。

（4）次级背衬通常为黄麻布，采用胶黏剂将其复合在经防松涂层处理过的初级背衬上，经过热压和烘干等工序制成。其作用是保护层面织物背面的针码，增强地毯的耐磨性和弹性。

2．分类

（1）根据地毯材质分类

根据材质不同，地毯主要可分为纯毛地毯、化纤地毯、混纺地毯、塑料地毯和植物纤维地毯。

1）纯毛地毯以粗羊毛为主要原料，质地厚实、柔软舒适、弹性大、拉力强、装饰效果好，属于高档铺地装饰材料；但易腐蚀、霉变和虫蛀，且价格较贵。

2）化纤地毯以丙纶和腈纶等化学纤维为原料，经簇绒法或机织法制作面层，再以麻布为底层加工合成。其外观及触感酷似纯毛地毯，耐磨、耐温、质量轻、弹性好、脚感舒适，属于目前用量最大的中、低档地毯品种，价格便宜。

3）混纺地毯以羊毛纤维与合成纤维混编而成，性能介于羊毛和化纤地毯之间。混编的合成纤维不同，其性能也不同。在羊毛纤维中加入20%的尼龙纤维，可使地毯的耐磨性提高5倍。装饰效果类似纯毛地毯，但价格较便宜。

4）植物纤维地毯以植物纤维为主要原料，一般包括剑麻地毯、椰棕地毯、水草地毯和竹地毯。剑麻地毯最为常用，它是以剑麻纤维为原料，经纺纱、编织、涂胶和硫化等工序制成。耐酸碱、耐磨、无静电，质感粗糙、弹性较差。

5）塑料地毯以聚氯乙烯树脂为基料，加入填料和增塑剂等多种辅助材料和添加剂，经混炼、塑化，并在地毯模具中成型。质地柔软、颜色鲜艳、经久耐用、自熄不燃，不霉烂、虫蛀，清洗方便。

6）橡胶地毯以天然或合成橡胶为原料，加入其他化工原料，经热压和硫化后在地毯模具中成型。防霉、防潮、防滑、耐腐蚀、防虫蛀、绝缘、易清洗。可用于浴室、走廊、体育场等潮湿或经常淋雨的地面铺设。各种绝缘等级的特制橡胶地毯还广泛用于配电室和计算机房等场所。

（2）根据毯面加工工艺分类

根据毯面加工工艺不同，地毯主要可分为手工类地毯和机制类地毯。

1）手工类地毯以手工编制加工而成，因编制方法不同，又可分为手工打结地毯、手工簇绒地毯、手工绳条编织地毯和手工绳条缝结地毯。手工打结地毯多采用双经双纬，通过人工打结栽绒，绒毛层与基底一起织成。做工精细，色彩丰富，图案多样，属于高档地毯品种。但工效低，生产成本高，价格昂贵。

2）机制地毯由机械设备加工制成，因编制工艺不同，又可分为机织地毯、簇绒地毯、针织地毯、针刺地毯和无纺地毯。

簇绒法是目前各国生产化纤地毯的主要工艺，通过带有一排往复式穿针的纺机，织出厚实的圈绒，再用刀对圈绒顶部进行横行切割。绒毛长度可以调整，一般割绒后的绒毛长度为7～10mm。簇绒地毯弹性好，脚感舒适，并可在毯面上印染各种花纹图案。

无纺地毯是无经纬编织的短毛地毯。将绒毛线用特殊的钩针刺在用合成纤维构成的网布底衬上，再在其背面涂上胶层，使之粘牢。无纺地毯按材料不同，又可分为纯毛无纺、化纤无纺和植物纤维无纺地毯等。无纺地毯生产工艺简单，成本低、价格便宜，但弹性和耐久性较差。

（3）根据地毯幅面形状不同分类

根据幅面形状不同，地毯又可分为块状地毯和卷状地毯。

1）块状地毯　不同材质的地毯均可成块供应，形状有正方形、长方形、圆形和椭圆形等。一般规格尺寸为610mm × 610mm ~ 3600mm × 6170mm，共计56种。方块花式地毯是由花色各不相同的500mm × 500mm的方块地毯组成一箱，铺设时可组成不同图案的地毯。块状地毯铺设方便灵活，整体使用寿命长，可及时更换坏损的局部，经济、美观。

2）卷状地毯　不同材质的地毯也均可按整幅成卷供应，其幅宽为1 ~ 4m，每卷长度一般为20 ~ 50m，也可按要求加工定制。卷状地毯适合室内满铺，但局部损坏后不易更换。楼梯和走廊所用的地毯为窄幅专用地毯，幅宽有700mm和900mm两种，整卷长度为20m。

10.3.2　地毯选用技术指标

（1）耐磨性　是指地毯在固定压力下，磨至背衬露出所承受的打磨次数。打磨次数越多，耐磨性越好。通常地毯纤维的质量越好、长度越长，则越耐磨。对于手工纯毛地毯，则是道数越多，越致密，耐磨性越好。

（2）弹性　指地毯受压力后，其绒面层在厚度方向上压缩变形的程度，通常用动态负荷下地毯厚度的损失率来表示，该指标决定地毯的舒适程度。

（3）剥离强度　是衡量地毯面层与背衬复合强度的一项性能指标，也是衡量地毯复合后的耐水性指标，通常以背衬剥离强度表示。

（4）绒毛黏合力　指地毯绒毛固着在背衬上的牢固程度，通常以簇绒拔出力来表示。通常圈绒毯的拔出力应大于等于20 N，平绒毯拔出力应大于或等于12N。

（5）抗老化性　主要指化纤地毯经过一段时间光照和接触空气后，化学纤维氧化和老化降解的程度。

（6）抗静电性　抗静电性表示地毯带电和放电的程度，抗静电性通常用表面电阻和静电压来表示。静电的大小与纤维本身导电性的强弱有关。化纤地毯使用时易产生静电，易吸尘，难清洗。因此化纤地毯生产时常掺入抗静电剂。

（7）耐燃性　指化纤地毯遇火时，在一定时间内燃烧的程度。一般燃烧时间在12min以内，燃烧的直径在179.6mm以内的均认为合格。化纤地毯燃烧时会释放出有害气体和大量燃气，容易让人窒息。因此，生产化纤地毯时应加入一定量的阻燃剂，使织成的化纤地毯能够自熄阻燃。

（8）耐菌性　指地毯作为地面覆盖物，在使用过程中，易被虫、菌所侵蚀且发生霉烂变质。凡能耐受8种常见的霉菌和5种常见的细菌的侵蚀而不长菌和霉变的均认为合格。

10.4　窗帘帷幔

10.4.1　窗帘

窗帘帷幔是家庭和宾馆的必备用品，有着不容忽视的功能及装饰作用。窗帘帷幔可以

遮光、保温、挡灰尘、隔声和营造房间的气氛，柔化室内空间生硬的线条，可为住户提供柔和、温馨、浪漫、安静的私人空间。

1．分类

窗帘帷幔种类繁多，大体可分为成品帘、布艺帘和窗纱三大类。

（1）成品帘

成品帘根据其外形及功能不同可分为卷帘、折帘。

1）卷帘。主要适用于有大面积玻璃幕墙的场所，如办公空间、餐饮空间和家居空间等。卷帘收放自如、体积小、外表美观简洁，结构牢固耐用、改造室内光线品质好。卷帘按面料分有半遮光卷帘、半透光卷帘和全遮光卷帘。按控制方式分有手动卷帘、电动卷帘和弹簧半自动卷帘。

2）折帘。折帘根据其功能不同可以分为百叶帘、日夜帘、百折帘、蜂房帘和垂直帘。其中百叶帘可调节光线，蜂房帘有吸声效果，日夜帘可在透光与不透光间任意调节。

① 百叶帘的最大特点是能任意调节光线，使室内光线富有变化。百叶帘具有良好的隔热遮阳性、柔韧性、不易变形及阻挡紫外线的功能。当帘片平行放置时，光线柔和，既可适度保持隐私又可观看到窗外景色；帘片合拢时，室内室外就完全隔离了。百叶帘一般分为木百叶、铝百叶和竹百叶等。百叶帘叶片表面光滑、有韧性、抗晒、不褪色且不变形。

② 日夜帘顾名思义兼具日帘与夜帘双重身份，是由两种面料组合而成的，可任意调节光线。白天时日夜帘能透光，可将强烈日光转变成柔和的光线，能有效防晒和防紫外线，从而达到保护室内家具的功效，夜间日夜帘选用全隔光的材料，既遮蔽光线又保护私隐，让人安然入睡。因此日夜帘能满足全天的光线需求。

3）百折帘由单层和轻巧纤维布制成，轻巧、实用又美观。能上下操作，左右定位，折叠而上，并能根据实际窗形定制成圆形、半圆形、八角形和梯形等造型。由于百折帘特有的折叠造型，使得其遮阳、反光面积比其他窗帘大，因此遮光和隔声效果好。百折帘经高温高压定型定色，不会褪色、变形，具有防静电效果，阻隔紫外线作用。其全透视的效果，能营造出不一样的室内氛围。

4）蜂房帘设计独特，拉绳隐藏在中空层，外观完美，简单实用。抗紫外线能力强，防水性能和隔热功能好，可保护家居用品和保持室内温度，达到很好的节能效果。能有效地防静电，洗涤容易。

5）垂直帘因叶片一片片垂直悬挂于上轨得名，实用、优雅、大方，富有时代感，可从不同角度调节光线，以达到室内光环境和谐，既能遮阳又能欣赏户外风光。垂直帘主要适用于办公空间及一些公共场所等。垂直帘根据其面料不同，可分为铝质帘及人造纤维帘等。其叶片防潮、防紫外线、无老化、无褶痕、手感良好，也可进行防火阻燃、防水防油污和隔声处理。

（2）布艺帘

布艺帘是指装饰布经设计缝纫制作而成的窗帘。布艺帘具有保暖、隔声、遮挡光线和视线的功能，可营造出温馨的私密空间氛围。

布艺帘悬挂款式可采用双幅平开落地式垂帘，也可根据需要采用单幅或半截帘。布

艺帘面料有棉、麻和真丝等天然纤维，也有涤纶等人造纤维。毛料、麻布编织的布艺属厚重型织物，这种材料保温、隔声和遮光效果好，优秀的垂感和肌理感易烘托室内庄重、大方、粗犷及古典的风格。棉编织而成的窗帘属柔软细腻型，面料质地柔软、手感好。其绒质效果能体现华贵、温馨感。而真丝和人造纤维属于薄质窗帘，丝质面料高贵、华丽、自然、飘逸。涤纶等人造纤维面料挺直、色泽艳丽、不褪色、不缩水。它们便于清洗，但遮光性、保暖性和隔声效果较差，不宜单独制成窗帘，可作为窗帘的最内层。面料按工艺不同可分为印花布、染色布、色织布和提花布等。布艺帘结合现代的织造和印染工艺提升了室内环境品质，丰富了空间层次感。

（3）窗纱

一般情况下，窗纱与窗帘布相配使用，易透气通风，给室内环境增添柔和、若隐若现的朦胧和浪漫感。窗纱既可以遮光又不影响采光，可避免家具和地板在强光下出现褪色。窗纱的面料可分为涤纶、仿真丝、麻或混纺织物等。根据其工艺可分为印花、绣花和提花等。

10.4.2 窗帘附件

窗帘由窗布、窗纱、辅料和轨道四部分组成。窗帘轨道用于悬挂窗帘，以便窗帘开合，是一种可增加窗帘帷幔美观的配件。窗帘轨道的质量决定了窗帘的开合顺畅程度。

按形态可分为直轨、弯曲轨和伸缩轨等，适用于有窗帘箱的窗户。罗马杆（因似古罗马建筑样式而得名，是一种挂窗帘帷幔的横杆，能起装饰作用）；艺术杆适用于无窗帘箱的窗户，最有装饰功能，如图10-15所示。

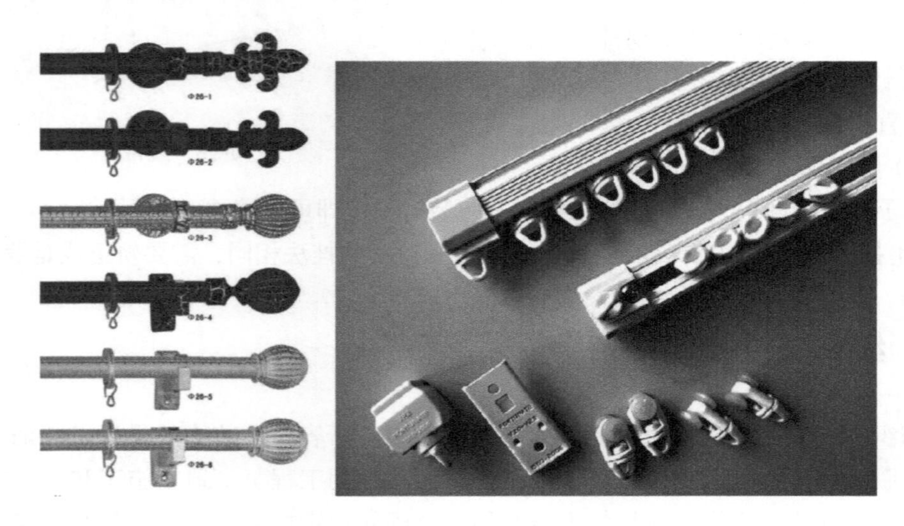

图10-15 窗帘轨道

窗帘轨道有单、双或三轨道之分，当窗宽大于1200mm时，窗帘轨道应断开，进行相应的搭接处理。明窗帘盒一般先安轨道，暗窗帘盒后安轨道，轨道应保持在一条直线上。窗帘轨道根据其材料可分为铝合金、塑钢、铁、铜等。

窗帘帷幔在室内布置中起着重要的作用。在选配窗帘时注意不同的建筑空间应搭配不一样风格的窗帘帷幔。例如，家居空间窗帘布置应体现温馨格调，商业空间应创造清新自

然、典雅华丽或温情浪漫等风格，办公空间应体现庄重大方风格。窗帘帷幔的色彩、质地和图案的选择可根据室内整体性、气氛、光线及季节变化来选择。例如，夏季采用纱质淡色的窗帘帷幔，冬季采用能给人温暖感的粗料或绒质深色窗帘帷幔。色彩浓重和花纹繁复的窗帘帷幔表现力强，具有豪华风格；浅色鲜艳和图案简洁的窗帘帷幔能衬托出现代感。所有的窗帘帷幔在设置时应注意与室内其他陈设，如枕套、床罩、椅垫、靠垫、沙发套、台布、壁布等的色彩、图案及质地协调搭配，不宜太扎眼或突兀。

10.5 新型织物装饰材料

线帘是一种新型织物装饰材料。线帘由一条条细长线排列制成，端部的收边类似窗帘。细线的质地多为人造纤维和聚酯纤维，质量轻、易清洗，使用时可视需求裁切。线帘与一般窗帘不同的是，除了用做窗帘之外，也可以用作空间隔断，在开放式的空间中，作为客厅与餐厅间、卧房与书房间的轻隔断，既保有视觉的穿透性，又具有划分空间场域的功能。线帘没有实体隔间墙的厚重感，作为空间的隔断，可节省空间，同时也能搭配灯光，营造出丰富的视觉效果，如图10-16所示。

图10-16 线帘

线帘通常有以下三种安装方法：穿杆安装、魔术贴安装和挂钩安装。

（1）穿杆安装是将线帘顶部直接加工成可让罗马杆等窗帘杆穿过的圆筒，杆子直径最好小于4cm。

（2）魔术贴安装即子母扣安装，母扣用钉子固定在墙上，子扣缝制在线帘上，装时粘上即可，清洗时撤下。

（3）挂钩安装是用四叉钩或者S钩加工，和窗帘的挂法相同，需要轨道或是罗马杆。

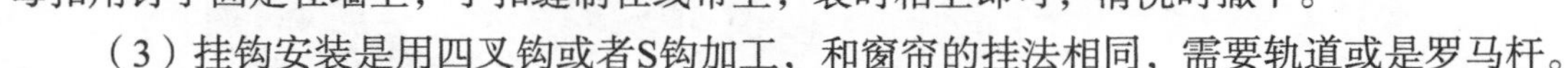

10.6 织物材料装饰的施工工艺

装饰织物的施工方法相对简捷，效率高，织物更新容易，装饰效果好。装饰织物施工分为装饰墙布施工（通常称为裱糊饰面工程，简称裱糊工程）、地毯施工和窗帘帷幔施工等。要取得好的施工质量首先织物本身必须符合国家规定标准，产品要具有合格证书和性能检测报告。

1．施工工具

裱糊工程是指在室内平整光洁的墙面、顶棚面、柱体面和室内其他构件表面，用壁纸或墙布等材料裱糊的装饰工程。施工过程中使用的工具有裁纸刀、胶黏剂、不锈钢直尺、刮板、胶辊和粉线袋等，如图10-17所示。

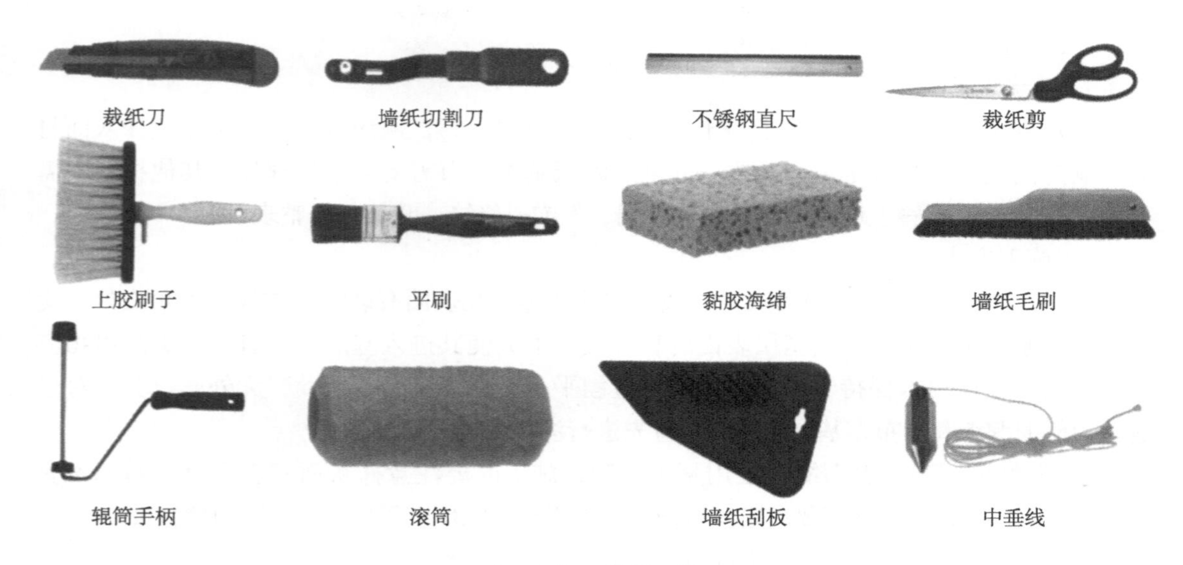

图10-17　裱糊工具

地毯铺设时主要使用的工具有裁毯刀、裁边机、地毯撑子（大撑子承头、大撑子承脚、小撑子）、扁铲、墩拐、手枪钻、割刀、剪刀、尖嘴、漆刷橡胶压边滚筒、熨斗、角尺、直尺、手锤、钢钉、小钉、吸尘器、垃圾桶、盛胶容器、钢尺、合尺、弹线粉袋、小线、扫帚、胶轮轻便运料车、铁簸箕、棉丝和工具袋和拖鞋等，如图10-18所示。

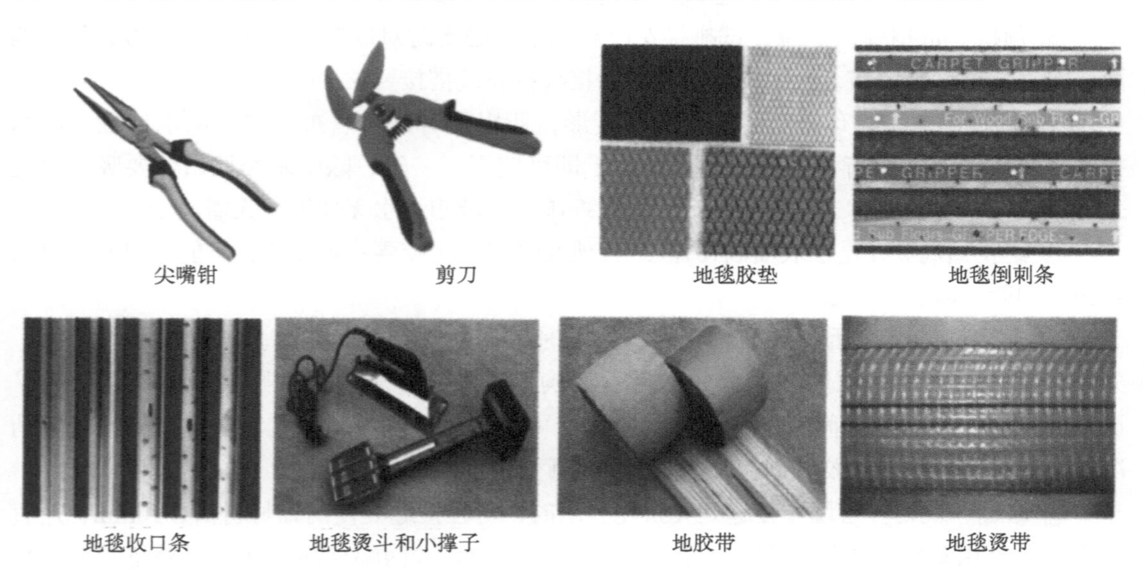

图10-18　地毯铺设工具

2．裱糊工程

（1）施工准备

裱糊工程的现场施工环境温度不应低于10℃。基层要保证处理到位，符合规范要求。施工过程中室内要保证良好的通风，但要避免穿堂风及温度突然变化。

（2）施工工艺

1）工艺流程

基层处理→第一遍满刮腻子→干燥、抹灰面打磨→第二遍满刮腻子→干燥、抹灰面打磨→刷防潮底漆→弹线定位→预拼→润纸（除纸基类墙布需要吸水处理外，其他材料不需此步）→刷胶黏剂→上墙裱贴，赶压胶黏剂、气泡→修缝、裁切→修整表面。

2）施工方法

① 基层处理。清理墙面的灰尘、残浆和油渍等，凡表面有裂缝、坑洼和吊角之处，应用水泥砂浆修补平整。凸出基层表面的物件应卸下或使其进入基层，如有金属类凸出物应涂防锈漆。基层要求保持干燥。而木基层应刨平，确保无毛刺、戗茬，无外露钉头。对于遮盖力低的壁纸和墙布，基层表面颜色应先进行淡化处理。

② 批腻子。基层表面缝隙处用腻子批刮，施工时要注意抹灰面密实平整，易薄不宜厚。批刮遍数要根据实际需要决定。石膏板基层嵌缝处除用腻子处理，还要用接缝带贴牢。

③ 干燥、打磨。腻子经12h干燥后，用砂纸打磨，打磨其凸出部位。

④ 涂刷防潮底漆。涂刷防潮底漆可有效地防止墙纸和墙布受潮脱落。涂刷时应保持均匀，不宜太厚，不能有漏刷和流挂等现象。

⑤ 弹线定位。用粉袋按照织物尺寸弹垂直线和水平线，以确保墙纸和墙布横平竖直，图案拼接精确。水平基线用拉水平线的方法标出，垂直基线用粉线悬挂重物的方法确保做出垂直基线，要注意的是弹出的基线不能过粗。

⑥ 预拼。依据弹线定位，试拼接花纹和图案，必要时对墙布进行编号，同时删除不匹配墙布。裁切多余墙布，同时要注意材料的接缝拼花及搭接要求。

⑦ 润纸。一些墙布遇水会发生膨胀变形，所以要对这些墙布事先作润水处理。润水指用吸水布料在墙布背面轻擦几遍，待晾干即可使用。一般，除纸基类墙布需要吸水处理外，玻璃纤维基材墙布、复合纸壁纸和纺织纤维壁纸墙布遇水无伸缩，无需润纸。

⑧ 刷胶黏剂。在基层表面刷107胶或其他胶黏剂，底胶要一遍成活，不能有遗漏。墙布背面不刷胶，以免污染墙布。

⑨ 上墙裱贴，擀压胶黏剂、气泡。裱贴时依据基线和图案先贴垂直面再贴水平面，先贴细部后贴大面，裱贴顺序为先上后下。确保不离缝，不搭接。贴后及时用刮板找平压实。如墙布与基层之间有气泡应将其擀尽，可用针刺破气泡，将气泡擀出。依据现场情况，再用医用注射针把胶黏剂打入空隙中并压平、压实。

⑩ 修缝、裁切。若墙布接缝处无拼花要求时，可在接缝处使两幅材料重叠10mm，用直尺平压后再用裁纸刀顺缝裁割。若有拼花要求时，应采取两幅材料的花纹重叠搭接后，再用前方法，沿搭接宽度中部裁切，即可得到完整的花纹对接。墙面顶部的阴角线或踢脚板裱贴时，应沿顶部的阴角线或踢脚板将多余部分裁去。墙布贴在墙柱面时，要注意阳角或阴角处不能有对接缝，应绕过阳角或阴角进行搭接，一般搭接10mm。如遇墙面突出物时，应沿突出物边缘裁剪，并将相交的墙布压实，保证其与凸出物接缝平整。

⑪ 修整表面。清理墙布表面的胶迹，保持材料清洁。

3）注意事项

① 墙面要平整，高低差不超过2mm。

② 墙布在压实、找平时，应注意对绸缎、丝绒等装饰墙布等易划伤材料进行保护，避免用硬件压实。

③ 阴阳转角处墙布应垂直并棱角分明，禁止在阳角处搭接，其搭接宜设在侧面。阴角处搭接应保证大面材料贴于转角处或搭接在小面材料上。搭接尺度在10mm以上。

④ 裱贴玻璃纤维墙布和无纺墙布时，背面不宜刷胶。以免胶黏剂印透表面而出现胶痕，影响美观。

（3）验收

墙布表面应平整、无波纹起伏、无色泽差异、无胶痕，不能有漏贴、补贴和脱层等现象，以及翘边和气泡问题。各幅拼接横平竖直，拼花处图案要吻合，不离缝。墙布边缘应整齐，不得有毛刺。墙布与顶角板、踢脚板、护墙板压条和窗帘盒紧接处，在1m处目测不得有明显缝隙。

3．地毯工程

（1）施工准备

1）材料

① 地毯。地毯分为纯毛地毯、混纺地毯、化纤地毯、剑麻地毯、橡胶地毯和塑料地毯等。

② 胶黏剂。其特点是无毒、不霉、快干，对地面有足够的黏结强度、可剥离、施工方便，可用于地毯与地面和地毯与地毯拼缝处的黏结。一般采用天然乳胶添加增稠剂和防霉剂等制成的胶黏剂。

③ 倒刺钉板条。在1200mm × 24mm × 6mm的三合板条上钉有两排斜钉（间距为35 ~ 40mm），还有5个高强钢钉均匀分布在板条上（钢钉间距400mm左右，距两端各100mm左右）。

④ 铝合金收口条。用于地毯端头露明处，起固定和收口作用。多用在外门口或其他材料的地面相接处。

⑤ 压条。多采用厚度为2mm左右的铝合金材料制成，用于门框下的地面处，压住地毯的边缘，使其免于被踢起或损坏。

⑥ 胶带。用于地毯的接缝和地毯弹性衬垫的固定。

⑦ 地毯弹性衬垫。软橡胶制波形垫，放在地毯下。

2）作业条件

① 在地毯铺设之前，室内装饰必须完毕。

② 铺设地毯的基层，要求表面平整、光滑、洁净，如有油污，须用丙酮或松节油擦净。如基层为混凝土和水泥砂浆，应具有一定的强度，含水率不大于8%，表面平整度偏差不大于4mm。

③ 地毯、衬垫和胶黏剂等进场后应检查核对数量、品种、规格、颜色和图案等是否符合设计要求，如符合应按其品种和规格分别存放在干燥的仓库或房间内。用前要预铺、配花和编号，待铺设时按号取用。应事先把需铺设地毯的房间、走道等四周的踢脚板安装好。踢脚板下口均应离开地面8mm左右，以便将地毯毛边掩入踢脚板下。

④ 大面积施工前应先放出施工大样，并做样板，经质检部门鉴定合格后方可按样板要求组织施工。

（2）施工工艺

1）成卷式地毯活动铺设

① 工艺流程

弹线→地毯剪裁→接缝处理→铺设地毯。

② 施工方法

a. 弹线、剪裁。按房间尺寸大小定出地毯用量。根据房间宽度在地毯上弹出宽度尺寸线，用长尺压住地毯，用刀裁下多余部分。

b. 接缝。将地毯裁边并黏结拼缝成一片。拼缝的方法有两种，一种是将两端对齐，从背面用大针满缝，再在缝合处刷50～60mm宽的白乳胶，贴上已裁好的麻布窄条；另一种是用塑料胶纸粘贴在对缝处，用熨斗将其烫在地毯上。

c. 铺设。将黏结拼缝好的整片地毯，直接铺于地面，不与地面黏结，用扁铲将地毯四周沿墙根修齐即可。铺设时，由房间里向门口逐渐推铺退出。

2）成卷式地毯倒刺板铺设

① 构造原理

在房间周边地面上安装带有倒刺的木卡条，将地毯背面固定在倒刺板的小钉钩上。这种方法只适用于地毯下设有单独弹性胶垫的地毯固定。

② 工艺流程

钉倒刺钉板条→铺设弹性胶垫→接缝铺设地毯及固定→细部处理及清理。

③ 施工方法

a. 钉倒刺板卡条。沿房间或走道四周踢脚板边缘，用高强水泥钉将倒刺板钉在基层上（板上斜钉朝向墙面），其间距约40mm。倒刺板距离踢脚板面8～10mm，如图10-19、图10-20所示。

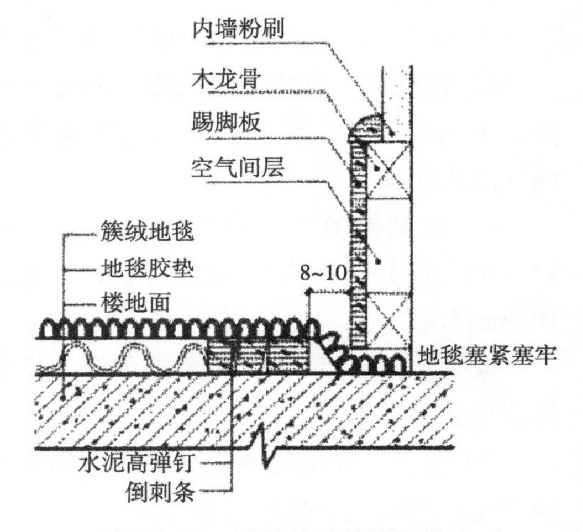

图10-19 满铺地毯的铺装做法

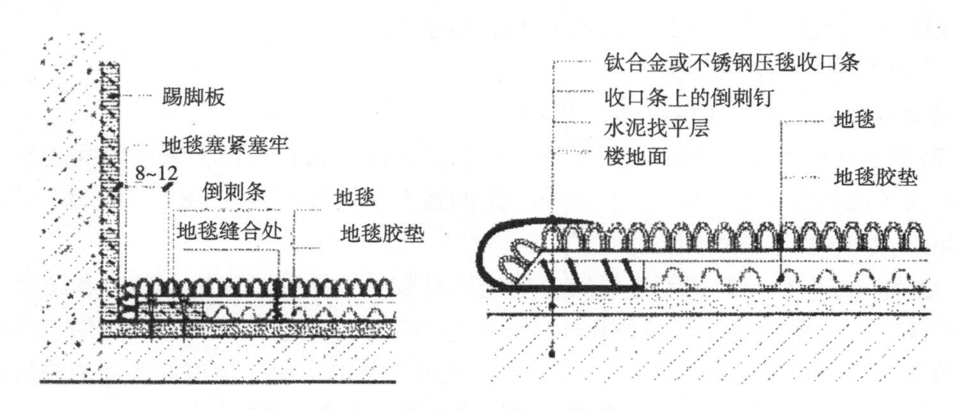

图10-20 满铺地毯的铺装做法

b. 铺设弹性胶垫。胶垫应距倒刺板10mm，采用乳胶点粘法将其粘在基层上。

c. 接缝。将地毯虚铺在胶垫上，再将地毯卷起，在拼接处缝合，缝合完毕，再在缝合处刷50～60mm宽的白乳胶，贴上裁好的麻布窄条，也可用塑料胶条粘贴于接缝处，保护接缝处不被划破或勾起。将背面缝合好的地毯平铺好，如面层绒毛较长，再用弯针在接缝处做绒毛密实的缝合，使其表面不显拼缝，如图10-21所示。

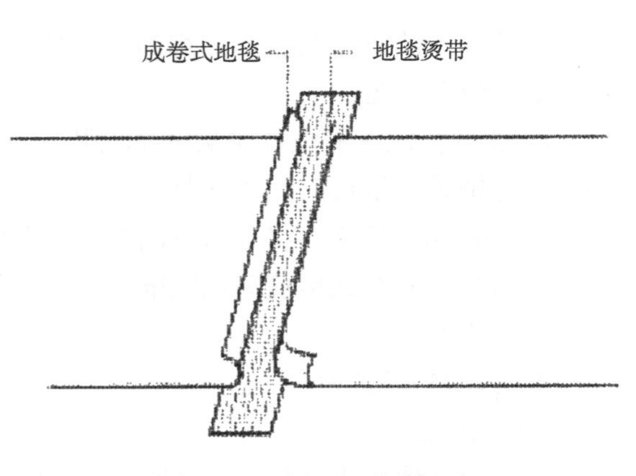

图10-21 满铺地毯接缝处

d. 铺设地毯及固定。先将地毯的一条长边固定在倒刺板上，毛边掩到踢脚板下，用地毯撑子拉伸地毯，使地毯平整、服帖。然后将地毯固定在另一条倒刺板上，掩好毛边，并裁割多余的地毯。一个方向拉伸完毕，再进行另一个方向的拉伸，直至四个边都固定在倒刺板上。铺粘地毯时，先在房间一边涂刷胶黏剂后，铺放已预先裁割的地毯，然后用地毯撑子，向两边撑拉；再沿墙边刷两条胶黏剂，将地毯压平掩边。

e. 细部处理及清理。要注意门口压条的处理和门框、走道与门厅，地面与管根、暖气罩、槽盒，走道与卫生间门槛，楼梯踏步与过道平台，内门与外门，不同颜色地毯交接处和踢脚板等部位地毯的套割与固定和掩边工作，必须黏结牢固，不应有显露、后找补条等破活。地毯铺设完毕，固定收口条后，应用吸尘器清扫干净，并将毯面上脱落的绒毛等彻底清理干净。

3）成卷式地毯黏结铺设

① 工艺流程

实量、放线→裁割地毯→刮胶、凉置→铺设、辊压→清理保护。

② 施工方法

a. 实量、放线。采用黏结铺设地毯的房间，往往不安装踢脚板，地毯边缘直接与墙根交界，因此地毯下料必须十分准确。测量时，应注意墙根是否规方，否则应准确测定并记录其角度。铺设地毯的房间如需拼接，应在预定拼接位置弹出通线，并准确测量拼接线到两侧墙根的垂直距离。

b. 裁割地毯。预定拼接位置的地毯必须沿地毯经纱裁割，对于带有橡胶背衬的地毯，应从地毯正面分开绒毛找出毯底的经、纬纱后进行裁割。起始边墙面与预定拼缝不垂直的，按实量角度裁割。

c. 刮胶。选用厂商指定或与所用地毯匹配的地毯胶黏剂，选用V形齿抹子刮胶，以保证涂胶均匀。局部刮胶的黏结方法适用于人流少的房间。首先在拼接位置的地面上刮胶，然后沿墙边和柱边刮胶，刮胶的宽度不小于15cm。

满刮胶的黏结方法适用于人多的公共场合，刮胶顺序也是先拼缝位置，然后刮边缘。胶液静停凉置时间对黏结质量至关重要，一般应在刮胶后晾置5～10分钟，等胶液部分挥发

再铺设地毯。凉置时间与胶黏剂品种、地面孔隙率和环境空气湿度均有关系。当胶液变得干而黏时铺设为佳。

d. 铺设。地毯铺设也应从拼缝处开始，再向两边展开；不需要拼缝的房间则从房间中部向周边铺设。铺设时用撑子把地毯从中部向墙边、柱边撑展、拉直。地毯铺平后立即用25 ~ 50 kg的毡碾压实，将地毯下面的气泡擀出。

e. 清理。黏结式地毯铺设完毕后，24h内不允许闲杂人员进房走动，更不允许在新铺设的地毯上放置家具。

4）方块地毯铺设

① 工艺流程

弹线→铺地毯块→裁边→整理绒毛→压边。

② 施工方法

a. 弹线。找出房间的中心点弹出相互垂直的两条定位线。如房间排偶数块，则地毯块的接缝通过中心线；如排奇数块，则地毯块的中心线与地面中心线重合。

b. 铺地毯块。为了铺设美观，可采用逆光顺光交错的铺设方法。在块毯背衬的四周和中心十字线上抹胶，经过短时间凉置，按方格网粘贴在地面上，接缝严密，压平即可。墙、柱边上不足一整块的部分，按实际尺寸裁割地毯后再铺设，如图10-22所示。

c. 裁边、整理绒毛。地毯铺设完后，将多余的地毯裁边，并将接缝处的绒毛左右揉搓，使其互相交错。

d. 压边。在门框下的地毯或地毯在两块不同地面材料交接接口处，应用专用铝合金压边条压边，铺后敲平地毯边。

5）楼梯地毯铺设

① 压杆固定式

a. 埋设压杆紧固件　每级踏步的阴角各设两个紧固件，以楼梯宽度的中心线对称埋设。紧固件圆孔孔壁离楼体踏面和踢面的距离相等，并小于地毯厚度，如图10-23所示。

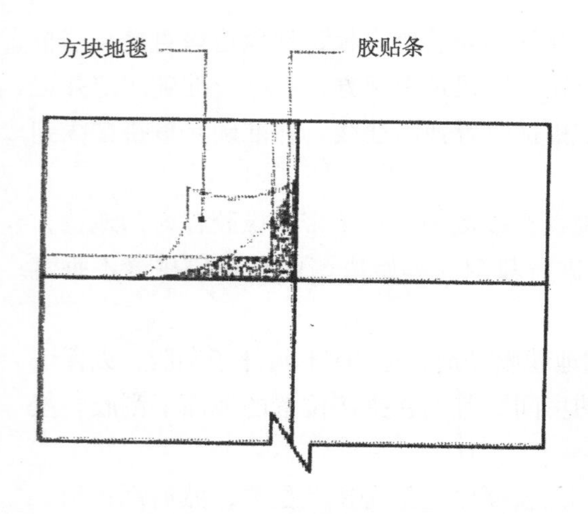

图10-22　方块地毯接缝处

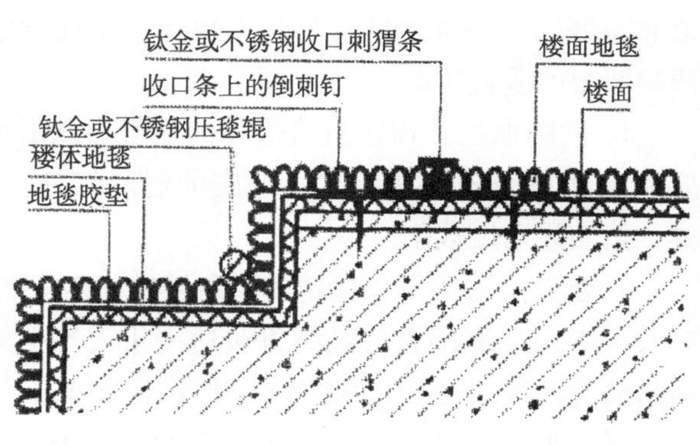

图10-23　楼梯踏步地毯的铺装做法

b. 按每级踏步的踏面和踢面实量宽度之和裁出地毯长度，如考虑更换磨损部位，可适当预留一定长度。

c. 由上至下逐级铺设地毯。顶级地毯端部用压条钉于平台，在每级踏步的紧固件位置，将地毯上切开小口，让压杆紧固件能从中伸出，然后将金属压杆穿入紧固件圆孔，拧紧调节螺钉。

d. 需安装金属防滑条楼梯的，在地毯固定好后，用膨胀螺栓（或塑料胀管）将金属防滑条固定在踏步阳角边缘，钉距15～30cm。

② 黏结固定式

a. 采用满刮胶黏结。

b. 自上而下用胶抹子把胶黏剂刮在楼体的踏面和踢面上，适当凉置后将地毯粘上，然后用扁铲擀压，使地毯平整、压实。

c. 需逐级刮胶、逐级铺设，避免大段刮完胶后再铺地毯，使安装人员无处落脚。

d. 如需安装金属防滑条，其方法同压杆固定式。

e. 铺贴后24h内禁止人员来往踩踏。

③ 卡条固定式

a. 将倒刺板钉在楼体踏面和踢面之间阴角的两边，两条倒刺板之间留15mm的间隙，倒刺板上的朝天钉倾向阴角。

b. 毯垫应覆盖楼体踏面，并包柱阳角，盖在踏步踢面的宽度不应小于15mm。

c. 地毯按每级踏步踏面与踢面宽度之和加适当预留长度下料。

d. 顶级地毯端部用压条钉在平台上，然后自上而下逐级铺设。每级踏步阴角处，用扁铲将地毯绷紧后压入两条倒刺板间的缝隙内。

e. 预留长度部分，可叠钉在最下一级踏步的踢面上。

6）注意事项

① 基层应干燥、干净、平整；

② 地毯应一次购齐；

③ 地毯接缝时，应保证接缝的两块地毯毯绒方向相同；

④ 黏结地毯时涂胶量不宜过多，防止污染地毯。地毯沾上胶时，可用二甲苯等溶剂及时擦掉。地面涂胶应晾至不沾手后，再铺粘地毯并压紧、压平；

⑤ 地毯铺设遇有管道、暖气片等处时，要相应地切开地毯；

⑥ 地毯铺设完后，要求地毯平整服帖，图案和花纹连续，不显接缝，不易滑动，墙边、门口处固定牢靠，毯面无脏污和损伤。

4. 常见施工缺陷及预防措施

（1）裱糊工程

1）裱糊不垂直。相邻两张壁纸不垂直，墙纸本身的花饰与纸边不平行，造成花饰不垂直。

① 原因

a. 裱糊第一张壁纸时未用垂线，依次偏离，有花饰的壁纸问题更明显。

b. 墙纸本身的花饰与纸边不平行，未经处理就进行粘贴。

c. 墙面基层阴阳角抹灰垂直偏差较大，影响墙纸裱糊的接缝和花饰的垂直。

d. 接缝的墙纸对花不准确。

② 措施

a. 墙纸裱贴前，在贴纸的墙面上找垂线并弹上粉线，第一张墙纸裱贴时紧靠此线边缘，检查无偏差时再贴第二张。

b. 采用接缝法裱贴花饰墙纸时，应检查墙纸边是否裁切平整。

c. 采用搭缝裱贴第二张花饰墙纸时，可将两张墙纸纸边的花饰重叠，对花准确后，在拼缝处用钢直尺将墙纸重叠处压实，由上而下裁割到底。

d. 裱贴前，基层的阴阳角必须垂直、平整且无凹凸。

e. 裱贴时，应及时用中垂线在接缝处检查垂直度，纠正偏差。

2）翘边。墙纸边脱胶而卷翘起来。

① 原因

a. 基层有灰尘、油污等，基层干燥或潮湿，使胶液与基层黏结不牢。

b. 胶黏剂黏性小，一张墙纸粘贴在另一张墙纸的塑料面上。

c. 在阳角处，包过阳角的墙纸少于2cm。

② 措施

a. 基层必须平整，表面的灰尘、油污等必须清除干净，含水率不超过20%。

b. 根据墙纸的不同质地选择不同类型的胶黏剂。因胶黏剂黏性小而起翘的，应换用黏性大的胶黏剂。

c. 严禁在阳角处甩缝，墙纸包过阳角不小于2cm，包角墙纸必须使用黏结性较大的胶黏剂。应压实不能有空鼓和气泡，上下必须垂直，不得倾斜，有花饰的墙纸更应该注意花纹与阳角的直线关系。

3）起泡。壁纸表面出现小块凸起，用手按压时，有弹性和基层附着不实的感觉，敲击时有鼓声。

① 原因

a. 裱贴墙纸时，擀压不当，往返挤压胶液次数过多，使胶液干结失去黏结作用，或擀压力量太小，多余的胶液未能挤出，存留在墙纸里不能干结，形成胶囊状；或未将墙纸内部的空气擀出而形成气泡。

b. 涂刷胶液薄厚不均或漏刷。

c. 基层潮湿，含水率高于8%或表面的灰尘、油污未清除干净。

d. 石膏板基层的表面纸基起泡或脱落。

e. 白灰基层或其他基层较松软、强度低、裂纹空鼓或有孔洞、凹陷处未用腻子刮平、填补坚实。

② 措施

a. 严格按壁纸裱糊工艺操作，必须用刮板由里向外将气泡和多余的胶液擀出。

b. 裱糊壁纸的基层必须干燥，有孔洞或凹陷处应用腻子补平；油污和灰尘应清除干

净；石膏板表面纸基起泡或脱落时，必须铲除干净，重新修补好纸基。

c. 避免漏刷胶液或胶液涂刷薄厚不均匀。

d. 由于基层含有潮气或空气造成的空鼓，应用刀子割开墙纸，将潮气或空气放出，待基层完全干燥或把空鼓内空气排出后，用医用注射针将胶液打入空鼓内压实；若墙纸内部含有胶液过多时，可使用医用注射针将胶液从墙纸内吸出再压实。

（2）地毯工程

1）压边黏结产生松动及发霉　由于地毯及胶黏剂材质有问题，使用前应加强对材料的检查。

2）地毯表面不平、打皱、鼓包　由于在地毯铺设工序中，未认真按操作规程进行合缝、拉伸和固定，应加强技术交底和施工过程中的监督和指导。

3）拼缝不平、不实　由于地毯与其他材质地面的收口或交接处等细部处理和清理不细致所致。因此在施工时要注意上述部位的基层本身是否平整，应认真把面层和垫层接缝处缝合好，使其严密、紧凑、结实，并满刷胶黏剂粘牢固。

4）地毯被泡湿　暖气片、空调回水和立管根部以及卫生间等处应设有防水坎等，防止因渗漏而泡湿成品地毯。

参考文献

[1] 人力资源和社会保障部教材办公室. 建筑装饰工程施工组织与管理[M]. 北京：北京大学出版社，2012.
[2] 刘建伟. 装饰装修工程施工[M]. 北京：化学工业出版社，2011.
[3] 景设云. 装饰材料[M]. 北京：化学工业出版社，2008.
[4] 刘力. 室内装饰材料及应用[M]. 北京：中国建筑工业出版社，2011.
[5] 郭伟. 装饰材料及施工工艺[M]. 北京：中国电力出版社，2010.
[6] 钱扬. 室内装饰材料[M]. 北京：中国标准出版社，2010.
[7] 裴刚. 建筑装饰材料[M]. 北京：中国建筑工业出版社，2011.
[8] 段先湖. 建筑装饰装修材料手册[M]. 北京：化学工业出版社，2011.